智能制造应用型人才培养系列教程

|工|业|机|器|人|技|术|

工业机器人
应用系统建模

林燕文 陈南江 彭赛金 | 主编

冯秋红 | 副主编

人民邮电出版社

北京

图书在版编目（CIP）数据

工业机器人应用系统建模 / 林燕文，陈南江，彭赛金主编. -- 北京 : 人民邮电出版社，2019.11
智能制造应用型人才培养系列教程. 工业机器人技术
ISBN 978-7-115-50422-7

Ⅰ. ①工… Ⅱ. ①林… ②陈… ③彭… Ⅲ. ①工业机器人－系统建模－教材 Ⅳ. ①TP242.2

中国版本图书馆CIP数据核字(2019)第208462号

内 容 提 要

本书系统地介绍了 SolidWorks 2016 软件的基本功能。全书共分为 5 篇，6 个项目，主要内容包括初识 SolidWorks、工业机器人夹爪零部件设计、工作站笔形工具零部件设计、工业机器人示教器设计、装配与仿真、工程图纸输出等。

本书既可作为应用型本科的机器人工程、自动化、机械设计制造及其自动化、智能制造工程等专业的教材，或高职高专院校的工业机器人技术、机电一体化技术、电气自动化技术等专业的教材，也可作为工程技术人员的参考资料和培训用书。

◆ 主　　编　林燕文　陈南江　彭赛金
副 主 编　冯秋红
责任编辑　王丽美
责任印制　马振武

◆ 人民邮电出版社出版发行　北京市丰台区成寿寺路 11 号
邮编　100164　电子邮件　315@ptpress.com.cn
网址　http://www.ptpress.com.cn
三河市君旺印务有限公司印刷

◆ 开本：787×1092　1/16
印张：13　2019 年 11 月第 1 版
字数：326 千字　2025 年 2 月河北第 9 次印刷

定价：48.00 元

读者服务热线：(010)81055256　印装质量热线：(010)81055316
反盗版热线：(010)81055315

智能制造应用型人才培养系列教程

编委会

前言

一、起因

工业机器人是机电一体自动化生产装置，靠电力驱动，由计算机控制伺服系统来实现如运动、定位、逻辑判断等功能，并可以自动执行工作。随着工业机器人技术的发展和其应用领域的不断扩大，我国已经成为工业机器人全球第二大应用市场。其应用对于助推我国制造业转型升级、提高产业核心竞争力功不可没。但与之形成鲜明对比的是，工业机器人相关专业的人才培养却落后于市场的发展。我国教育界在意识到这种情况后，已开始大力加强相关专业的建设。

本书选取的样例都是生产现场的实际零部件，从浅到深地进行介绍，以学生学习为中心，注重系统整体思维，通过对系统的宏观探究、微观解构、再重构的方式，引导学生完成知识输入和技能输出。本书从简单零件设计、复杂零件设计、建模到装配成产品，最后制作模型工程图，通过 SolidWorks 软件平台完成对工业机器人应用系统的结构建模。

二、本书结构

本书根据当前各院校教学需要进行精心安排，全书共分为 5 篇，6 个项目，结构如下图所示。

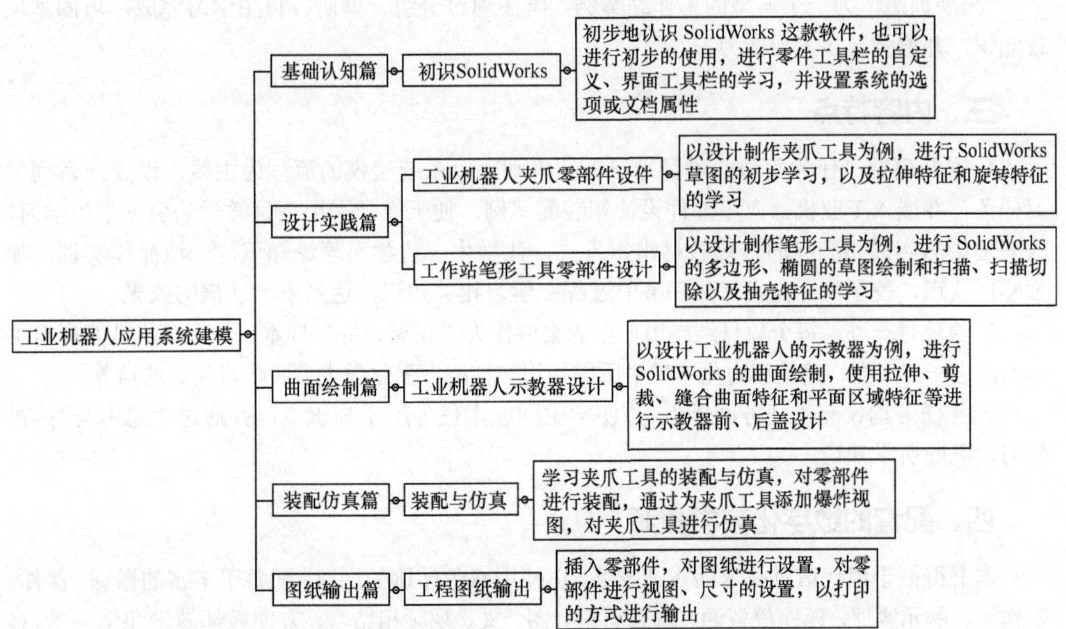

随着产教融合建设的推进，智能制造专业系列教材按照教育部“一体化设计、结构化课程、颗粒化资源”的逻辑建设理念，系统规划了教材的结构体系，课程以学习行为为主线，主要包括“项目引入”“知识图谱”“任务”“项目总结（技能图谱）”及“拓展训练”等模块。

“项目引入”采用情景化的方法引入项目学习，模拟一个完整的项目团队。采用情景对话作为项目开篇，并融入职业元素，让教材内容更接近行业、企业和生产实际，本书中的团队主要人物有 Herbert、Aaron、Dwight、Taylor 等，其中，Herbert 是项目经理，Aaron 是机电工程师，Dwight 和 Taylor 是机电工程师助理。

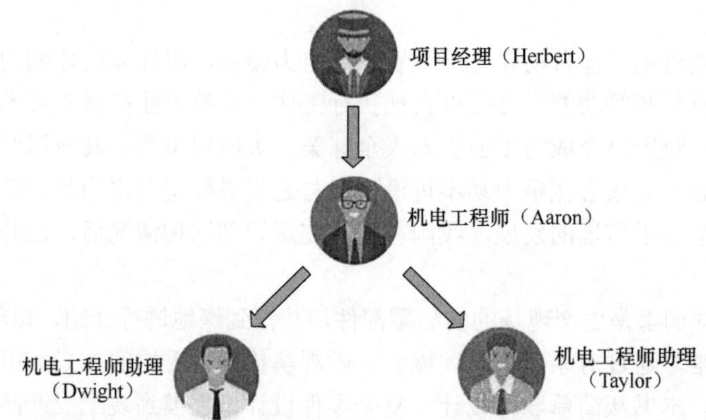

“知识图谱”和“项目总结”强调知识输入，经过任务的解决和训练，再到技能输出，采用“两点”（知识点和技能点）、“两图”（知识图谱和技能图谱）的方式梳理知识和技能，在项目中清晰描绘出该项目所覆盖的和需要的知识点，在项目最后总结出任务训练所能获得的技能图谱。

“任务”以完成任务为驱动，做中学，学中做，分为“任务描述”“知识学习”及“任务回顾”，在教材中加强实践，使学生在完成工作任务的过程中学习相关知识。

“拓展训练”为一个典型的工作站案例，学生通过分组、调研、自主学习完成，巩固本项目知识，并增强自主学习能力。

三、内容特点

1. 本书遵循“任务驱动、项目导向”的原则，以系统建模的流程为主线，设置一系列学习任务，并嵌入工业机器人零部件设计和装配案例，便于教师采用项目教学法引导学生学习，改变理论与实践相剥离的传统教材组织方式，让学生一边学习理论知识，一边操作实训，加强感性认识，使学生在完成工作任务的过程中学习相关知识，达到事半功倍的效果。

2. 除项目一外，每个项目结尾用典型的案例作为“拓展训练”样本，学生可组队开展自主学习，进一步掌握、建构和内化本项目所需知识与技能，强化学生自我学习能力的培养。

3. 各任务均设有“任务回顾”，方便学生回顾本任务所学知识点，并通过“思考与练习”复习、巩固所学知识。

四、配套的数字化教学资源

本书得益于现代信息技术的飞速发展，在使用双色印刷的同时，配备了丰富的微课、课件、工作页、单元测评、题库等资源，形式新颖，图、文、视频相结合，方便教师教学和学生学习。微课在书中相应位置处都有二维码链接，学生可用手机扫描二维码，免费观看微课。

五、教学建议

教师可以通过本书和丰富的资源完善自己的教学过程，学生也可以通过本书和教学资源进行自主学习和测验，一般情况下，教师可用 64 学时进行本书的讲解。具体学时分配建议见下表。

序号	内容	建议分配学时
1	项目一　初识SolidWorks	4
2	项目二　工业机器人夹爪零部件设计	12
3	项目三　工作站笔形工具零部件设计	12
4	项目四　工业机器人示教器设计	12
5	项目五　装配与仿真	12
6	项目六　工程图纸输出	12
合计		64

六、致谢

本书由北京华晟智造科技有限公司的林燕文、陈南江、彭赛金任主编，浙江机电职业技术学院的冯秋红任副主编，参加编写的还有北京华晟智造科技有限公司的工程师宋美娴、边天放等。

在本书的编写过程中，上海发那科机器人有限公司、上海 ABB 工程有限公司、北京航空航天大学等企业和院校提出了许多宝贵的建议和意见，对本书的编写工作给予了大力支持及指导，在此郑重致谢。

由于技术发展日新月异，加之编者水平有限，对于书中不妥之处，敬请广大读者批评指正。

编者

2019 年 5 月

目录

曲面绘制篇

装配仿真篇

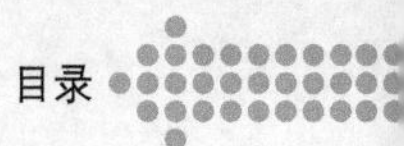

图纸输出篇

基础认知篇

项目一
初识 SolidWorks

项目引入

早上 Aaron 被 Herbert 叫到了办公室，进行之前工作的审核以及日后的工作安排。

Herbert：Aaron，你这次的工作我很满意，我们现在来谈一谈下一步的工作吧。

（Aaron 点了点头）

Herbert：我们现在需要一款建模软件，为我们的工业机器人工作站以及它的周边工具进行建模，让我们的客户在计算机上就可以非常直观地看到我们的工业机器人工作站。

坐在一旁的 Reg 开口了。

Reg：我知道几个建模的软件，其中 SolidWorks 这款软件比较适合我们公司，它的功能比较强大，而且易学易用，这点非常适合我们的工作站。

Herbert：Aaron，你先去了解一下这款软件，看看它适不适合我们公司，以及它的功能如何，让 Taylor 和 Dwight 配合你，尽快向我们汇报。

通过短短几分钟的讨论，大家初步锁定了 SolidWorks 这款建模软件，并安排 Dwight 去了解这款软件的基本情况，Taylor 去了解它的功能。

接下来，就让我们来看看他们的调查情况吧。

知识图谱

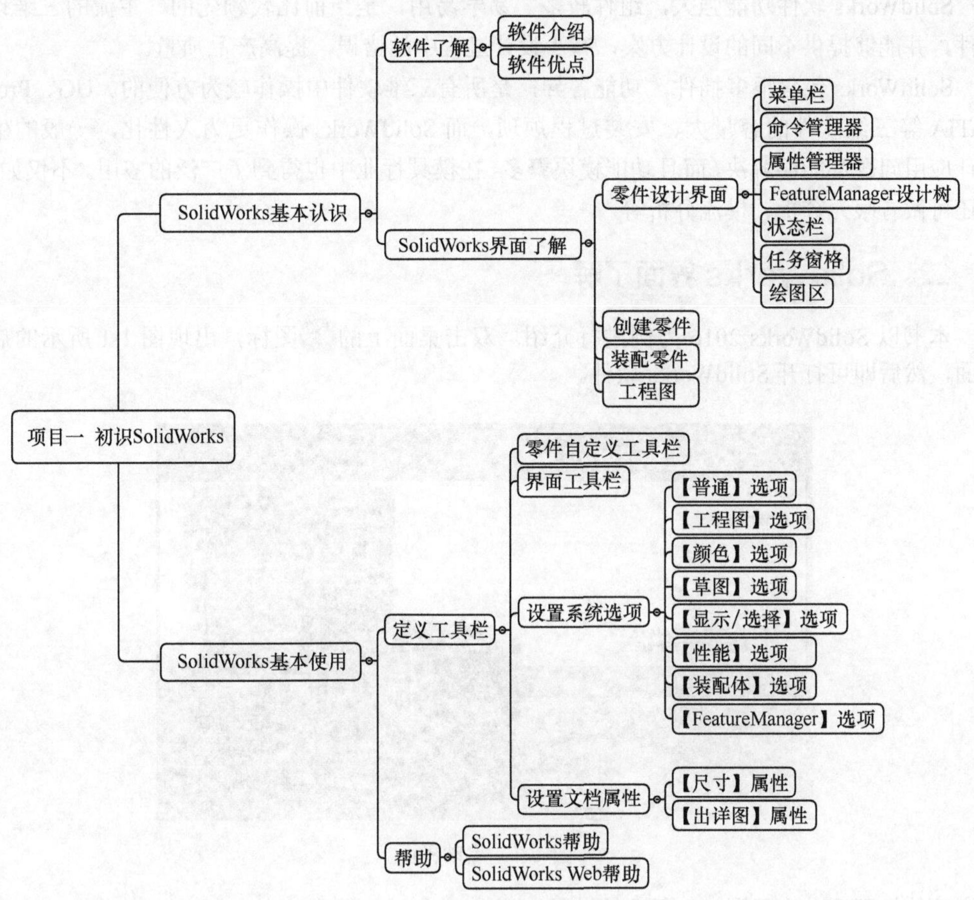

任务一 SolidWorks 基本认识

【任务描述】

Aaron: Taylor 和 Dwight，你们查得怎么样了？

Dwight: 了解一些了，SolidWorks 是一款非常优秀的三维建模软件，和 Reg 说的一样，SolidWorks 经常用于机械设计以及模具设计行业，非常适合咱们公司，如果可以用它进行建模会使我们的产品完美地展现在客户面前。

Aaron: 好，Taylor，你查得怎么样了？

Taylor: 据我这几天的了解，SolidWorks 这款软件的功能非常强大，它有 3 个模块，分别为零件、装配体以及工程图，可以协同工作，我认为想要更好地学习和使用这款软件，必须要了解它的功能，对它有一个基本的认识。

【知识学习】

一、软件了解

SolidWorks 软件功能强大，组件较多，易学易用，是当前比较领先的、主流的三维设计软件，并能够提供不同的设计方案，减少设计过程中的错误，提高产品质量。

SolidWorks 包含很多插件，功能各异，是所有三维软件中操作较为方便的。UG、Pro/E、CATIA 等三维软件的容量大、安装过程烦琐，而 SolidWorks 操作更为人性化，一般的生产设计应用问题都能够解决，而且功能模块繁多，在模具行业中也得到了广泛的应用。不仅如此，它还可做有限元分析、模流分析等。

二、SolidWorks 界面了解

本书以 SolidWorks 2016 为例进行介绍。双击桌面上的图标，出现图 1-1 所示的启动界面，然后即可打开 SolidWorks 软件。

图 1-1　启动界面

软件打开后会出现图 1-2 所示的界面。

图 1-2　启动后界面

单击上方菜单栏中的标准工具栏的“新建”按钮或选择菜单栏中的【文件】/【新建】命令，系统弹出图 1-3 所示的【新建 SolidWorks 文件】对话框，利用该对话框可以创建零件、装配体和工程图 3 种类型的文件。

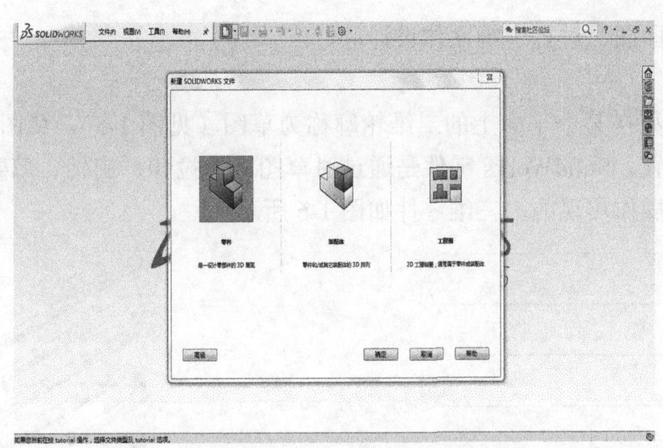

图 1-3 【新建 SolidWorks 文件】对话框

1. 零件设计界面

在【新建 SolidWorks 文件】对话框中，单击【零件】设计模板后，单击“确定”按钮进入零件设计界面，如图 1-4 所示。

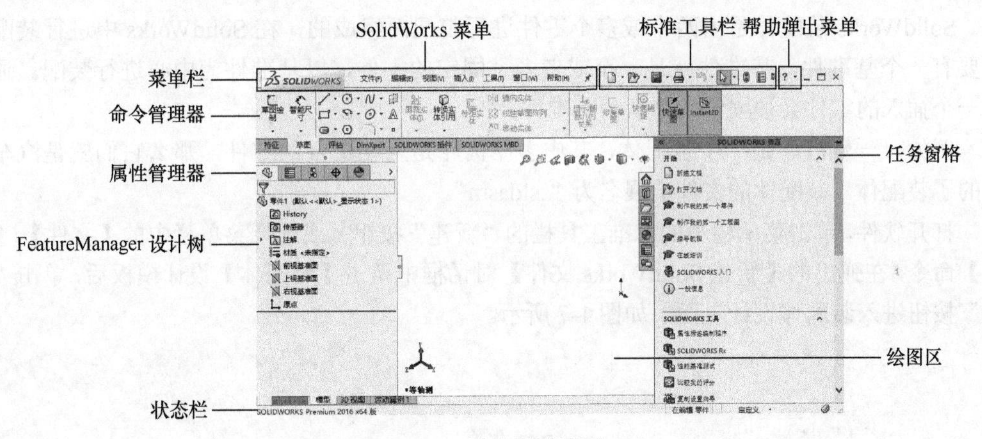

图 1-4　零件设计界面

（1）菜单栏：菜单栏包含标准工具栏、SolidWorks 菜单、SolidWorks 搜索（图中未显示）和帮助弹出菜单。

（2）命令管理器（CommandManager）：可以根据要使用的工具栏对命令管理器进行动态更新。默认情况下，它根据文档类型嵌入相应的工具栏。

（3）属性管理器：属性管理器是为许多 SolidWorks 命令设置属性和其他选项的。

（4）FeatureManager 设计树：FeatureManager 设计树在 SolidWorks 窗口左侧，为 SolidWorks 提供了激活零件、装配体、工程图的大纲视图，使多种选择和过滤器操作变得更为方便，并在处理模型时提供对多个文件夹和有用工具的访问。

（5）状态栏：SolidWorks 窗口底部的状态栏提供与正执行的功能有关的信息。

（6）任务窗格：任务窗格包括 SolidWorks 资源，设计库，文件探索器，搜索，视图调色板，文档恢复，外观、布景和贴图，自定义属性，SolidWorks 论坛等命令。它可实现访问 SolidWorks 资源，重用设计元素库，拖动视图到工程图纸上等功能。

（7）绘图区：绘图区以坐标轴为界并包含数据系列、分类名称、刻度线标签和坐标轴标题。

它用于绘制二维平面图、进行三维立体设计等。

2. 创建零件

将三维实体模型在某个平面上的二维轮廓称为草图（见图 1-5），草图用于定义特征的截面形状、尺寸和位置。SolidWorks 零件是通过对草图进行拉伸、旋转、薄壁特征、高级抽壳、特征阵列及打孔等操作实现的。三维零件如图 1-6 所示。

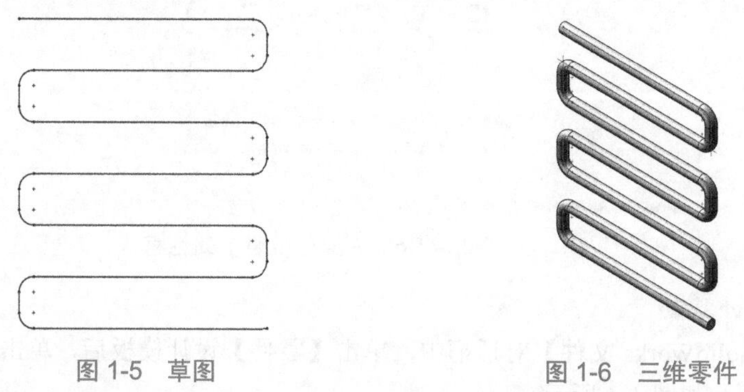

图 1-5　草图　　　　图 1-6　三维零件

3. 装配零件

SolidWorks 装配体是由两个或多个零件进行装配而组成的，在 SolidWorks 中进行装配时需要有一个基准件，基准件就是一个或者多个固定的零件，以基准件为中心进行装配。通常第一个插入的零件会被固定，默认为基准件。

例如，一辆汽车是一个装配体，其中多个齿轮是互相配合的零件，那么它们就是汽车的中的子装配体。装配体的文件扩展名为“.sldasm”。

打开软件，单击菜单栏中的标准工具栏的“新建”按钮或选择菜单栏中的【文件】/【新建】命令，在弹出的【新建 SolidWorks 文件】对话框中单击【装配体】设计模板后，单击“确定”按钮进入装配体设计界面，如图 1-7 所示。

图 1-7　装配体设计界面

装配体至少由两个零件组成，添加配合会使之更加匹配，配合的方式有很多，例如，重合、平行、垂直、相切、同轴和锁定。如图 1-8 所示，两者之间通过垂直配合进行装配。

4. 工程图

打开 SolidWorks 软件，单击菜单栏中的标准工具栏的“新建”按钮或选择菜单栏中的【文件】/【新建】命令，在弹出的【新建 SolidWorks 文件】对话框中单击【工程图】设计模板后，

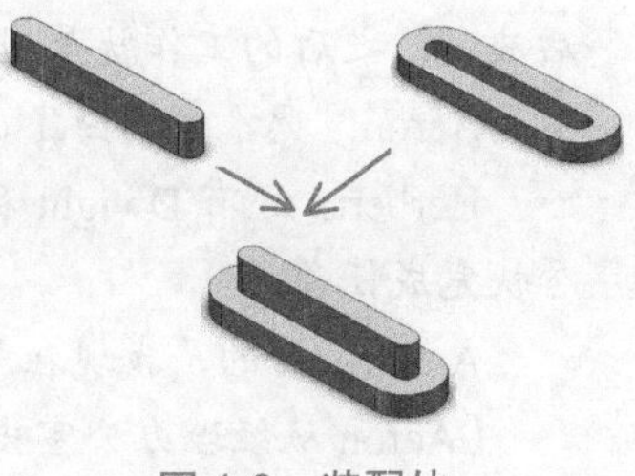
图 1-8　装配体

单击“确定”按钮进入工程图设计界面，如图 1-9 所示。

通过工程图设计界面可以在生成模型的同时生成详图（包括尺寸、注释、基准、几何公差和其他注解），也可以生成模型的二维（2D）工程图，然后将尺寸和注释从模型插入到工程图。工程图中有很多视图，如标准三视图、模型视图、投影视图、剖视图、局部视图等。工程图的文件扩展名为“.slddrw”。

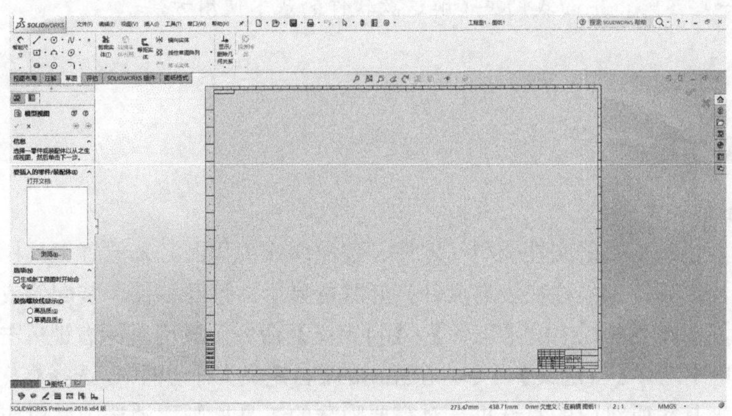
图 1-9　工程图设计界面

【任务回顾】

一、知识点总结

1. SolidWorks 零件是通过对草图进行拉伸、旋转、薄壁特征、高级抽壳、特征阵列及打孔等操作实现的。

2. SolidWorks 装配体是由两个零件或是多个零件进行装配而组成的。

3. 通过工程图设计界面可以在生成模型的同时生成详图（包括尺寸、注释、基准、几何公差和其他注解），也可以生成模型的 2D 工程图，然后将尺寸和注解从模型插入到工程图。工程图中有很多视图，如标准三视图、模型视图、投影视图、剖视图、局部视图等。

二、思考与练习

1. SolidWorks 是什么样的软件？

2. 什么是属性管理器？

任务二　SolidWorks 基本使用

【任务描述】

Herbert：Aaron，你发给我的关于 SolidWorks 的资料我看到了，我很满意，我们讨论后决定，之后的工作就是用这款软件来进行了。

Aaron：嗯，我明白了，我回去之后就对这款软件进行学习。

Herbert：还有 Dwight 和 Taylor，让他们和你一起学习，你们 3 个现在是一个学习小组，尽快完成任务。

Aaron：好的，我现在就去找他们。

（Aaron 从经理办公室出来）

Aaron：Dwight、Taylor，我们从现在开始学习 SolidWorks，之前我们对 SolidWorks 的功能做了一些了解，下面我们去了解这款软件的基本使用方法。

【知识学习】

一、定义工具栏

1. 零件自定义工具栏

自定义工具栏就是根据文件类型（零件、装配体或工程图）来放置工具栏并设定其显示状态，还可以设定哪些工具栏在没有文件打开时可显示。打开零件、装配体或工程图其中的一个设计模板，选择菜单栏中的【工具】/【自定义】命令，或用鼠标右键单击窗口边框，在弹出的快捷菜单中选择【自定义】命令。在弹出的【自定义】对话框中，选择【工具栏】选项卡，选中要显示的工具栏所对应的复选框，对需要隐藏的工具栏则取消选中其对应的复选框，这些选择将应用到当前激活的 SolidWorks 文件类型中，如图 1-10 所示。

图 1-10 【自定义】对话框

2. 界面工具栏

用鼠标右键单击命令管理器空白处，会出现图 1-11 所示的界面工具栏，可以通过界面工具栏选择某个工具栏是否出现在 FeatureManager 设计树中，方便用户在绘图操作时使用。

图 1-11　界面工具栏

3. 设置系统选项

单击菜单栏中的“选项”按钮⚙，显示出【系统选项 - 普通】对话框，如图 1-12 所示。

（1）【普通】选项

【系统选项 - 普通】对话框中的【系统选项】选项卡主要有以下内容，如图 1-12 所示。

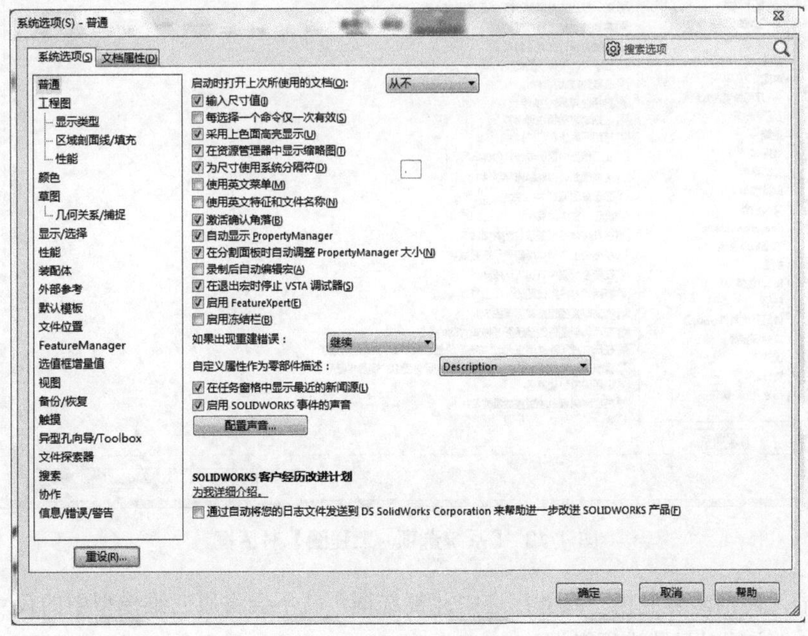

图 1-12　【系统选项 - 普通】对话框

① 启动时打开上次所使用的文档：如果希望在打开 SolidWorks 时，自动打开最近使用的文件，则在下拉列表框中选择【始终】选项，否则选【从不】选项。

② 输入尺寸值：当选中此复选框时，在绘图过程中插入尺寸后，会自动打开【修改尺寸】对话框。

③ 每选择一个命令仅一次有效：选中此复选框，在绘图过程中每次单击某个草图工具都只能使用一次，当再次使用该工具绘图应再次单击。

④ 采用上色面高亮显示：选中此复选框，在绘图过程中选择的面以素色显示（默认为蓝色），取消选中此复选框，则以蓝色的边框显示。如果想要更改选择面的颜色，应从【系统选项】对话框中单击【颜色】选项，在【颜色方案设置】选项组中修改。

⑤ 在资源管理器中显示缩略图：在 Windows 资源管理器中每个 SolidWorks 零件或装配体文档将以缩略图的形式显示而不是图标形式，在【打开】和【另存为】对话框中也显示缩略图。选中此复选框后，必须对文件再进行一次打开和保存的操作，此功能才能生效。

⑥ 为尺寸使用系统分隔符：在默认的设置中，系统的分隔符是小数点。如果想要替代系统默认的分隔符，首先要取消选中此复选框，然后在此复选框右侧的文本框内，输入想要替换的分隔符（逗号或句号等）。

⑦ 使用英文特征和文件名称：选中此复选框后，再次创建新的特征时，设计树中的名称会以英文显示。已有的特征和文件名称（无论是英文还是中文）在选中此复选框后不会进行自动修改。

(2)【工程图】选项

【系统选项 - 工程图】对话框的【系统选项】选项卡中主要有以下内容，如图 1-13 所示。

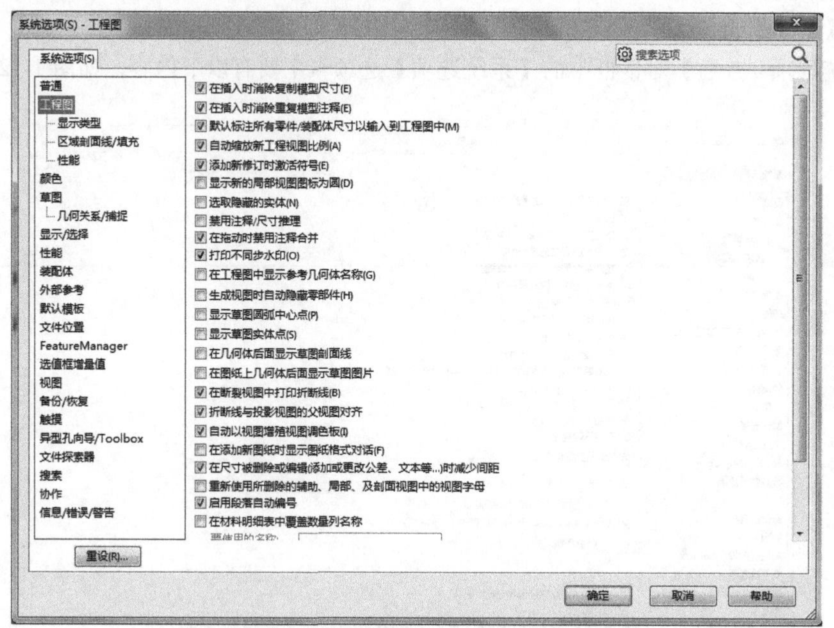

图 1-13 【系统选项 - 工程图】对话框

① 在插入时消除复制模型尺寸：选中此复选框，就不会将原三维模型中的尺寸数据插入到工程图中，方便对尺寸进行微调。

② 在插入时消除重复模型注释：选中此复选框，在插入重复的模型时，不会带有注释。

③ 自动缩放新工程视图比例：选中此复选框，在使用标准三视图时，会调整比例，以适合最初选择的图纸大小，而不考虑修改过尺寸的图纸大小。

④ 禁用注释 / 尺寸推理：如果取消选中此复选框，当放置注释或尺寸时，会出现一条线来表示与其他注释进行尺寸水平对齐或垂直对齐。

⑤ 在拖动时禁用注释合并：选中此复选框，在拖动到模型时，禁用两个节点合并，或禁用注释和尺寸的合并。

（3）【颜色】选项

【系统选项 - 颜色】对话框的【系统选项】选项卡中主要有以下内容，如图 1-14 所示。

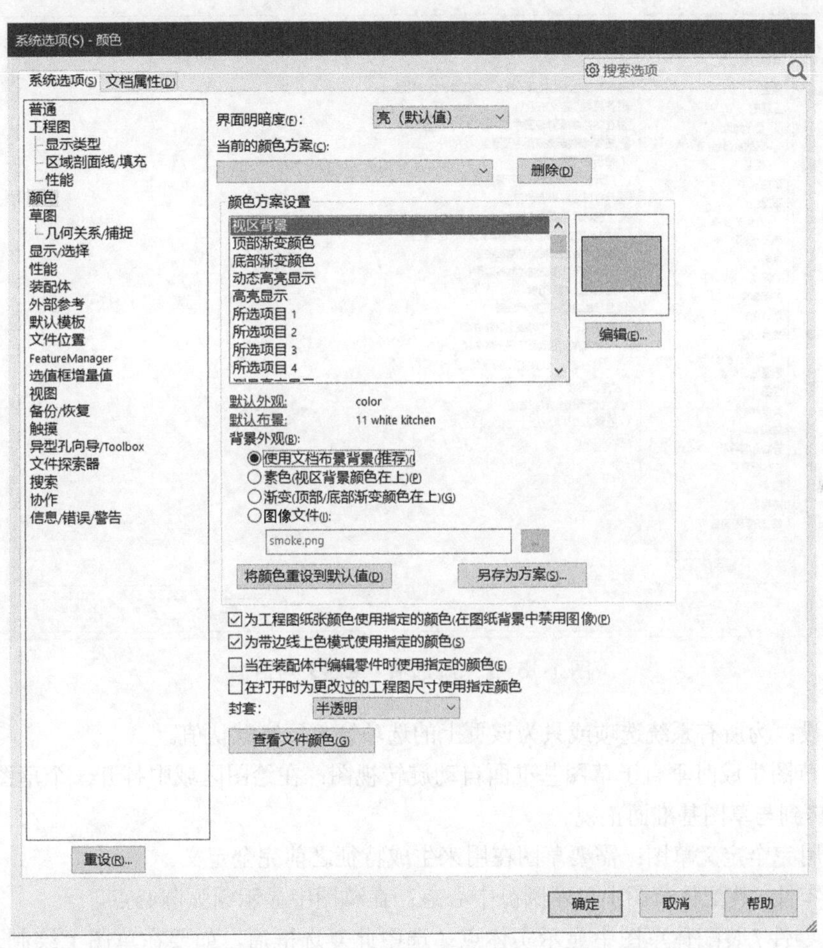

图 1-14 【系统选项 - 颜色】对话框

① 默认外观：当前默认外观的名称。

② 默认布景：当前默认布景的名称。

③ 使用文档布景背景（推荐）：选中此单选按钮，可使用 SolidWorks 布景中的颜色方案，作为背景。

④ 素色（视区背景颜色在上）：选中此单选按钮，可在【视区背景】中选取颜色方案，

用作背景颜色。

⑤ 渐变（顶部 / 底部渐变颜色在上）：选中此单选按钮，可在【颜色方案设置】中选择【顶部渐变颜色】和【底部渐变颜色】，来设置渐变颜色。

⑥ 图像文件：选中此单选按钮，可选择系统图像文件或任何其他图像文件作为背景颜色。指定的图像文件，优先于【当前的颜色方案】列表中的方案。

⑦ 另存为方案：保存所定义的颜色组，当保存颜色方案后，可从【当前的颜色方案】列表中将之选择。

（4）【草图】选项

【系统选项 - 草图】对话框的【系统选项】选项卡中主要有以下内容，如图 1-15 所示。

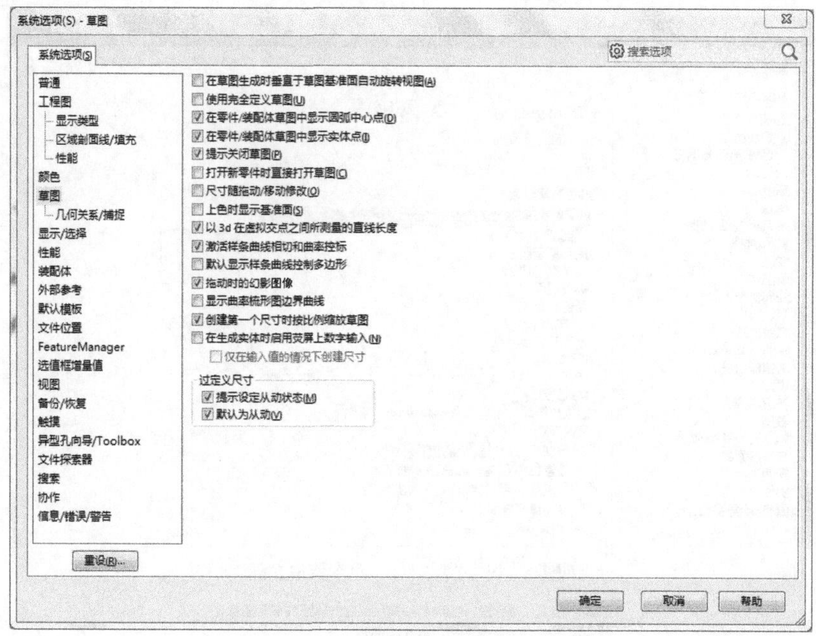

图 1-15 【系统选项 - 草图】对话框

① 重设：为所有系统选项或只为该页上的选项恢复厂家默认值。

② 在草图生成时垂直于草图基准面自动旋转视图：在绘图区域中打开一个草图时，自动将视图旋转到与草图基准面正视。

③ 使用完全定义草图：需要草图在用来生成特征之前完全定义。

④ 在零件 / 装配体草图中显示圆弧中心点：在草图中显示圆弧圆心点。

⑤ 在零件 / 装配体草图中显示实体点：选中此复选框后，如要在草图上绘制一个实体，当鼠标指针靠近时，线段的端点会显示出实圆点。该圆点的颜色反映草图绘制实体的状态：黑色，完全定义；蓝色，欠定义；红色，过定义；绿色，选定。过定义的点与悬空的点总是显示出来的，无论是否选中此复选框。

⑥ 提示关闭草图：如果生成一个具有开环轮廓的草图，然后单击“拉伸凸台 / 基体”按钮来生成一凸台特征，会显示带【封闭草图至模型边线？】问题的对话框，使用模型的边线来封闭草图，并选择关闭草图的方向。

⑦ 打开新零件时直接打开草图：如在前视基准面中激活一草图，激活后，打开一个新的

零件，就会直接打开草图。

⑧ 尺寸随拖动 / 移动修改：在拖动草图改变实体形状时，实体标注的尺寸会发生实时更新。

⑨ 上色时显示基准面：在“上色模式”下会显示基准面，鼠标指针接近某个基准面时，该基准面会以渐变的效果进行显示。此功能对计算机的性能要求较高。为了提高计算机流畅度，可选择菜单栏中的【工具】/【选项】/【系统选项】/【性能】命令，然后取消选中【正常视图模式高品质】和【动态视图模式高品质】复选框。

⑩ 以 3d 在虚拟交点之间所测量的直线长度：从虚拟交点测量直线长度，而不是从三维草图中的端点测量。

⑪ 默认显示样条曲线控制多边形：显示控制多边形以操纵样条曲线的形状。

⑫ 拖动时的幻影图像：在拖动草图时显示草图绘制实体原有位置的幻影图像。

⑬ 在生成实体时启用荧屏上数字输入：在生成草图绘制实体时，显示尺寸输入框，通过输入数字来指定尺寸大小。在选中此复选框后，会在复选框下方出现【仅在输入值的情况下创建尺寸】复选框，选中此复选框后，在结束草图绘制时，会自动出现尺寸标注。

（5）【显示 / 选择】选项

【系统选项 - 显示 / 选择】对话框的【系统选项】选项卡中主要有以下内容，如图 1-16 所示。

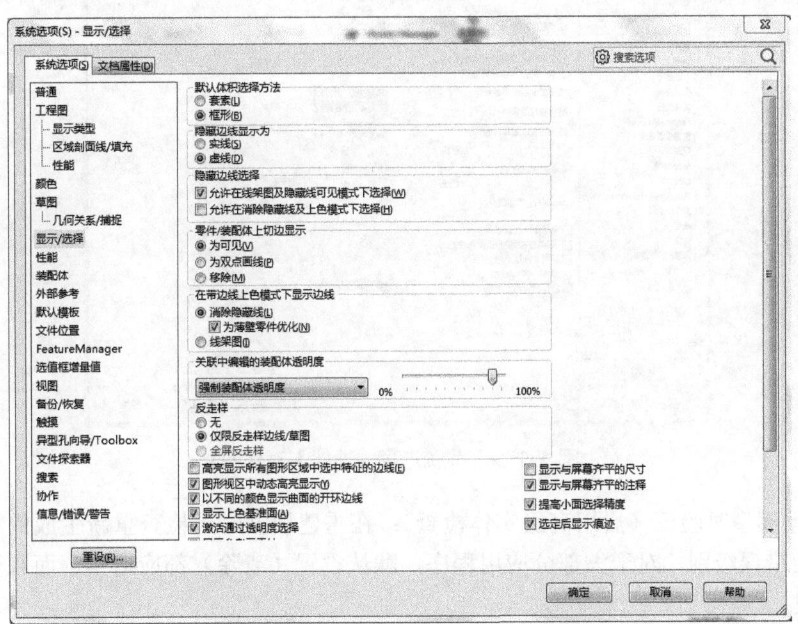

图 1-16 【系统选项 - 显示 / 选择】对话框

① 默认体积选择方法。

➢ 套索：启用手画线选取。

➢ 框形：启用框选取，要将框选取更改为套索选取图形区域，可在图形区域中单击鼠标右键，然后单击【套索选取】选项。

② 隐藏边线显示为。选择隐藏边线显示为实线或是虚线。

③ 隐藏边线选择。

➢ 允许在线架图及隐藏线可见模式下选择：允许在线架图和隐藏线可见模式下选取隐藏边线或顶点。

➢ 允许在消除隐藏线及上色模式下选择：允许在消除隐藏线、带边线上色及上色模式下选择隐藏的边线或顶点。

④ 零件 / 装配体上切边显示。可通过【为可见】、【为双点画线】、【移除】3 个单选按钮对切边进行设置，也可选择菜单栏中的【视图】/【显示】命令，然后选取【切边可见】、【切边显示为双点画线】或【切边不可见】选项设置。

⑤ 在带边线上色模式下显示边线。

➢ 消除隐藏线：在消除隐藏线模式下，出现的所有边线也在带边线上色模式下显示。

➢ 线架图：在带边线上色模式下，所有边线均显示。

(6)【性能】选项

【系统选项 - 性能】对话框的【系统选项】选项卡中主要有以下内容，如图 1-17 所示。

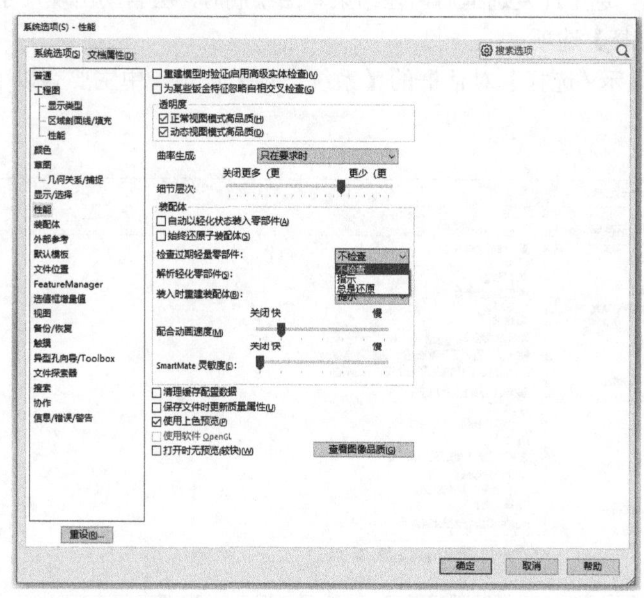

图 1-17 【系统选项 - 性能】对话框

① 重建模型时验证（启用高级实体检查）：在重建模型时，检查重新生成的特征及修改过的特征的错误级别，对于大部分应用程序，默认设置（清除）都应适当，而且重建模型的速度也更快。

② 为某些钣金特征忽略自相交叉检查：为某些钣金零件压缩警告信息。

③ 正常视图模式高品质：零件或装配体没有移动或旋转时，其透明度为高品质，当用平移或旋转工具移动或旋转模型时，应用程序转到低品质透明度，以便更快地平移或旋转模型，如果零件或装配体很复杂，这将变得特别重要。

④ 动态视图模式高品质：当用平移或旋转工具移动或旋转模型时，高品质透明度被保留，根据所用图形卡，此选项可能会使性能减慢。

⑤ 曲率生成。只在要求时：第一次显示时曲率显示速度较慢，但占用较少的内存。总是（针对每个上色模型）（图中未显示）：第一次显示时曲率显示速度较快，但生成或打开的每个

零件总是要使用额外的内存（RAM 和磁盘）。

⑥ 始终还原子装配体：当装配体以轻化状态打开时，子装配体被还原，子装配体中的零部件为轻化状态。

⑦ 检查过期轻量零部件：设置如何将系统过期的轻量零部件装入装配体中。

➢ 不检查：直接装入装配体中，不检查过期的零部件。

➢ 指示：如果装配体中包含过期零部件，装入装配体并标上标志，可右键单击一过期顶层装配体，然后选择将“轻化”设置为“还原”。

➢ 总是还原：在装入时还原所有过期装配体。

(7)【装配体】选项

【系统选项 - 装配体】对话框的【系统选项】选项卡中主要有以下内容，如图 1-18 所示。

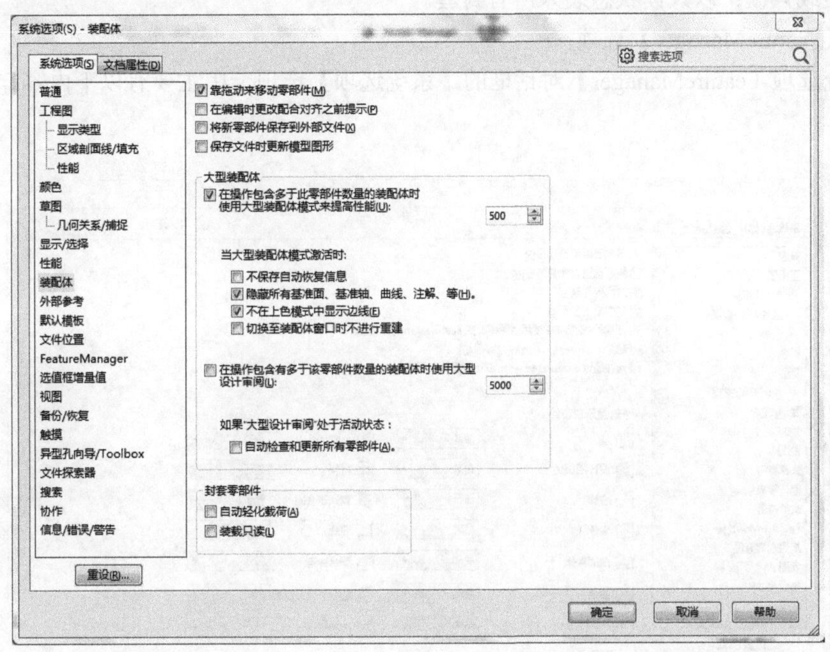

图 1-18 【系统选项 - 装配体】对话框

① 靠拖动来移动零部件：可以在图形区域中随意拖动装配体，使之移动和旋转，也可以使用【移动零部件】工具和【旋转零部件】工具移动或旋转零部件。

② 在编辑时更改配合对齐之前提示：当对配合进行更改时，软件将询问是否想进行更改，否则，软件将自动进行更改（在不询问情况下）。

③ 将新零部件保存到外部文件：如果选中此复选框，软件会提示命名新的关联零部件，并将其保存到外部文件，如果取消选中该复选框，则会将新的关联零部件另存为装配体内的虚拟零部件。

④ 保存文件时更新模型图形：防止显示列表数据过时，当保存装配体时，更新关联编辑的零部件的模型图形数据。

⑤ 大型装配体：在此选项组中所做的选择只在大型装配体模式打开时才可使用，在下述选项说明中为正常使用（大型装配体模式关闭）设定选项。

➢ 在操作包含多于此零部件数量的装配体时使用大型装配体模式来提高性能：设定还原的零部件数量，在打开或操作装配体时，如果超过此数，则大型装配体模式自动激活。

➢ 当大型装配体模式激活时：选择以下选项以改进性能。

- 不保存自动恢复信息：禁用自动保存的模型（在“备份选项”中设定供正常使用）。
- 隐藏所有基准面、基准轴、曲线、注解、等：选中此复选框后，模型会自动隐藏所有基准面、基准轴、曲线、注解等。
- 不在上色模式中显示边线：如果装配体的显示模式为显示边线，选中此复选框后，将不在上色模式中显示边线。

⑥ 封套零部件。

➢ 自动轻化载荷：以轻化状态装入所有封套。

➢ 装载只读：以只读状态装入所有封套。

（8）【FeatureManager】选项

【系统选项-FeatureManager】对话框的【系统选项】选项卡中主要有以下内容，如图 1-19 所示。

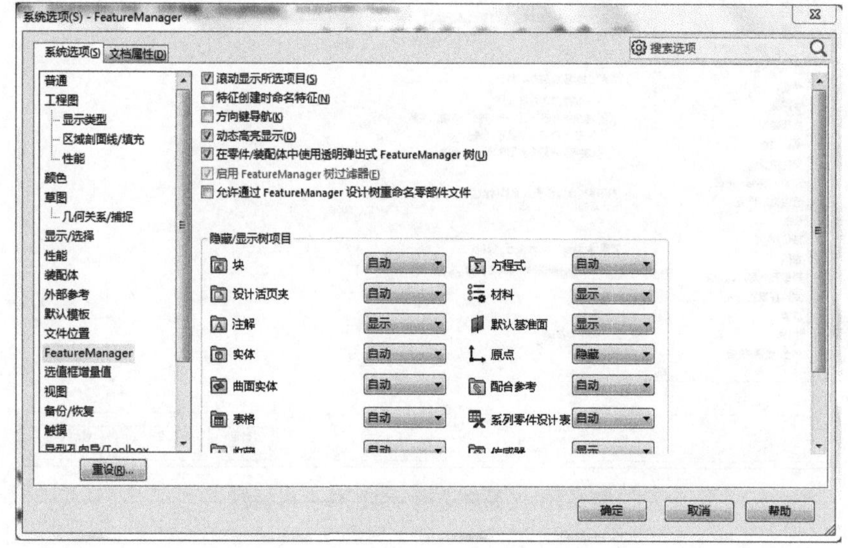

图 1-19 【系统选项 -FeatureManager】对话框

① 滚动显示所选项目：FeatureManager 设计树自动滚动来显示与图形区域上所选项目相关的特征。对于复杂的零件和装配体，推荐取消选中此复选框，若想滚动到特征，在图形区域中用右键单击该特征，在弹出的快捷菜单中选择【转到特征（在设计树中）】选项。

② 特征创建时命名特征：当创建特征时，FeatureManager 设计树内的特征名称会被自动选中，供输入名称。

③ 方向键导航：使用 FeatureManager 设计树中的指针，以方向键进行导航。

④ 动态高亮显示：当鼠标指针经过 FeatureManager 设计树中的各项目时，图形区域中的几何体（边线、面、基准面、基准轴等）会高亮显示。

⑤ 在零件 / 装配体中使用透明弹出式 FeatureManager 树：选中此复选框时，弹出式（快捷菜单）设计树为透明的；当取消选中时，弹出式设计树不透明。

⑥ 允许通过 FeatureManager 设计树重命名零部件文件：可直接从 FeatureManager 设计树更改零部件的文件名，如果选中了此复选框，并且被阻止取消选中该复选框，则说明已重命名一个或多个零部件，但尚未保存这些文件，需要执行以下操作之一。

➢ 保存装配体，此操作将使用新名称保存重命名的文件。

➢ 关闭装配体而不保存，此操作将放弃自上次保存以来做出的所有更改。

⑦ 隐藏 / 显示树项目：控制 FeatureManager 设计树文件夹和工具的显示，每个项目都会有 3 个选项，即自动、隐藏、显示。

➢ 自动：如果项目存在，则显示；否则，将隐藏项目。

➢ 隐藏：始终隐藏项目。

➢ 显示：始终显示项目。

若想更改单个设定，可通过右键单击 FeatureManager 设计树并选择【隐藏 / 显示树项目】选项来修改项目。

4. 设置文档属性

(1)【尺寸】属性

【文档属性 - 尺寸】对话框的【文档属性】选项卡中主要有以下内容，如图 1-20 所示。

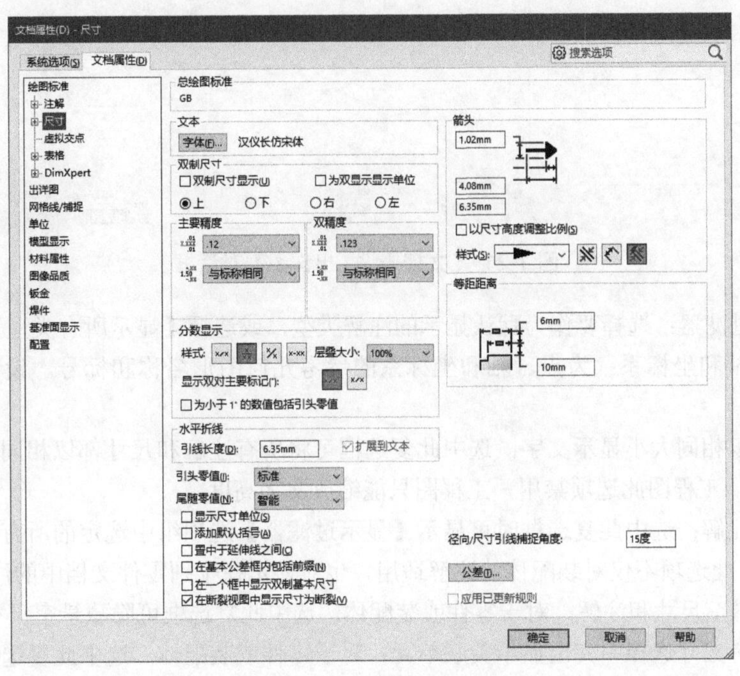

图 1-20 【文档属性 - 尺寸】对话框

① 水平折线。

引线长度：输入引线非弯曲部分的长度。

扩展到文本：引线扩展至与尺寸文字线的末端相接。

② 箭头。

参数：指定箭头的 3 个尺寸大小。

以尺寸高度调整比例：根据尺寸延伸线的高度来调整箭头的大小比例。

样式：从列表中选择一种样式，然后单击尺寸样式类型按钮。

（2）【出详图】属性

【文档属性 - 出详图】对话框的【文档属性】选项卡中主要有以下内容，如图 1-21 所示。

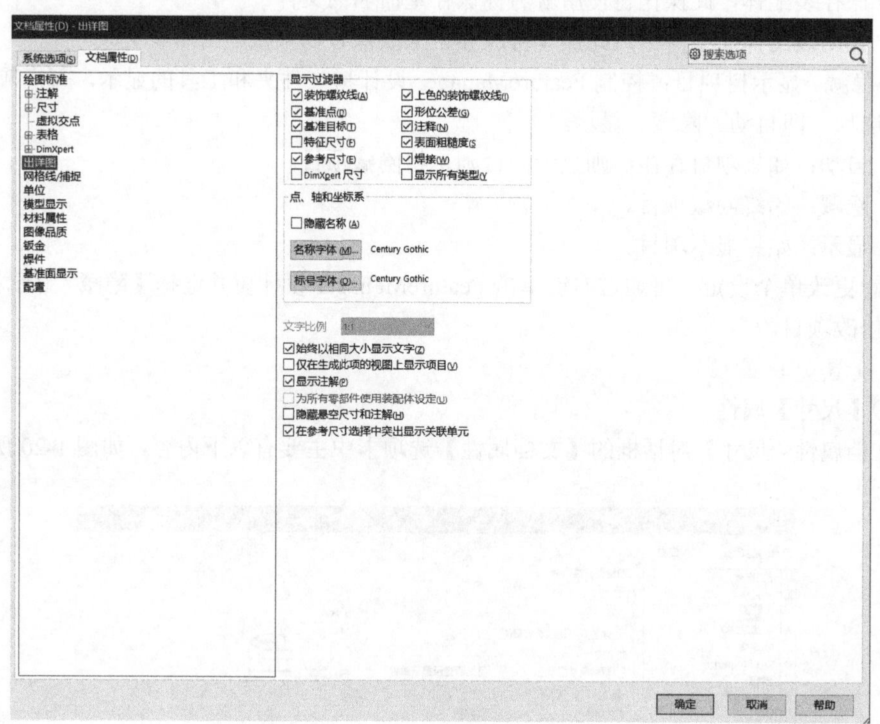

图 1-21 【文档属性 - 出详图】对话框

① 显示过滤器：选择要作为默认显示的注解类型，或选择【显示所有类型】。

② 点、轴和坐标系：为点、轴和坐标系的参考几何图形名称和标号，设置字体和显示选项。

③ 始终以相同大小显示文字：选中此复选框可将所有注解和尺寸都以相同大小显示（无论是否缩放），工程图此选项禁用，工程图只能缩放文字高度。

④ 显示注解：选中此复选框时可显示【显示过滤器】选项组中选定的所有注解类型，对装配体而言，此选项不仅对装配体的注解适用，也对显示在个别零件文档中的注解适用。

⑤ 隐藏悬空尺寸和注解：对于零件或装配体，选中此复选框可隐藏悬空尺寸和注解。

⑥ 在参考尺寸选择中突出显示关联单元：对于零件或装配体，选中此复选框以突出显示与选定参考尺寸关联的元素。

二、帮助

1. SolidWorks 帮助

（1）在使用 SolidWorks 进行三维建模时会遇到很多的难题，这时就需要借助于软件本身提供的强大的帮助系统，帮助系统能以多种方式访问，包括以下几方面。

① 所有对话框和属性管理器中的“帮助”按钮（或按【F1】键）。

② SolidWorks【帮助】标准工具栏上的帮助工具。

③【帮助】选项的弹出菜单。

④ SolidWorks 及应用程序编程接口（API）、第三方软件等的【帮助】菜单。

（2）也可以在网络（Web）上寻找资料，选择或取消选择菜单命令【帮助】/【使用 SolidWorks Web 帮助】，以在帮助的本地版本和基于 Web 的版本之间进行切换。

（3）词汇表：SolidWorks 帮助中包含词汇表，它在 SolidWorks 帮助目录的底部。

（4）除了帮助工具外，SolidWorks 还以下列方法提供帮助。

① 新增功能：SolidWorks 软件相比上一版本所添加的新功能如图 1-22 所示。

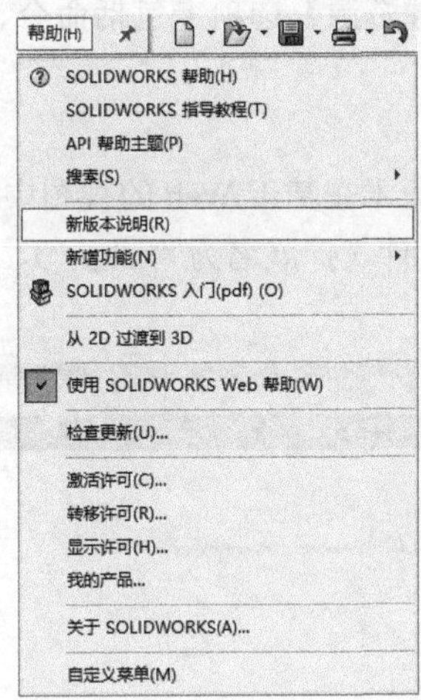

图 1-22　SolidWorks 新版本添加的新功能

② 交互新增功能：选择菜单命令【帮助】/【新增功能】/【交互】，或在任意属性管理器中单击“帮助”按钮Ⓢ，如图 1-23 所示。

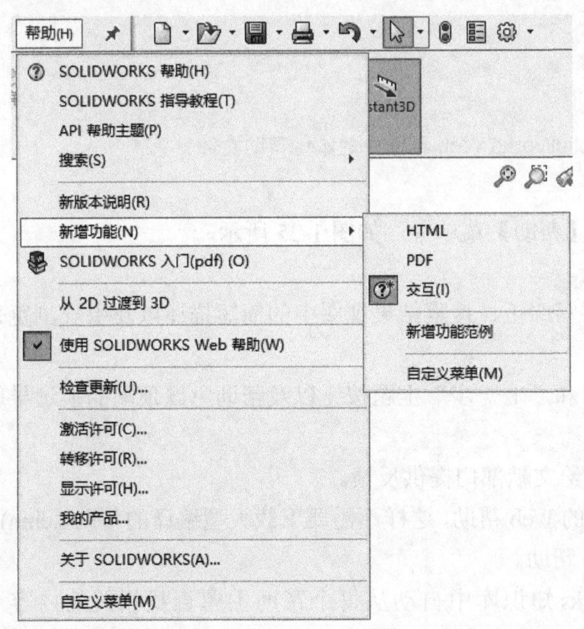

图 1-23　交互新增功能

③ 工具栏提示：有关工具栏上及属性管理器和对话框中工具的信息。

④ 状态栏信息（位于 SolidWorks 窗口的底部）：指针坐标、草图状态以及所选指令的简要说明。

⑤ 每日提示（位于任务窗格中【SolidWorks 资源】选项卡的底部）：每次开启 SolidWorks 时会出现一条新提示。

⑥ SolidWorks 指导教程（位于【帮助】菜单上和任务窗格中【SolidWorks 资源】选项卡上）：有关特征、零件、装配体、工程图以及第三方应用程序的指导课程。

⑦ 任务窗格中的【SolidWorks 资源】选项卡包括命令、链接和信息，一般信息链接提供技术支持资源。

2. SolidWorks Web 帮助

当访问帮助时，文献的 Web 版本在基于 Web 的视图中显示，如果 Internet 连接较慢或无法使用，仍可选择查阅本地帮助文件（扩展名为“.chm”），如图 1-24 所示。

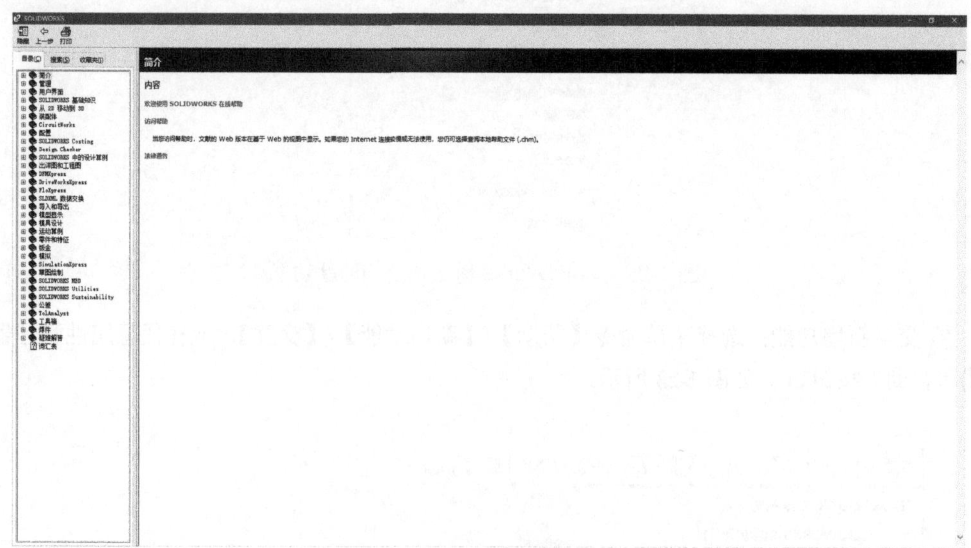

图 1-24　SolidWorks Web 帮助中的本地帮助文件

SolidWorks Web 帮助，位置在【帮助】菜单中，如图 1-25 所示。

基于 Web 的帮助包括以下功能。

① 搜索：使用相关性排定、拼写纠正、搜索结果视图中的简短描述以及引导浏览来识别相关主题。

② 主题浏览：使用“下一步”和“上一步”主题按钮以及帮助主题顶端的痕迹导航进行浏览。

③ 反馈：对单个帮助主题直接给文献部门提供反馈。

④ 最新文献资料：访问更新过的 Web 帮助，这样不需要下载大型编译的帮助 (.chm) 文件，不必安装 SolidWorks 也可访问 Web 帮助。

⑤ 链接到知识库：在 SolidWorks 知识库中自动从每个帮助主题查找相关的内容（需要 SolidWorks 订阅服务和客户门户登录）。

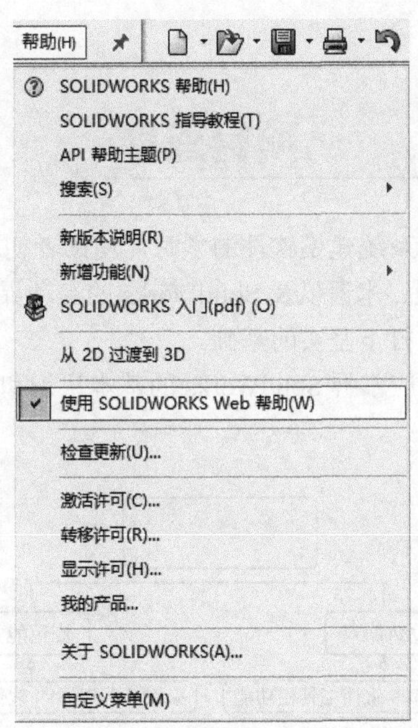

图 1-25 SolidWorks Web【帮助】菜单命令

⑥ SolidWorks 论坛：Web 帮助自动在 SolidWorks 论坛中搜索开放主题的标题关键字，并且在底部窗格中显示结果。在导航栏中，可以细化搜索，输入新的搜索，或查看讨论、博客文章、轮询、文档和创意。

【任务回顾】

一、知识点总结

1．右击命令管理器空白处，会出现界面工具栏，可以在界面工具栏中选择需要的工具，被选择的工具会出现在 FeatureManager 设计树上，方便用户进行操作。

2．自定义工具栏操作如下：选择菜单栏的【工具】/【自定义】命令，或者在工具栏区右击，并在弹出的快捷菜单中选择【自定义】命令，会弹出【自定义】对话框。

3．默认标注所有零件 / 装配体尺寸以输入到工程图中：选中此复选框后，模型导入工程图中时会带有尺寸；否则不带有尺寸。

二、思考与练习

1．选择应用到当前激活的 SolidWorks 文件类型中，要启用________________。

2．显示草图绘制实体的端点为实圆点。该圆点的颜色反映草图绘制实体的状态有 4 种，分别是________、________、________、________。

3．套索是由（　　）选取的。

A．直线　　B. 爆炸直线　　C. 引导线　　D. 手画线

4．________________ 在 SolidWorks 窗口左侧，它提供了激活零件、装配体、工程图的大纲视图。

项目总结

本项目为工业机器人应用系统建模软件的学习，使读者初步认识了 SolidWorks 软件，能够掌握 SolidWorks 软件的功能、术语以及 SolidWorks 的启动界面、零件界面、定义工具栏和帮助，为以后学好 SolidWorks 打下坚实的基础。

通过本项目的学习，大家应掌握 SolidWorks 的基本认识和基本使用。项目一技能图谱如图 1-26 所示。

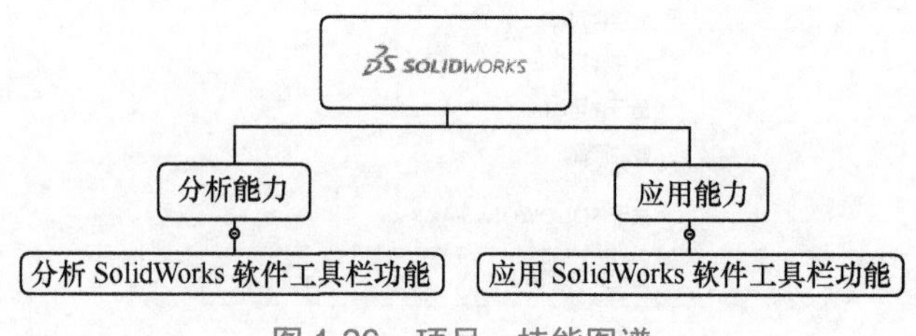

图 1-26　项目一技能图谱

设计实践篇

项目二
工业机器人夹爪零部件设计

项目引入

上一周，SolidWorks小组对SolidWorks软件进行了系统的调查，并学会了SolidWorks软件的基本使用方法，接下来讨论下一步的学习目标。

周一早上Aaron来到办公室，看到Taylor和Dwight正在讨论着什么。

Aaron: Taylor、Dwight，SolidWorks软件的基本使用方法我们已经熟知了，那接下来应该进行实际操作了。

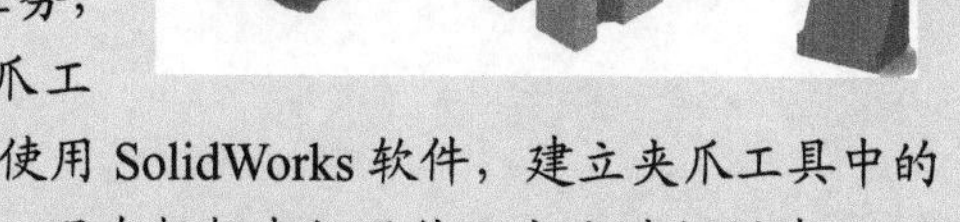

[Aaron把手中的照片（见右图）给了Taylor和Dwight]

Aaron: 这是咱们新的任务，照片中是公司机器人的夹爪工具，这几天我们的任务就是使用SolidWorks软件，建立夹爪工具中的法兰盘、气缸、手指零部件，现在想想我们用什么办法进行创建。

Taylor: 我看夹爪工具比较容易创建，可以使用直线、圆周、矩形、圆弧、样条曲线等工具，还可以使用拉伸特征进行草图的立体化，使用切除、旋转、阵列、复制特征进行零件的修饰。

Aaron: 这样吧，这件事就交给你们两个。

知识图谱

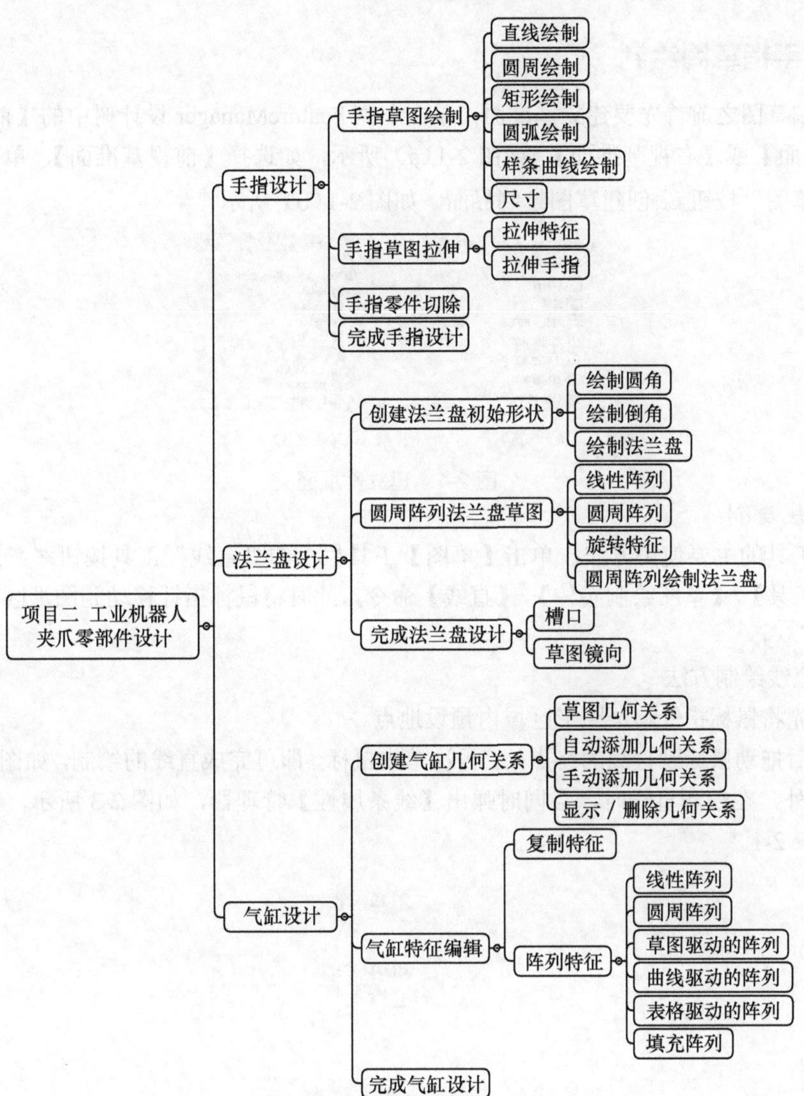

任务一 手指设计

【任务描述】

Aaron：手指工具你们想怎么进行建立啊？

Dwight：Aaron，我和 Taylor 想过了，手指工具的绘制需要用到直线工具、圆周工具、矩形工具，特征呢，需要拉伸特征和拉伸切除特征。

Taylor：除此之外，也需要学习一下圆弧、样条曲线工具，这是最基本的了。

Aaron：嗯，好，就按你们说的办。

【知识学习】

一、手指草图绘制

在绘制草图之前首先要建立基准面，单击左侧 FeatureManager 设计树中的【前视基准面】【上视基准面】或【右视基准面】，如图 2-1（a）所示，如选择【前视基准面】，单击命令管理器中的“草图”按钮创建草图绘制界面，如图 2-1（b）所示。

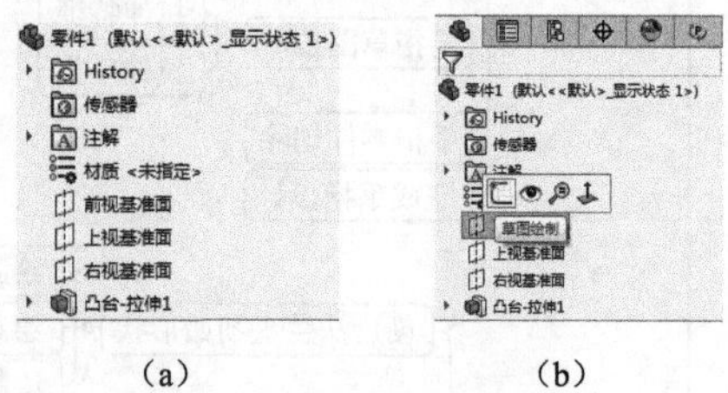

（a）　（b）

图 2-1　建立基准面

1. 直线绘制

直线工具的主要使用方法：单击【草图】工具栏上的“直线”工具按钮，或选择菜单栏中的【工具】/【草图绘制实体】/【直线】命令，此时将鼠标指针移动到图形区域，鼠标指标会变为状。

（1）直线绘制方法

① 首先将鼠标指针移至图形区域内预设地点。

② 然后拖动鼠标到直线的终点处，再次单击鼠标，即可完成直线的绘制，如图 2-2 所示。

③ 此外，在绘制直线时，会同时弹出【线条属性】管理器，如图 2-3 所示，图中各属性的说明见表 2-1。

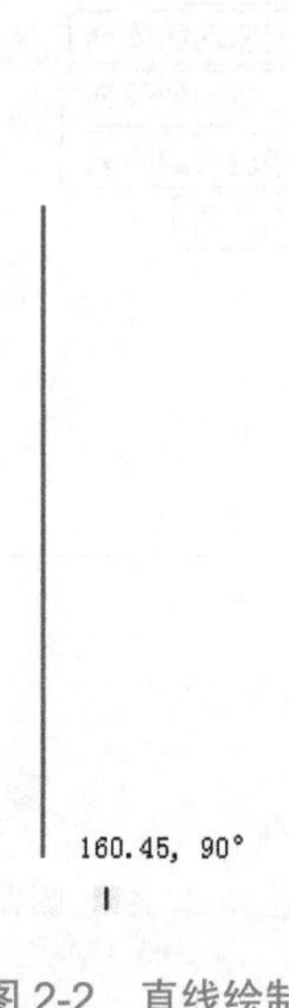

图 2-2　直线绘制

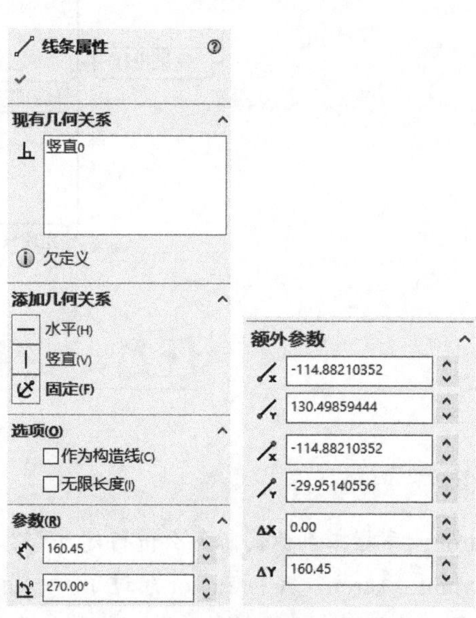

图 2-3 【线条属性】管理器

表 2-1　　【线条属性】管理器说明

属性		说明
现有几何关系	现有几何关系 竖直0	绘制的直线中现有的几何关系
选项	构造线：□作为构造线(C)	若选中此复选框将成为构造线；反之便是直线
	无限长度：□无限长度(I)	如选中此复选框，直线将会有无限长度；若不选中，直线便是给定长度
参数	160.45	直线的长度
	270.00°	直线的角度
额外参数	额外参数 -114.88210352 130.49859444 -114.88210352 -29.95140556 ΔX 0.00 ΔY 160.45	开始x值； 开始y值； 结束x值； 结束y值； 变量x值； 变量y值

（2）绘制中心线

① 首先单击【草图】工具栏中的“直线”工具按钮右侧的下拉按钮，在弹出的下拉列表中，选择【中心线】选项，如图 2-4 所示。

② 绘制中心线的方法与绘制直线相同，中心线与直线的不同就在于中心线是构造线而直线不是。绘制出的中心线如图 2-5 所示。

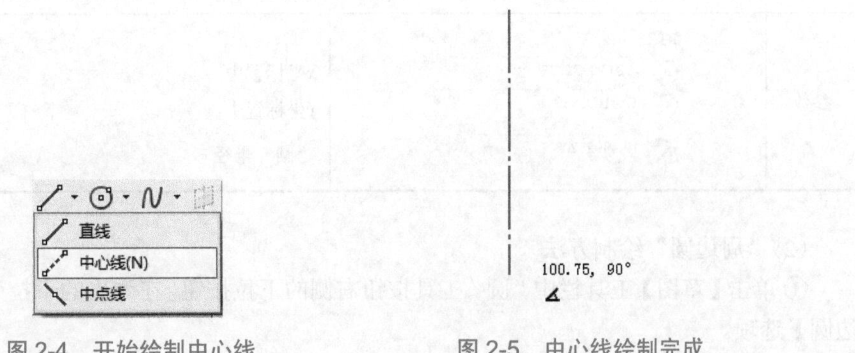

图 2-4　开始绘制中心线　　　　图 2-5　中心线绘制完成

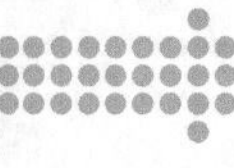

2. 圆周绘制

可以绘制的圆周类型有两种：①“圆”——绘制基于中心的“圆”；②“周边圆”——绘制基于周边的“圆”。

（1）“圆”的绘制方法

① 首先单击【草图】工具栏中的“圆”工具按钮，然后移动鼠标指针至图形区域，鼠标指针变成状。

② 移动鼠标指针至圆心位置处，单击并拖动鼠标，这时会在图形区域中显示将要绘制的“圆”的预览，如图 2-6（a）所示，鼠标指针旁提示“圆”的半径。

③ 将鼠标指针移动至适当位置处再次单击，便可完成“圆”的绘制，如图 2-6（b）所示。

④ 对“圆”的绘制完成后，【圆】属性管理器会在图形区域左侧弹出，如图 2-7 所示。

⑤ 单击【圆】属性管理器左上角的“确定”按钮 ✔（见图 2-7），完成“圆”的属性设置。

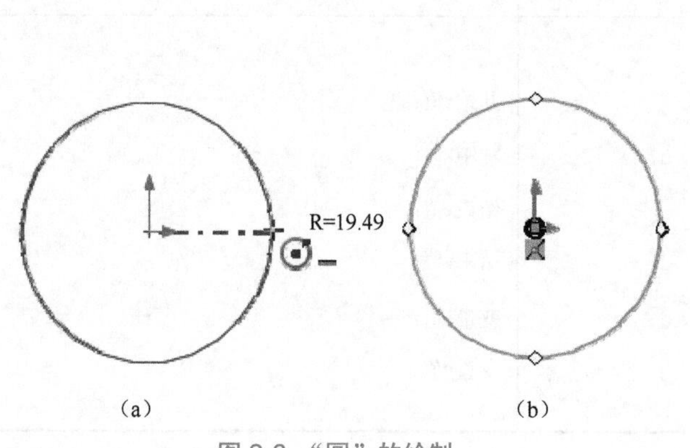

图 2-6 “圆”的绘制

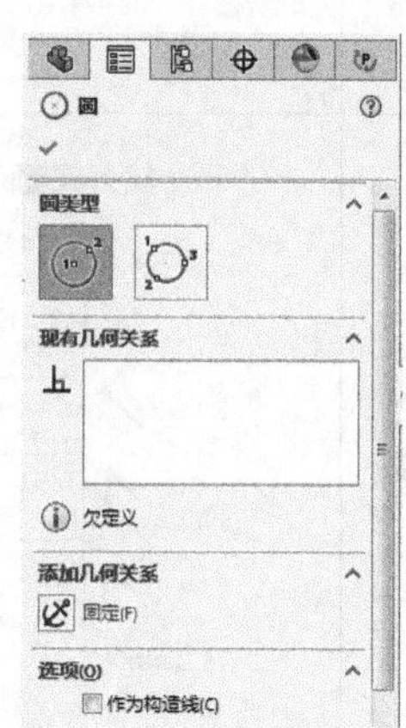

图 2-7 【圆】属性管理器

“圆”的各属性如表 2-2 所示。

表 2-2 【圆】属性管理器说明

属性		说明
选项	构造线：☐作为构造线(C)	若选中此复选框将成为圆形构造线；反之便是“圆”
参数	参数 -120.70971735 17.41005539 19.49926203	x坐标置中； y坐标置中； “圆”半径

（2）“周边圆”绘制方法

① 单击【草图】工具栏中“圆”工具按钮右侧的下拉按钮，在弹出的下拉列表中，选择【周边圆】选项。

② 将鼠标指针移至图形区域中，鼠标指针会变成状，鼠标单击图形区域，设定周边圆

的第一点，如图 2-8（a）所示。

③ 继续拖动鼠标，可设定周边圆的第二点，如图 2-8（b）所示。

④ 再次拖动鼠标，设定周边圆的第三点，如图 2-8（c）所示。

⑤ 设定完成后，单击【圆】属性管理器左上方的“确定”按钮 ✔，完成周边圆的绘制。

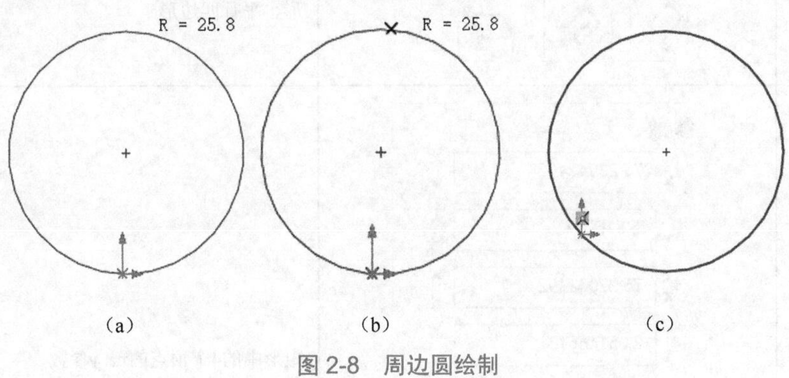

图 2-8　周边圆绘制

3. 矩形绘制

（1）边角矩形绘制方法

① 单击【草图】工具栏中的“矩形”工具按钮，或在菜单栏中选择【工具】/【草图绘制实体】/【边角矩形】命令。

② 鼠标单击图形区域，以放置矩形的第一个边角，当矩形的大小和形状达到预期时，鼠标再次单击图形区域，完成矩形（即边角矩形）的草图绘制，如图 2-9 所示。

③ 完成矩形的草图绘制后，系统会在图形区域的左侧弹出【矩形】属性管理器，如图 2-10 所示。矩形的各项属性介绍如表 2-3 所示。

④ 单击【矩形】属性管理器左上方的“确定”按钮 ✔，完成矩形绘制。

图 2-9　完成边角矩形草图绘制

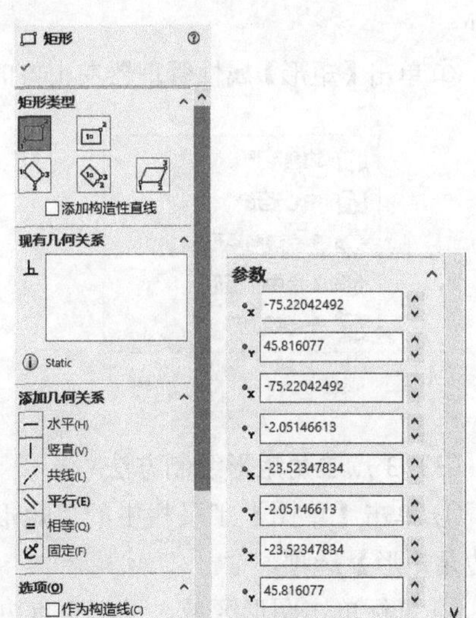

图 2-10 【矩形】属性管理器

表 2-3　　【矩形】属性管理器说明

属性		说明
矩形类型	矩形类型	可选择矩形类型，一共有5种类型，依次为边角矩形、中心矩形、3点边角矩形、3点中心矩形、平行四边形
参数	参数 x -75.22042492 y 45.816077 x -75.22042492 y -2.05146613 x -23.52347834 y -2.05146613 x -23.52347834 y 45.816077	矩形中的4个顶点的x、y参数

（2）中心矩形绘制方法

① 单击【草图】工具栏中的“矩形”工具按钮右侧的下拉按钮，在弹出的下拉列表中选择【中心矩形】选项，如图 2-11 所示。

② 鼠标单击图形区域，拖动中心矩形的一角，当矩形的大小和形状达到预期时，释放鼠标。

③ 单击【矩形】属性管理器左上方的“确定”按钮 ✔，完成中心矩形绘制，如图 2-12 所示。

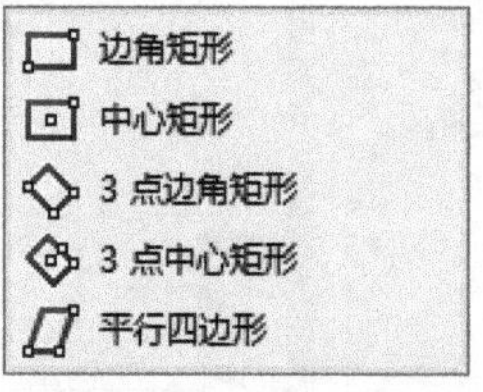

图 2-11　下拉列表

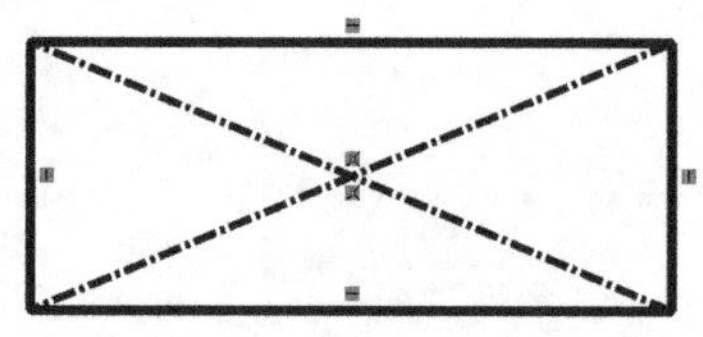

图 2-12　完成中心矩形绘制

（3）3 点边角矩形绘制方法

① 单击【草图】工具栏中的“矩形”工具按钮右侧的下拉按钮，在下拉列表中选择【3 点边角矩形】选项。

② 鼠标单击图形区域，设定 3 点边角矩形第一个边角，拖动鼠标到预设位置，设定第一条边线的长度和角度。

③ 在图形区域中，按照以上方法，绘制另外的 3 条边线。

④ 单击【矩形】属性管理器左上方的“确定”按钮 ✔，完成 3 点边角矩形绘制，如图 2-13 所示。

图 2-13　完成 3 点边角矩形绘制

（4）3 点中心矩形绘制方法

① 单击【草图】工具栏中的“矩形”工具按钮右侧的下拉按钮，在下拉列表中选择【3 点中心矩形】选项。

② 鼠标单击图形区域，设置中心线，拖动鼠标到达预设位置，释放鼠标设定矩形的一半长度。

③ 在图形区域中，按照以上方法，绘制另外的 3 条边线。

④ 单击【矩形】属性管理器左上方的“确定”按钮 ✔，完成 3 点中心矩形绘制，如图 2-14 所示。

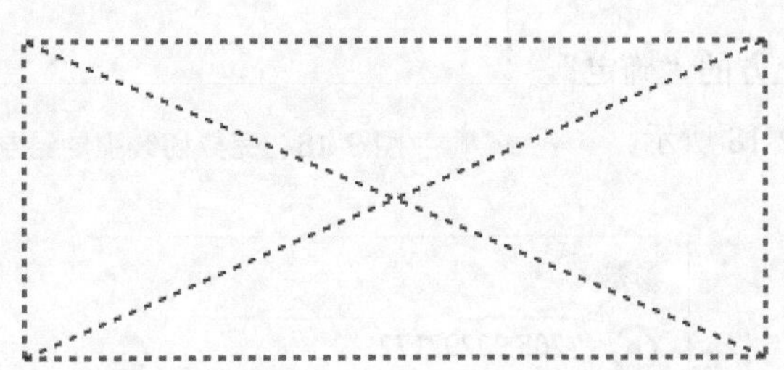

图 2-14　完成 3 点中心矩形绘制

（5）平行四边形绘制方法

① 单击【草图】工具栏中的“矩形”工具按钮右侧的下拉按钮，在下拉列表中选择【平行四边形】选项。

② 鼠标单击图形区域，设定第一个边角，拖动鼠标到预设位置，释放鼠标来设定第一条边线的长度和角度。

③ 在图形区域中，按照以上方法，绘制另外的 3 条边线。

④ 单击【矩形】属性管理器左上方的“确定”按钮 ✔，完成平行四边形绘制，如图 2-15 所示。

4. 圆弧绘制

（1）切线弧绘制方法

① 单击【草图】工具栏中的“切线弧”工具按钮，或选择菜单栏中的【工具】/【草

图绘制实体】/【切线弧】命令。

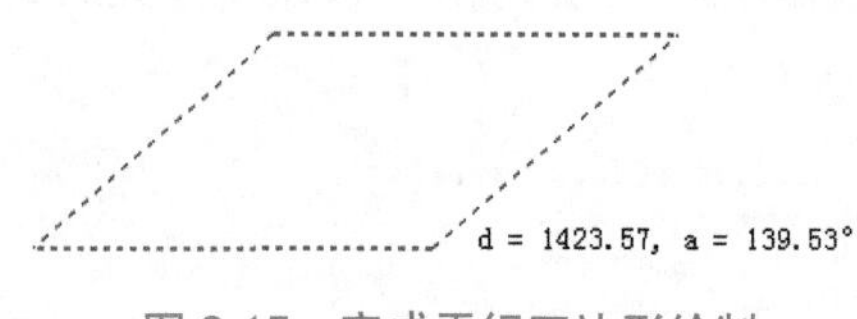

图 2-15　完成平行四边形绘制

② 在直线、圆弧、椭圆或样条曲线的终点上单击，鼠标指针会变成状。

③ 拖动鼠标绘制成所需形状，然后释放鼠标，单击【圆弧】属性管理器左上方的“确定”按钮✔，完成切线弧的绘制，如图 2-16 所示。

（2）3 点圆弧绘制方法

① 单击【草图】工具栏中“3 点圆弧”工具按钮。或选择菜单栏中的【工具】/【草图绘制实体】/【3 点圆弧】命令。

② 拖动鼠标到图形区域中，鼠标指针会变成状，在图形显示区域中单击，设定 3 点圆弧的起点，拖动鼠标到预设位置，单击图形区域，设定圆弧的形状以及大小。

③ 完成 3 点圆弧的草图绘制后，系统会弹出【圆弧】属性管理器，如图 2-17 所示，3 点圆弧的各项属性介绍如表 2-4 所示。

④ 单击【圆弧】属性管理器左上方的“确定”按钮✔，完成 3 点圆弧绘制，如图 2-18 所示。

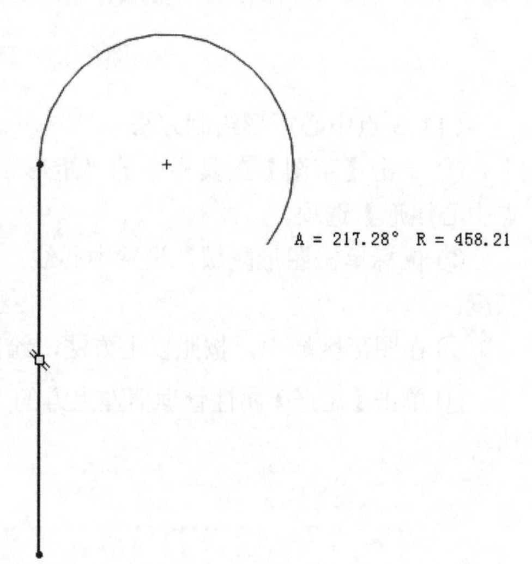

图 2-16　完成切线弧的绘制

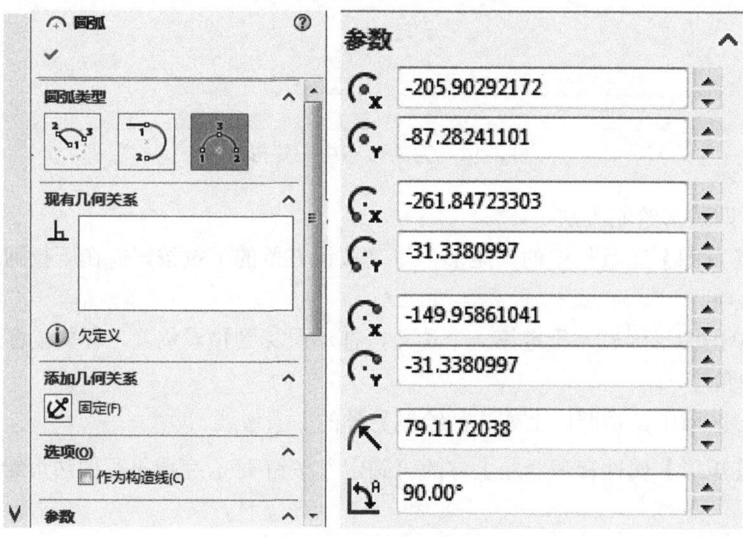

图 2-17　【圆弧】属性管理器

表 2-4 【圆弧】属性管理器说明（3 点圆弧）

属性		说明
圆弧类型	圆弧类型	圆弧有3种类型，分别为切线弧、3点圆弧和圆心/起/终点画弧
参数	参数 -205.90292172 -87.28241101 -261.84723303 -31.3380997 -149.95861041 -31.3380997 79.1172038 90.00°	*x*坐标置中； *y*坐标置中； 开始*x*坐标； 开始*y*坐标； 结束*x*坐标； 结束*y*坐标； 半径； 角度

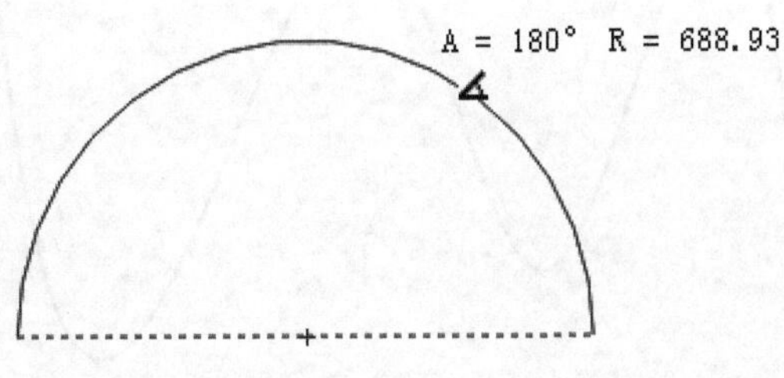

图 2-18 完成 3 点圆弧绘制

（3）圆心 / 起 / 终点画弧绘制方法

① 单击【草图】工具栏中“圆心 / 起 / 终点画弧”工具按钮，或选择菜单栏中的【工具】/【草图绘制实体】/【圆心 / 起 / 终点画弧】命令。

② 当鼠标指针放在图形显示区域中时会变成状，鼠标单击图形区域，在图形区域中设定圆弧的圆心，拖动鼠标来设置圆的半径，如图 2-19（a）所示。

③ 设定圆的弧度，如图 2-19（b）所示，单击【圆弧】属性管理器左上方的“确定”按钮✔，完成圆心 / 起 / 终点画弧的绘制。

5. 样条曲线绘制

（1）样条曲线绘制方法

① 单击【草图】工具栏中的“样条曲线”工具按钮，或选择菜单栏中的【工具】/【样条曲线工具】/【插入样条曲线】命令。

② 鼠标单击图形区域，设定样条曲线的起始位置，移动鼠标，拖动出样条曲线的第一段，单击鼠标，确定样条曲线的第二点，继续移动鼠标拖动出样条曲线的第二段，依次单击鼠标，确定其余各段。

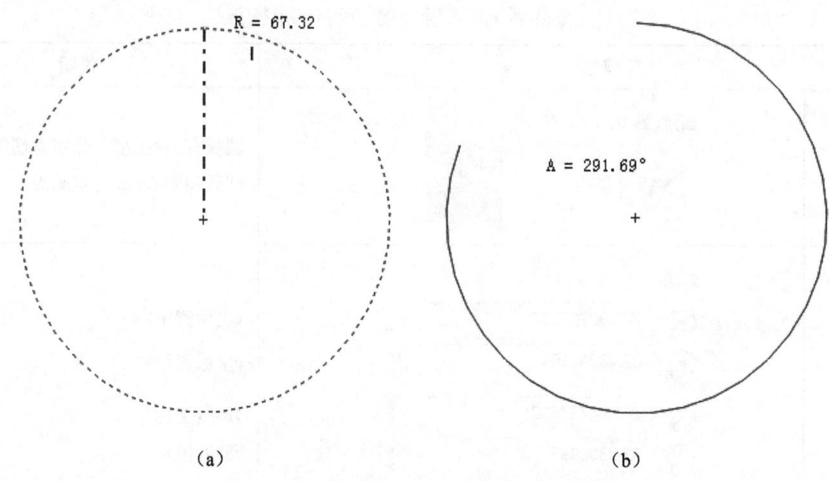

图 2-19　完成圆心 / 起 / 终点画弧绘制

③ 确定终点后会弹出【样条曲线】属性管理器，单击【样条曲线】属性管理器左上方的“确定”按钮 ✔，完成样条曲线的绘制，如图 2-20 所示。

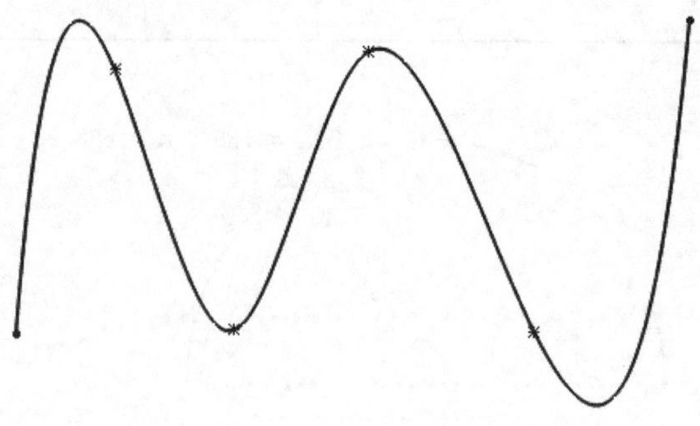
图 2-20　样条曲线

④ 鼠标单击样条曲线，会出现图 2-21 所示的控制点，单击并拖动样条曲线上的控制点，可改变样条曲线的形状，拖动控制点两端的左右控标，也可调整样条曲线的形状。

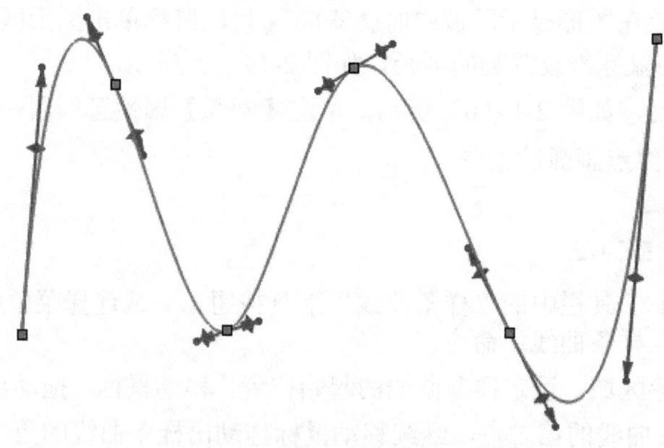
图 2-21　样条曲线的调整

（2）样式样条曲线绘制方法

① 首先打开一张新的草图，使用“圆心 / 起 / 终点画弧”工具按钮绘制两个圆弧，如图 2-22 所示。

② 单击【草图】工具栏中的“样条曲线”工具按钮右侧的下拉按钮，选择【样式样条曲线】选项，或选择菜单栏中的【工具】/【草图绘制实体】/【样式样条曲线】命令。

③ 鼠标单击圆弧的第一个端点，在样式样条曲线上创建第一个控制顶点，如图 2-23 所示。

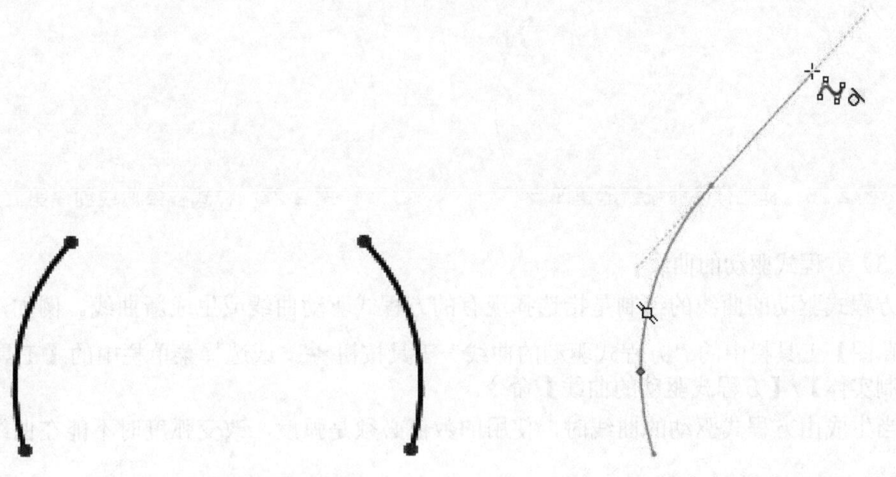

图 2-22　绘制两个圆弧实体　　图 2-23　样式样条曲线创建第一步

④ 将鼠标指针悬停在推理线（虚线）上，并单击以添加第二个控制顶点，如图 2-24 所示，如果将第二个控制顶点捕捉至推理线，则端点处将生成相切几何关系。

⑤ 继续向右移动鼠标，并将鼠标指针悬停在下一条推理线上，相等曲率图标出现时，单击鼠标，如果将第三个控制顶点捕捉至推理线，则端点处将生成相等曲率几何关系，如图 2-25 所示。

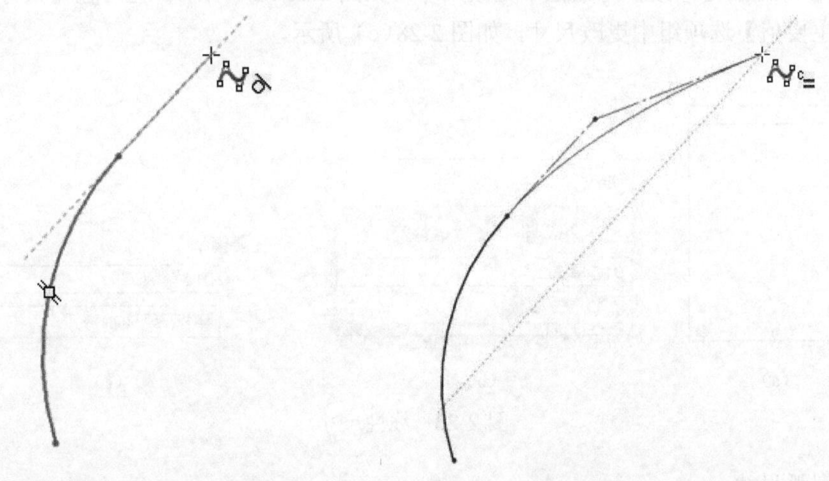

图 2-24　样式样条曲线创建第二步　　图 2-25　样式样条曲线创建第三步

⑥ 要完成样式样条曲线绘制，应继续添加更多控制顶点。

⑦ 当到达第二个圆弧的端点时，按【Alt】键并双击端点。

⑧ 按【Alt】键可应用上一个控制顶点处的自动相切几何关系，如图 2-26 所示。

⑨ 两个草图实体之间的桥接曲线已完成，如图 2-27 所示。

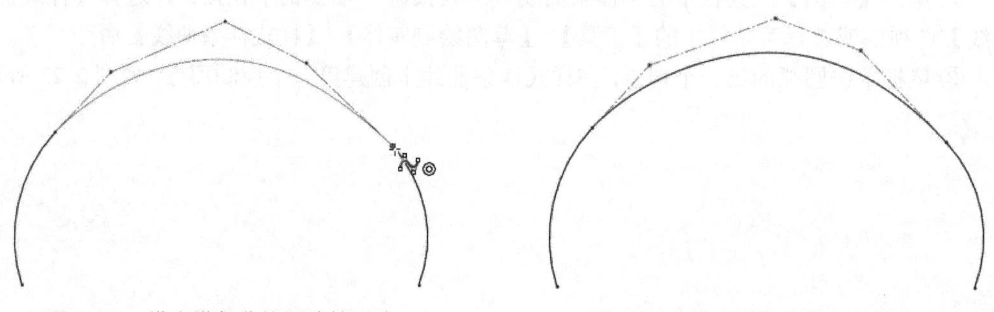

图 2-26　样式样条曲线创建第四步　　　　图 2-27　样式样条曲线创建第五步

（3）方程式驱动的曲线

方程式驱动的曲线的绘制是指选择现有的方程式驱动曲线或生成新曲线。例如，通过单击【草图】工具栏中的“方程式驱动的曲线”工具按钮，或选择菜单栏中的【工具】/【草图绘制实体】/【方程式驱动的曲线】命令。

当生成由方程式驱动的曲线时，使用的数值必须是弧度，改变弧度时不能在曲线上进行拖曳。

6. 尺寸

（1）线性尺寸

① 单击【草图】工具栏中的“智能尺寸”工具按钮，或选择菜单栏中的【工具】/【尺寸】/【智能尺寸】命令。

② 移动鼠标指针至图形区域，单击草图中的几何体，可以看到标注的尺寸，如图 2-28（a）所示。

③ 可在弹出的【修改】对话框中更改尺寸，如图 2-28（b）所示。也可在【尺寸】属性管理器的【主要值】选项组中更改尺寸，如图 2-28（c）所示。

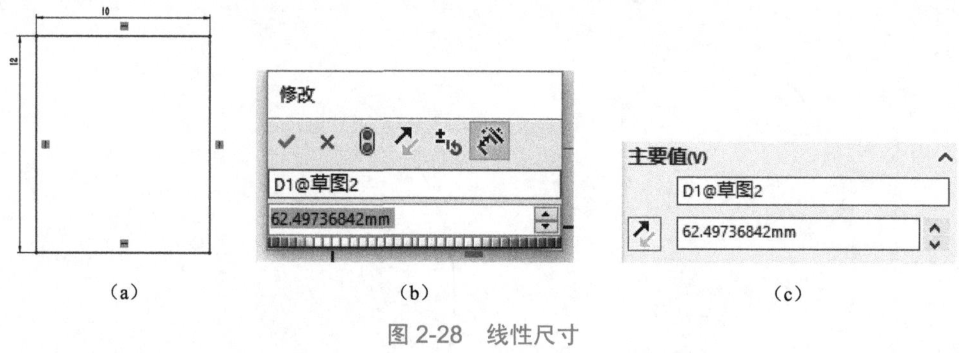

（a）　　（b）　　（c）

图 2-28　线性尺寸

（2）圆弧尺寸

① 单击【草图】工具栏中的“智能尺寸”工具按钮，或选择菜单栏中的【工具】/【标注尺寸】/【智能尺寸】命令。

② 首先选择圆弧的两个端点，然后移动鼠标指针就可以显示尺寸预览。

③ 在【修改】对话框中设置值，如图 2-29（a）所示，然后单击【修改】对话框中的“确定”按钮 ✔ 完成圆弧的尺寸绘制，如图 2-29（b）所示。

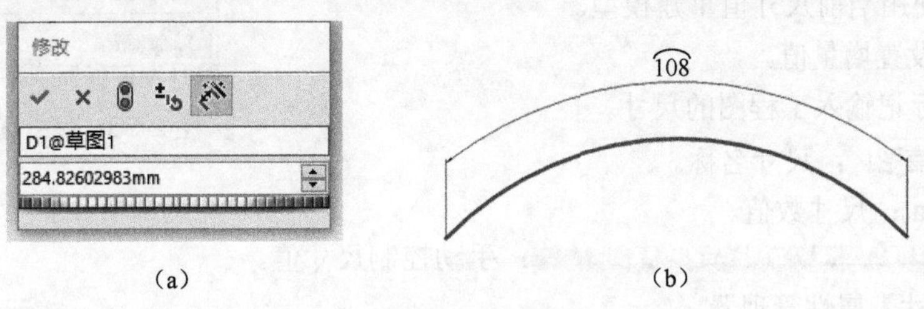

图 2-29　圆弧尺寸

（3）角度尺寸

① 测量圆弧角度。首先单击【草图】工具栏中的“智能尺寸”工具按钮，或选择菜单栏中的【工具】/【标注尺寸】命令。然后单击圆弧的两端，如图 2-30（a）所示，再单击圆弧本身，如图 2-30（b）所示。

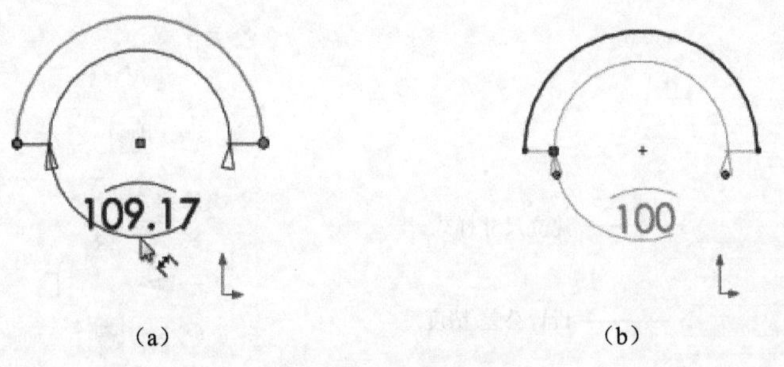

图 2-30　圆弧角度

② 测量线性角度。先单击【草图】工具栏中的“智能尺寸”工具按钮，然后单击两条线，如图 2-31 所示。

（4）圆周尺寸

单击【草图】工具栏中的“智能尺寸”工具按钮，或选择菜单栏中的【工具】/【标注尺寸】/【智能尺寸】命令，单击圆本身，便会出现图 2-32 所示的圆周尺寸。

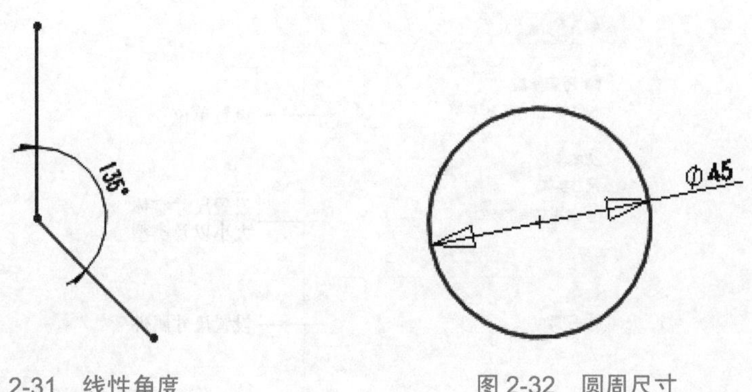

图 2-31　线性角度　　　图 2-32　圆周尺寸

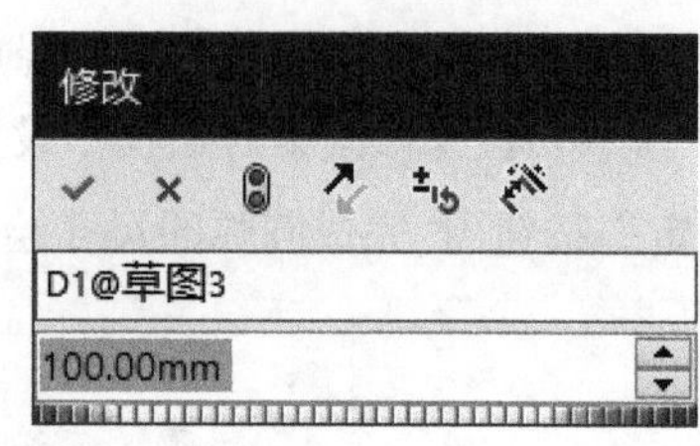

图 2-33　尺寸【修改】对话框

（5）尺寸【修改】对话框（见图 2-33）

①：保存更改后的尺寸值并退出对话框。

②：恢复初始数值并退出对话框。

③：使用当前尺寸值重建模型。

④：设置增量值。

⑤：标记输入工程图的尺寸。

⑥ D1@草图1：尺寸名称。

⑦ 100mm：尺寸数值。

⑧ ：手动控制尺寸值。

（6）【尺寸】属性管理器

在修改尺寸数值时，在图形显示区域左侧会显示【尺寸】属性管理器，在【尺寸】属性管理器中可以改变尺寸的特征，如尺寸的公差 / 精度、样式、主要值、箭头类型、显示精度等。

【尺寸】属性管理器中的【数值】选项卡如图 2-34 所示，【引线】选项卡如图 2-35 所示，【其他】选项卡如图 2-36 所示。

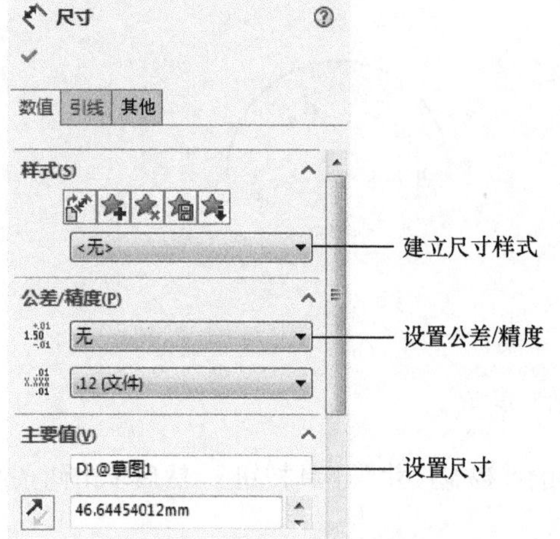

图 2-34　【数值】选项卡

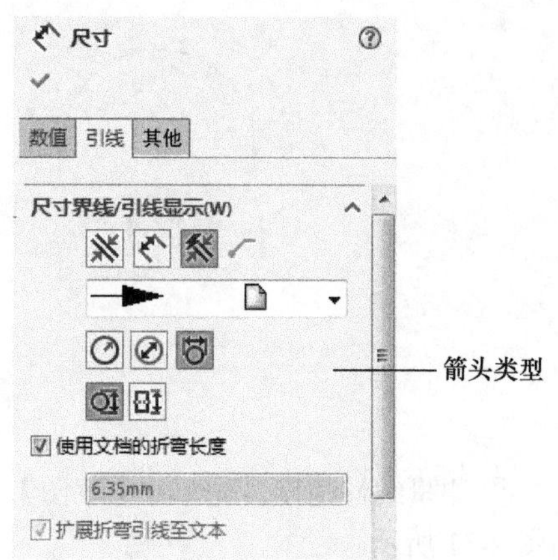

图 2-35　【引线】选项卡

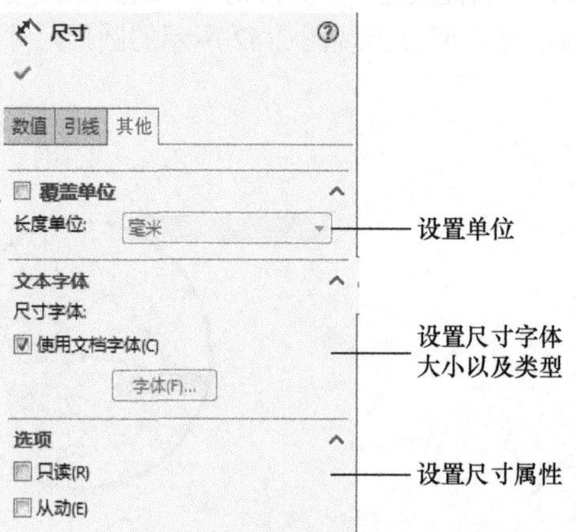

图 2-36　【其他】选项卡

7. 绘制手指草图

首先选择基准面，这里选择前视基准面建立草图平面，绘制的草图平面如图 2-37 所示。

二、手指草图拉伸

想要创建一个零件模型，首先要创建零件的基本特征，拉伸特征是较常见的特征工具，它可以将草图进行拉伸，如图 2-38 所示拉伸实例。

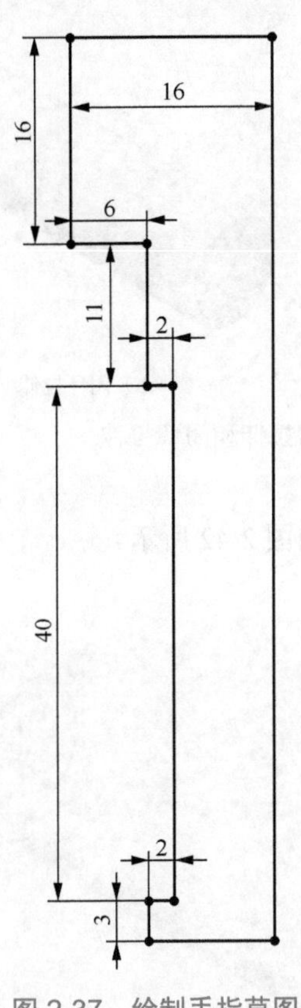

图 2-37　绘制手指草图

图 2-38　拉伸实例

想要生成拉伸特征，需要一个闭环轮廓草图或开环轮廓草图。

1. 拉伸特征

利用草图绘制命令生成草图，单击【特征】工具栏中的“拉伸凸台 / 基体”工具按钮，或选择菜单栏中的【插入】/【凸台 / 基体】/【拉伸特征】命令，此时在图形区域左侧出现【凸台 - 拉伸】属性管理器，如图 2-39 所示。

在 SolidWorks 中可以对开环和闭环的草图进行拉伸。如果草图是开环的，凸台 - 拉伸基体只能通过为其添加薄壁来生成，如图 2-40（a）所示；如果草图是闭环的，凸台 - 拉伸基体即可直接拉伸生成，如图 2-40（b）所示。

（1）建立实体特征的基本要素

从面进行设置，拉伸开始条件包括以下几种。

① 草图基准面：从草图最基本的视图进行建立（包括前视基准面、上视基准面、右视基准面），如图 2-41 所示。

图 2-39 【凸台 - 拉伸】属性管理器

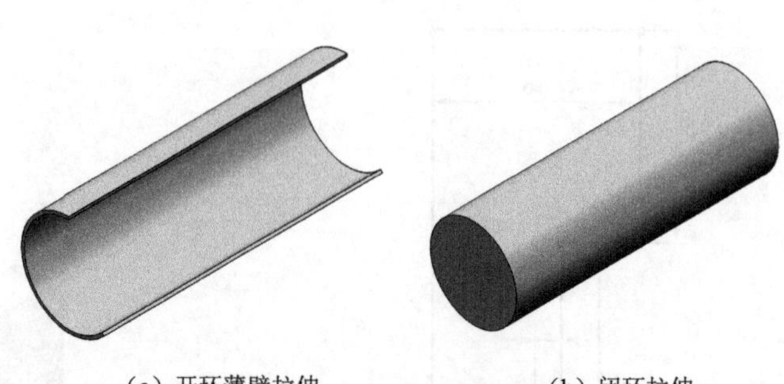

（a）开环薄壁拉伸　　（b）闭环拉伸

图 2-40 开环薄壁拉伸和闭环拉伸

② 面、基准面、曲面：从面、基准面、曲面进行拉伸，如图 2-42 所示。

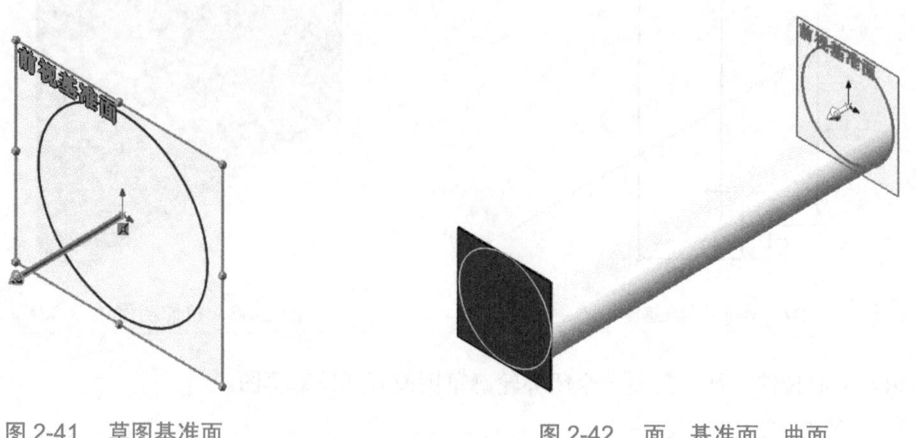

图 2-41 草图基准面　　图 2-42 面、基准面、曲面

③ 顶点：可以选择顶点进行拉伸，如图 2-43 所示。

④ 等距：从与当前草图基准面等距的位置开始拉伸，如图 2-44 所示。

以上操作都可以在【凸台 - 拉伸】属性管理器中单击“反向”按钮，得到与预览方向相反的拉伸特征。

（2）拉伸特征终止条件设置

① 给定深度：从草图的基准面以指定的距离拉伸特征，如图 2-45 所示。

② 完全贯穿：从草图的基准面拉伸基体，直接贯穿所有几何体，如图 2-46 所示。

③ 成形到一面：从草图的基准面以指定面为另一端进行拉伸，如图 2-47 所示。

④ 成形到一顶点：从草图的基准面以指定的顶点为另一端进行拉伸，如图 2-48 所示。

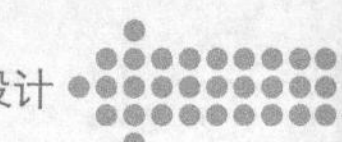

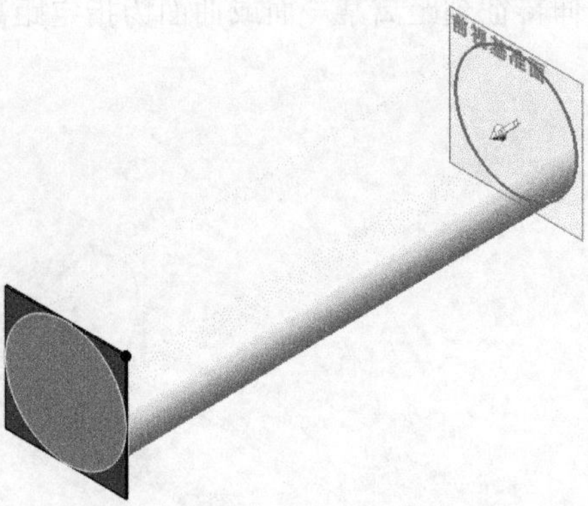

图 2-43　顶点

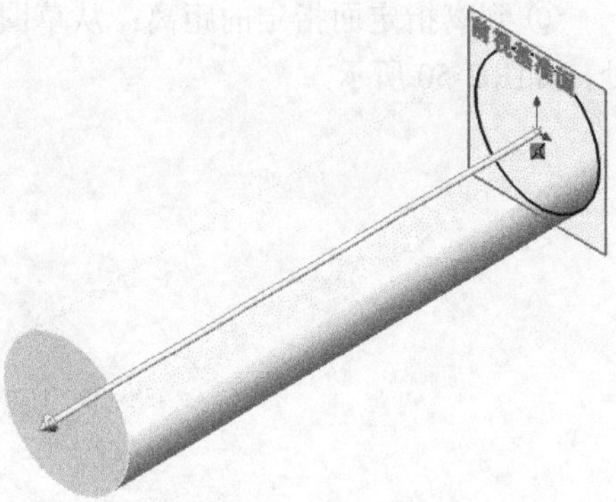

图 2-44　等距

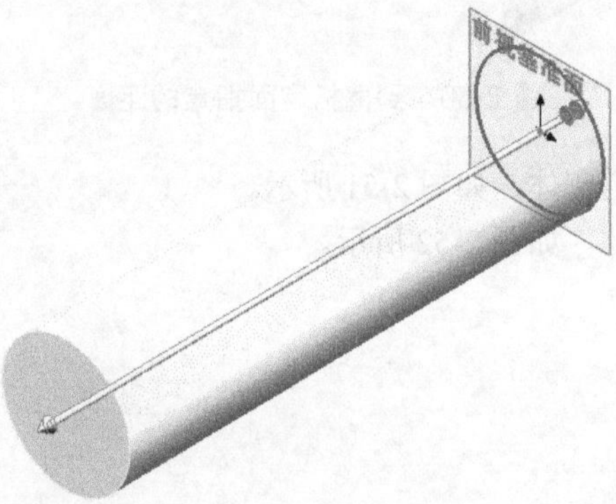

图 2-45　给定深度

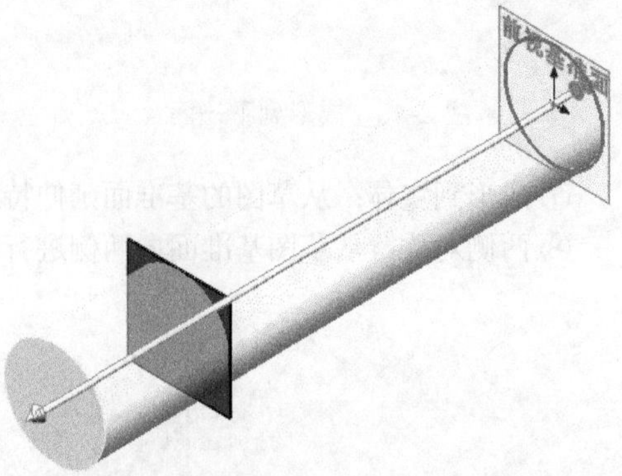

图 2-46　完全贯穿

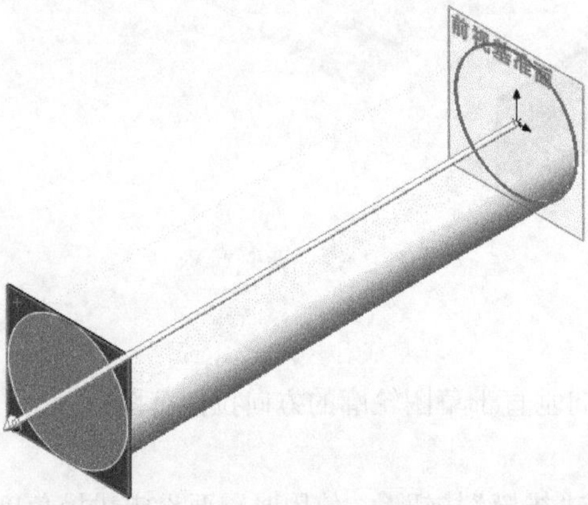

图 2-47　成形到一面

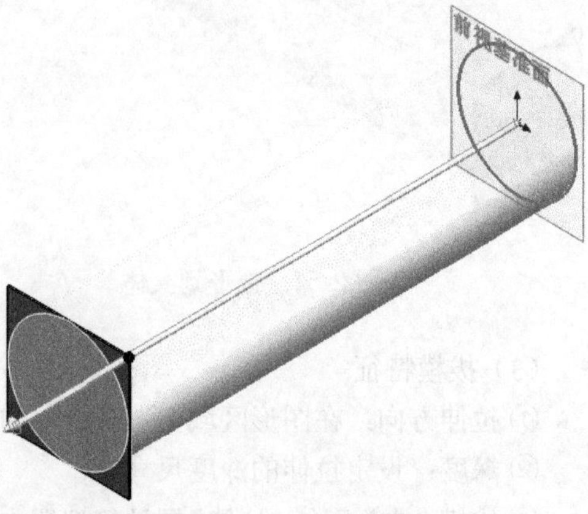

图 2-48　成形到一顶点

⑤ 成形到下一面：从草图的基准面拉伸特征到指定的下一面（隔断整个轮廓），如图 2-49 所示。

⑥ 到离指定面指定的距离：从草图的基准面拉伸特征到距离某一面或曲面为指定距离处，如图 2-50 所示。

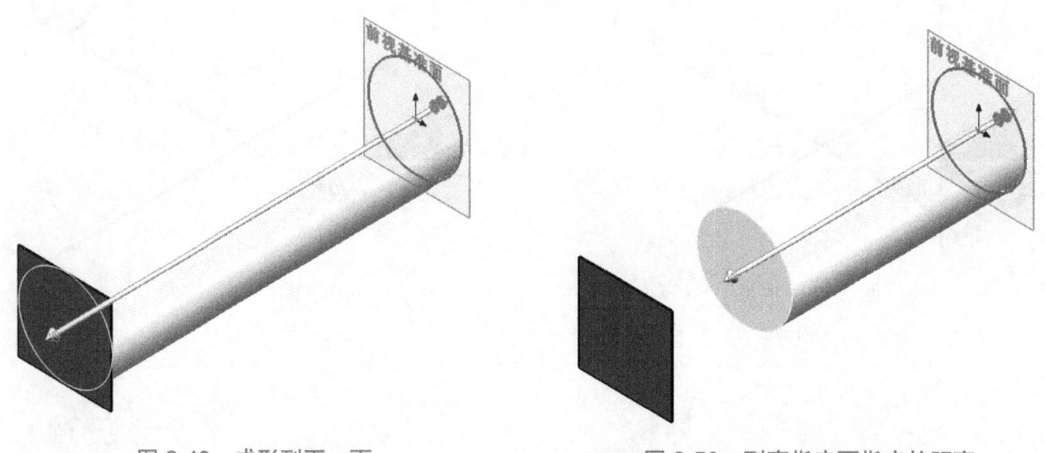

图 2-49　成形到下一面　　图 2-50　到离指定面指定的距离

⑦ 成形到实体：从草图的基准面延伸特征到指定实体，如图 2-51 所示。

⑧ 两侧对称：从草图基准面向两侧进行对称延伸，如图 2-52 所示。

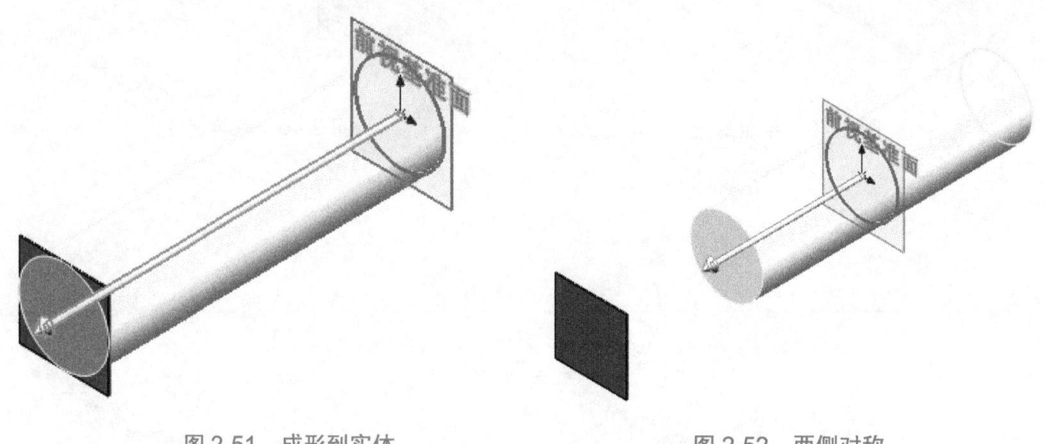

图 2-51　成形到实体　　图 2-52　两侧对称

（3）拔模特征

① 拉伸方向：在图形区域中选择方向向量，向垂直于草图轮廓的方向拉伸草图。

② 深度：设定拉伸的深度尺寸。

③ 拔模：在【凸台 - 拉伸】属性管理器中，单击“拔模”按钮，使用时需要设定拔模角度，还可以根据需要选择向外或向内拔模，如图 2-53 所示。

2. 拉伸手指

单击【特征】工具栏中的“拉伸凸台 / 基体”工具按钮，或从菜单栏中选择【插入】/【凸台 / 基体】/【拉伸】命令，拉伸深度为 14 mm，拉伸出的基体如图 2-54 所示。

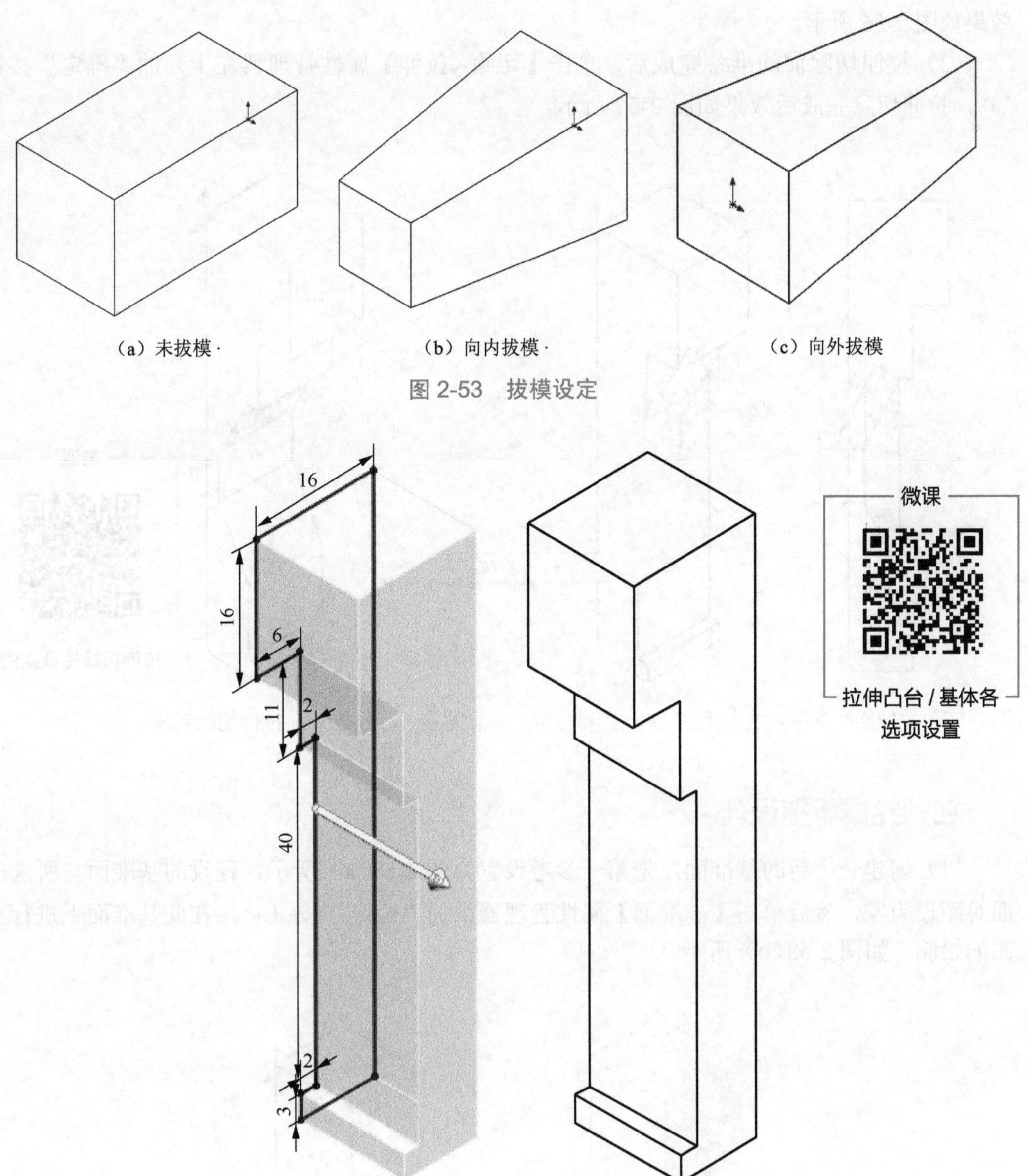

图 2-53　拔模设定

图 2-54　拉伸出的基体

三、手指零件切除

拉伸切除特征与拉伸凸台 / 基体特征的创建方法基本一致，拉伸凸台 / 基体特征是增加实体，而拉伸切除特征是减少实体，对于开环与闭环，闭环轮廓草图的终止条件与拉伸凸台 / 基体特征的终止条件相同，而开环轮廓草图必须添加薄壁特征才能进行拉伸切除。

（1）在之前的拉伸凸台 / 基体特征上进行操作，首先在右视基准图创建草图，按照图 2-55 进行草图的绘制。

（2）单击【特征】工具栏中的“拉伸切除”工具按钮，单击方向箭头，按照实体所在方向进行切除。在【切除 - 拉伸】属性管理器的【方向 1】文本框中设定切除深度为 14 mm，效果如图 2-56 所示。

（3）拉伸切除前的准备完成后，单击【切除 - 拉伸】属性管理器左上角的“确定”按钮 ✔，拉伸切除完成后效果如图 2-57 所示。

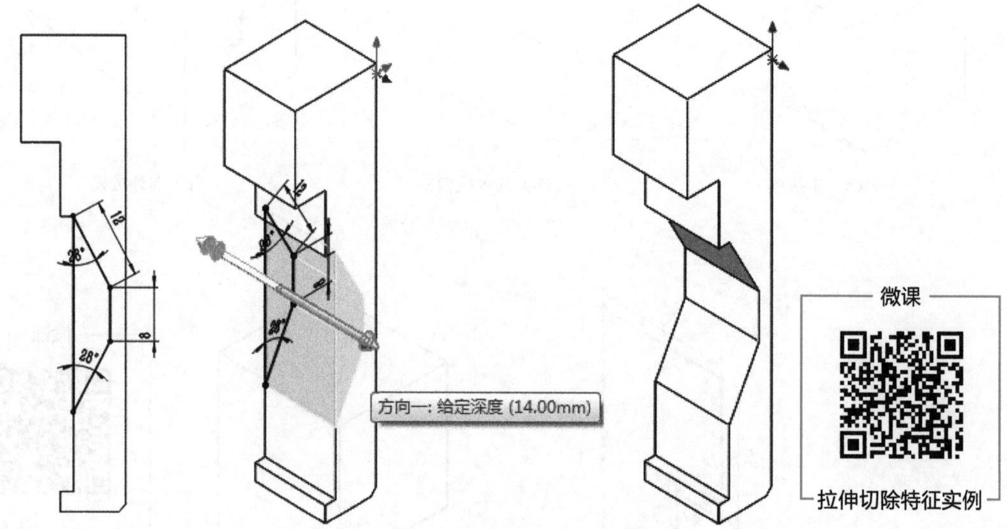

图 2-55　拉伸切除草图建立　图 2-56　进行拉伸切除前准备　图 2-57　拉伸切除完成

四、完成手指设计

（1）创建一个新的基准面，把第一参考设置为图 2-58（a）所示，预设的基准面与所选的面等距设为零，然后单击【基准面】属性管理器中的“确定”按钮 ✔，在此基准面上进行草图的绘制，如图 2-58（b）所示。

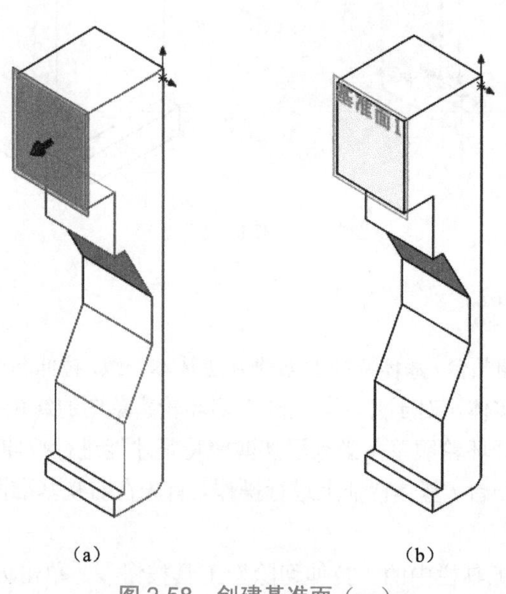

（a）　（b）

图 2-58　创建基准面（一）

（2）在新建的基准面上进行绘制，如图 2-59 所示。

（3）选择想要切除的实体，然后单击方向箭头，选择方向，设定切除深度为 16 mm，拉伸切除完成后单击【切除 - 拉伸】属性管理器左上角的“确定”按钮 ✔，效果如图 2-60 所示。

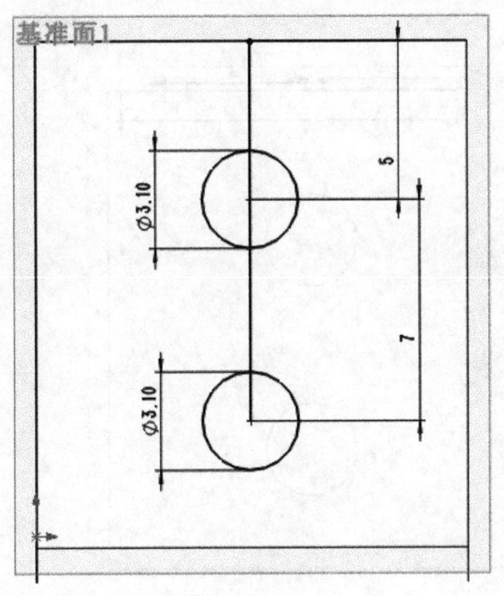

图 2-59　拉伸切除草图建立（一）

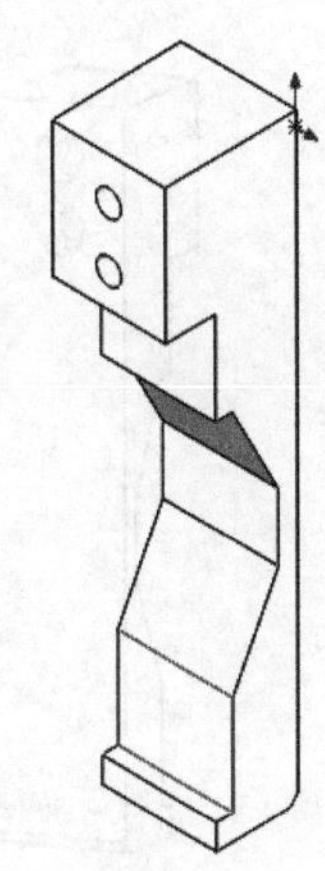

图 2-60　夹爪手指初步完成

（4）选择图 2-61 所示的面，创建基准面，并在此基准面上绘制图 2-62 所示的图形。

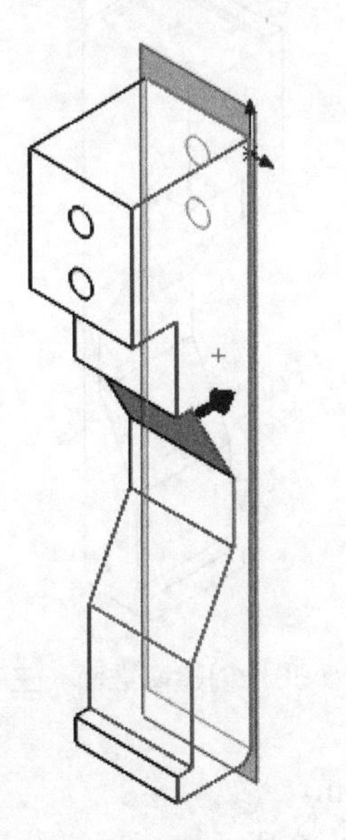

图 2-61　创建基准面（二）

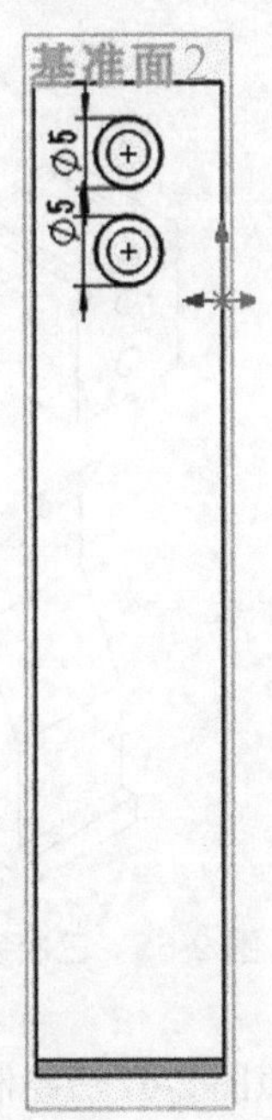

图 2-62　拉伸切除草图建立（二）

（5）选择想要切除的实体，然后单击方向箭头，设定切除深度为 3mm，拉伸切除完成后单击【切除 - 拉伸】属性管理器左上角的“确定”按钮 ✔，效果如图 2-63 所示。

根据之前的操作，大家可基本掌握 SolidWorks 拉伸切除特征，根据下面提供的条件继续进行拉伸切除，完成手指的设计。

（6）在第一个建立的基准面中绘制图 2-64 所示的图形，并进行切除，切除深度为 15 mm。

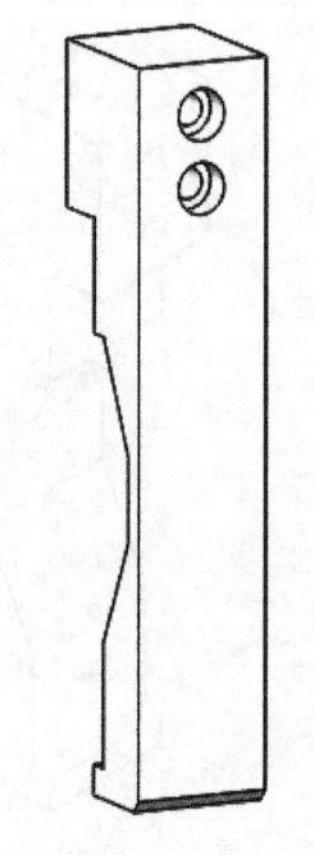

图 2-63　二次切除完成

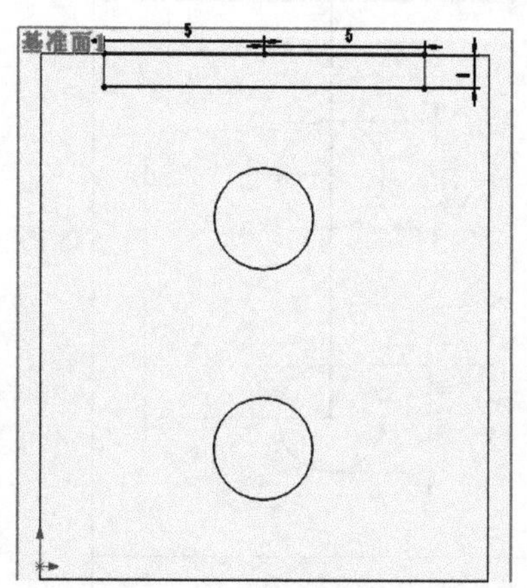

图 2-64　拉伸切除草图建立（三）

（7）进行切除后的基体如图 2-65 所示。

（8）在图 2-66 所示的位置进行基准面的创建。

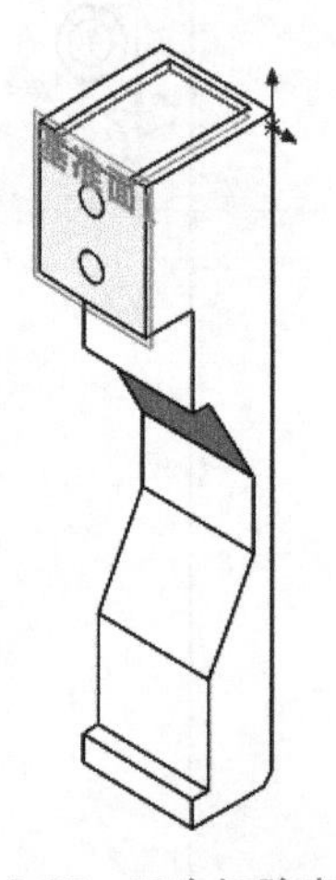

图 2-65　三次切除完成

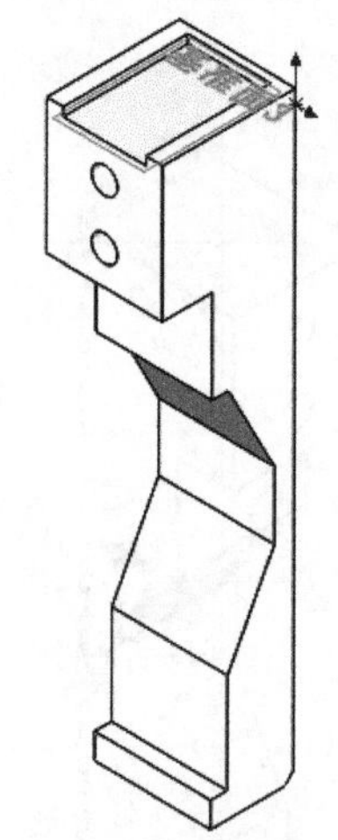

图 2-66　创建基准面（三）

（9）按照图 2-67 所绘制的草图进行切除，深度为 16 mm。

按照以上的步骤进行绘制，完成手指设计，效果如图 2-68 所示。

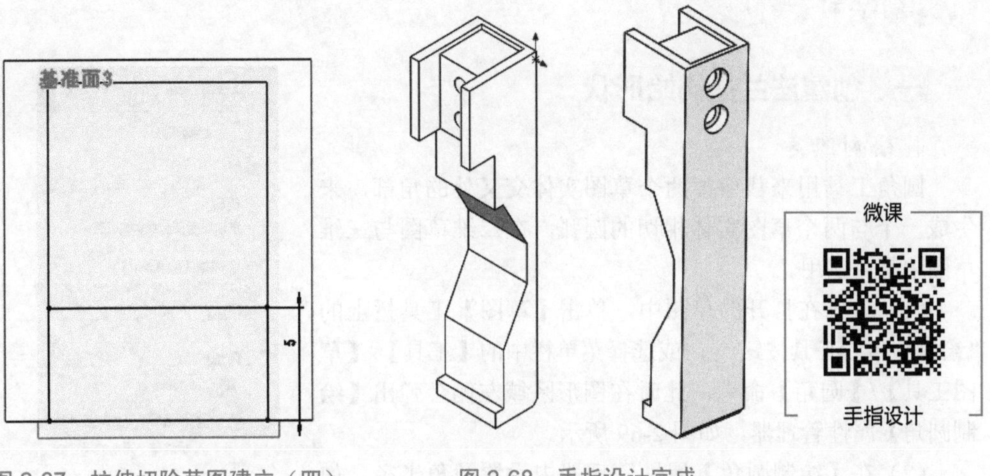

图 2-67　拉伸切除草图建立（四）　　图 2-68　手指设计完成

【任务回顾】

一、知识点总结

1. 想要创建一个零件模型，首先要创建零件的基本特征，在 SolidWorks 中拉伸特征是较为常见的一种特征。

2. 想要生成拉伸特征，可以使用一个闭环轮廓草图或开环轮廓草图。关于切除，开环轮廓草图只对盲孔或完全贯穿终止条件有效。

3. 拉伸切除特征与拉伸凸台 / 基体特征的创建方法基本一致，拉伸凸台 / 基体特征是增加实体，而拉伸切除特征是减少实体。

二、思考与练习

1. 草图绘制方法有________、________、________、________、________。

2. SolidWorks 中的拉伸工具有________、________、________。

3. 下面不属于样条曲线的是（　　）。

A. 样条曲线　　B. 取样曲线　　C. 样式样条曲线　　D. 方程式驱动的曲线

任务二　法兰盘设计

【任务描述】

Aaron: 手指的设计我们已经大概完成了，接下来就要创建法兰盘零件了。

（Taylor 和 Dwight 点了点头）

Taylor: 嗯，我们明白，接下来，我们就进行法兰盘的创建了，法兰盘的创建包括圆角、倒角、阵列、槽口、草图镜像。

Aaron: 嗯，那我们就开始工作吧。

【知识学习】

一、创建法兰盘初始形状

1. 绘制圆角

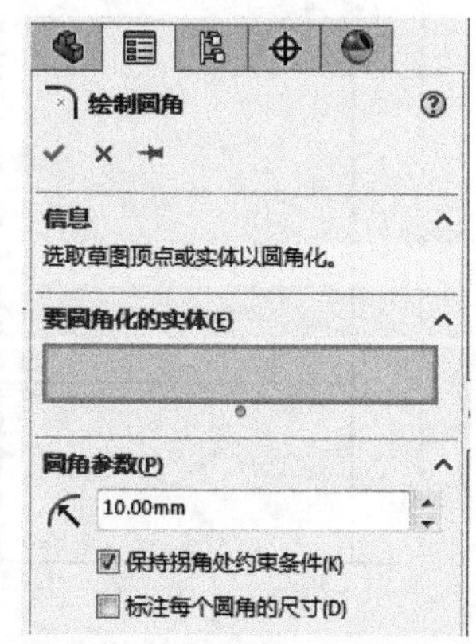

图 2-69 【绘制圆角】属性管理器

圆角工具用来裁剪掉两个草图实体交叉处的角部，来生成一个与两个草图实体相切的圆弧，在二维草图与三维草图中都可以用。

（1）首先在打开的草图中，单击【草图】工具栏上的“绘制圆角”工具按钮，或选择菜单栏中的【工具】/【草图工具】/【圆角】命令，此时在图形区域左侧会弹出【绘制圆角】属性管理器，如图 2-69 所示。

（2）在【绘制圆角】属性管理器中设置圆角半径，如图 2-70 所示。

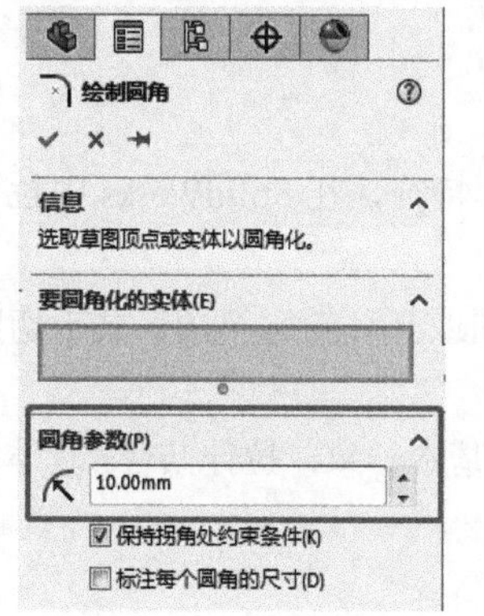

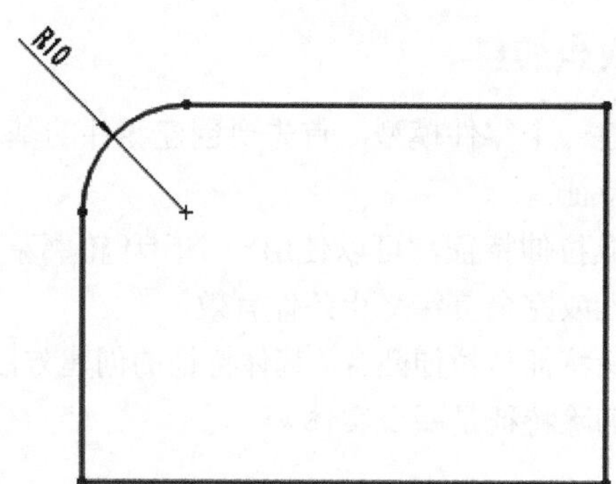

图 2-70 设置圆角半径

（3）在【绘制圆角】属性管理器中设置完成后，单击两条直线或图形中的一个顶点，再单击【绘制圆角】属性管理器上的“确定”按钮 ✔ 完成绘制，如图 2-71 所示。

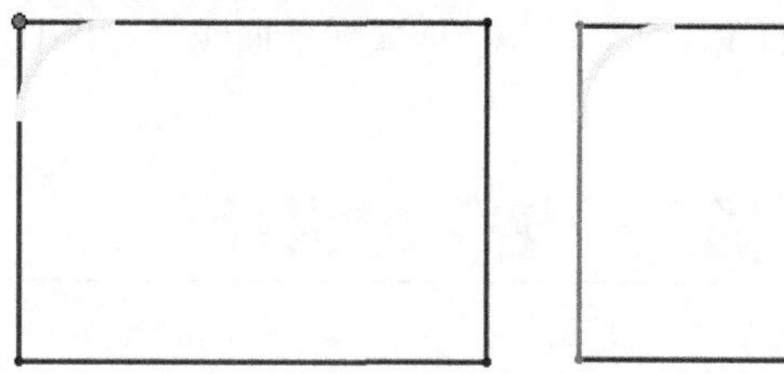
图 2-71 圆角绘制方法

（4）对两条不相交的直线进行圆角绘制，如图 2-72 所示。

2. 绘制倒角

（1）在打开的草图中，单击【草图】工具栏中的“绘制倒角”工具按钮，或选择菜单栏中的【工具】/【草图工具】/【倒角】命令，会弹出【绘制倒角】属性管理器，如图 2-73 所示。

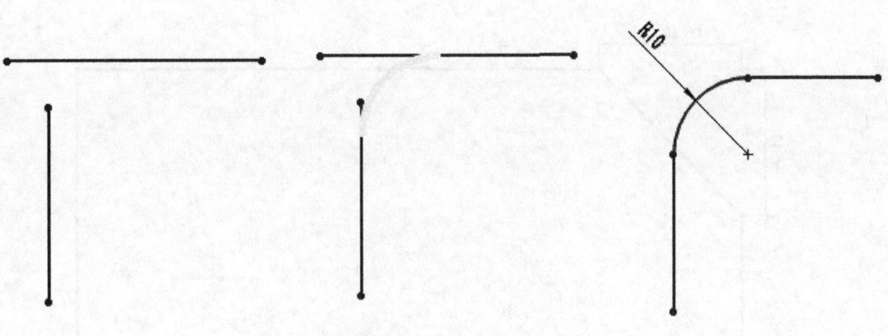

图 2-72　不相交直线圆角绘制

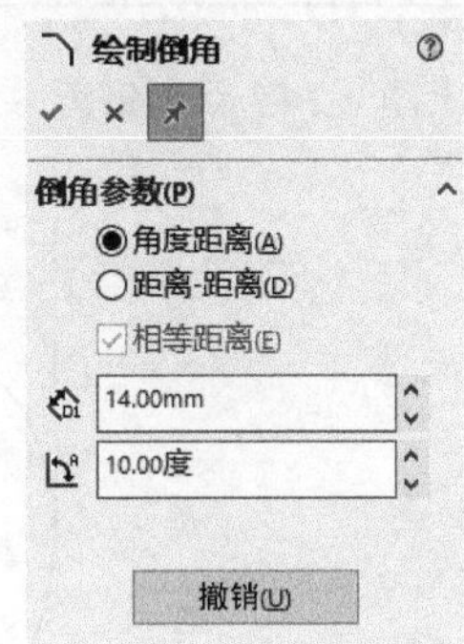

图 2-73 【绘制倒角】属性管理器

（2）在【绘制倒角】属性管理器中根据需要设定倒角参数，如表 2-5 所示。

表 2-5　【绘制倒角】属性管理器参数说明

属性		说明
倒角参数	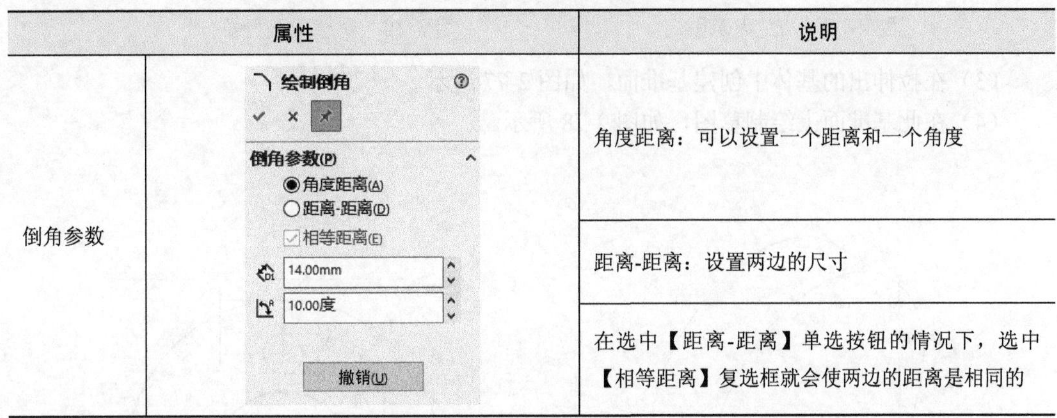 绘制倒角 倒角参数(P) 角度距离(A) 距离-距离(D) 相等距离(E) 14.00mm 10.00度 撤销(U)	角度距离：可以设置一个距离和一个角度
		距离-距离：设置两边的尺寸
		在选中【距离-距离】单选按钮的情况下，选中【相等距离】复选框就会使两边的距离是相同的

（3）单击想选择的顶点或者两条线来进行倒角的绘制，如图 2-74 所示。

3. 绘制法兰盘

（1）首先在前视基准面中创建草图，然后在草图上绘制一个直径 48mm 的圆，如图 2-75 所示。

（2）单击【特征】工具栏中的“拉伸特征”按钮，对圆形进行拉伸，长度为 13mm，如图 2-76 所示。

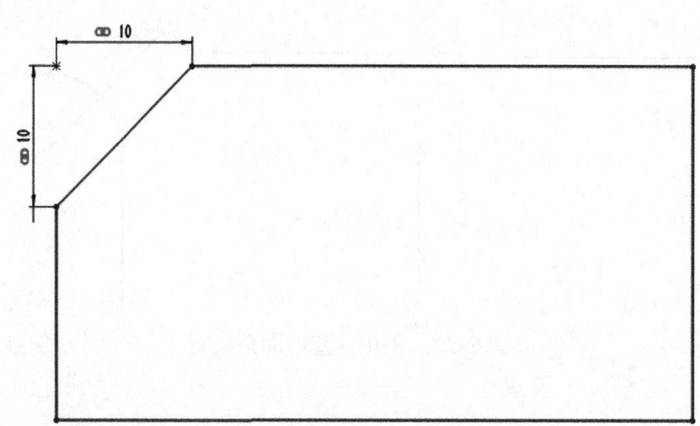

图 2-74　绘制倒角

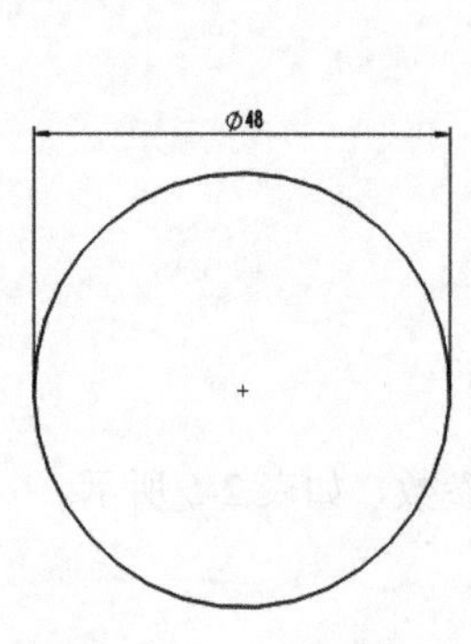

图 2-75　法兰盘草图

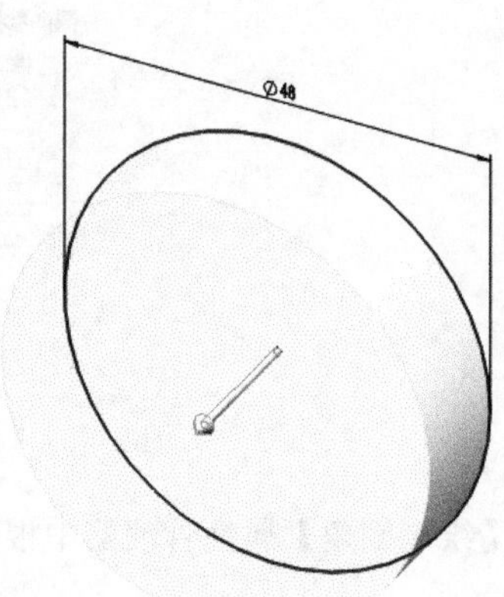

图 2-76　对草图进行拉伸

（3）在拉伸出的基体中创建基准面，如图 2-77 所示。

（4）在此基准面上绘制草图，如图 2-78 所示。

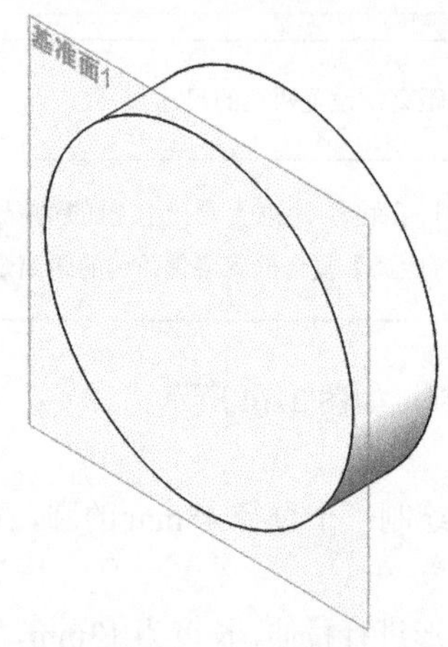

图 2-77　创建基准面

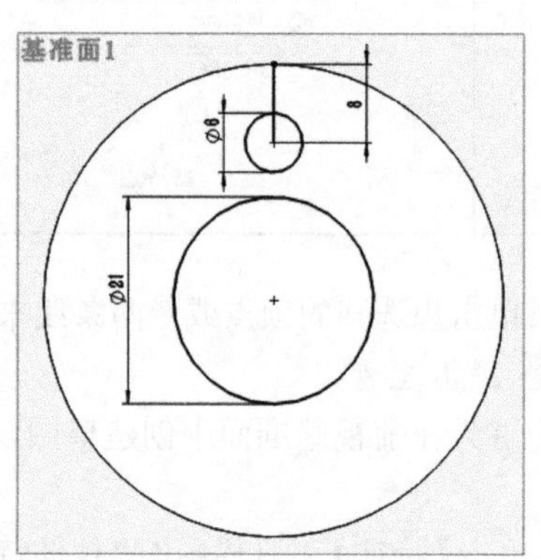

图 2-78　绘制草图

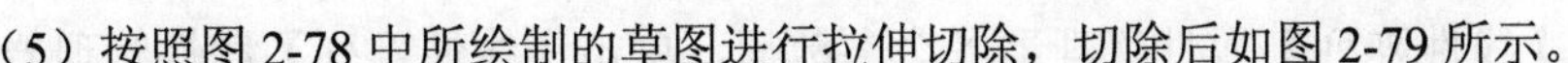

（5）按照图 2-78 中所绘制的草图进行拉伸切除，切除后如图 2-79 所示。

二、圆周阵列法兰盘草图

1. 线性阵列

（1）单击【草图】工具栏中的“线性阵列”工具按钮，或选择菜单栏中的【插入】/【阵列 / 镜像】/【线性阵列】命令，在图形显示区域的左侧会弹出【线性阵列】属性管理器，如图 2-80 所示。

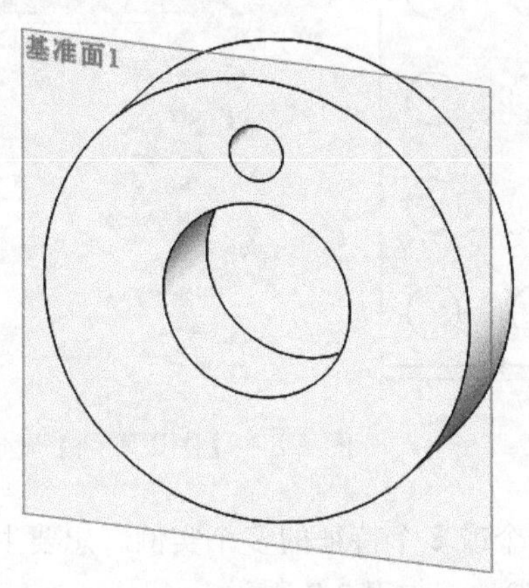

图 2-79　拉伸切除草图

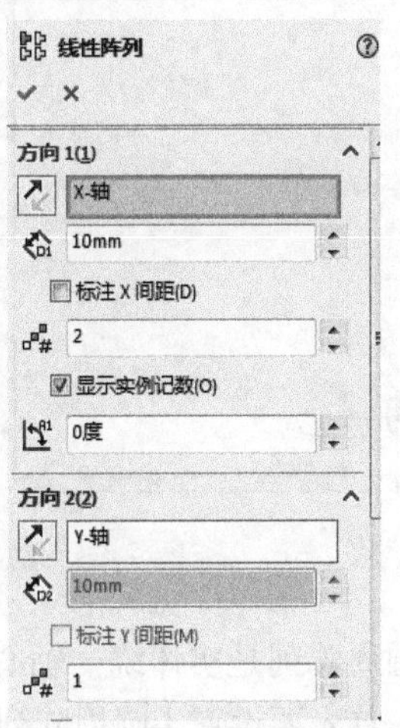

图 2-80　【线性阵列】属性管理器

（2）线性阵列是实体按照线性的方式，生成一个或多个特征的多个实例。想要生成线性阵列，首先要设置【线性阵列】属性管理器中各参数，如表 2-6 所示。

表 2-6　【线性阵列】属性管理器参数说明

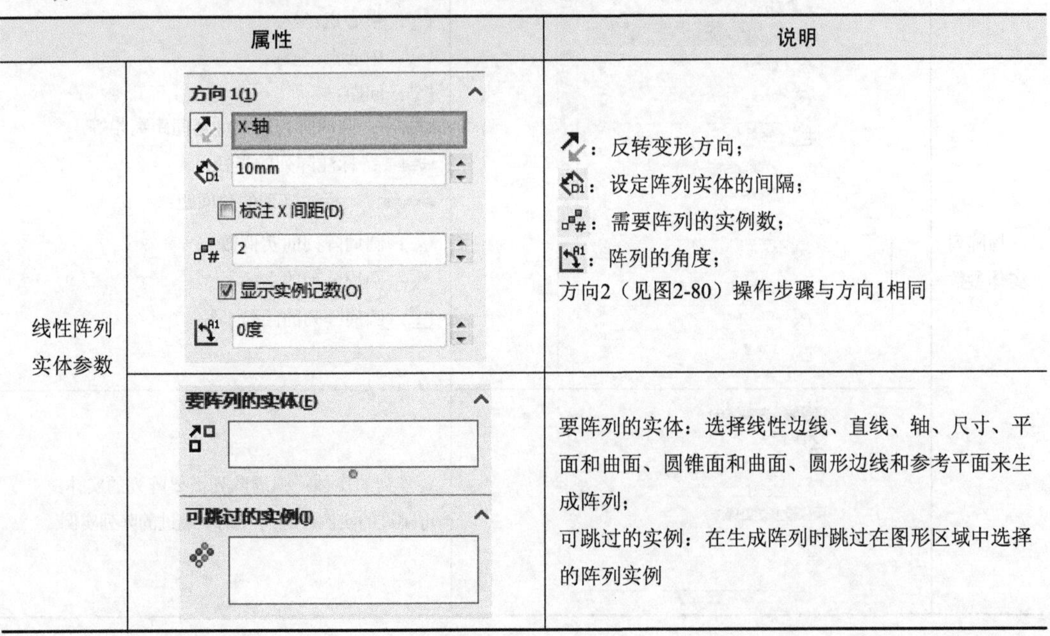

属性		说明
线性阵列实体参数	方向 1(1)；X-轴；10mm；标注 X 间距(D)；2；显示实例记数(O)；0度	：反转变形方向； ：设定阵列实体的间隔； ：需要阵列的实例数； ：阵列的角度； 方向2（见图2-80）操作步骤与方向1相同
	要阵列的实体(E)；可跳过的实例(I)	要阵列的实体：选择线性边线、直线、轴、尺寸、平面和曲面、圆锥面和曲面、圆形边线和参考平面来生成阵列； 可跳过的实例：在生成阵列时跳过在图形区域中选择的阵列实例

（3）设置好【线性阵列】属性管理器各个参数后，单击【线性阵列】属性管理器左上角的“确定”按钮✔，线性阵列完成，如图 2-81 所示。

2. 圆周阵列

（1）单击【草图】工具栏中的“圆周阵列”工具按钮，或选择菜单栏中的【插入】/【阵列/镜像】/【圆周阵列】命令，在图形显示区域的左侧会弹出【圆周阵列】属性管理器，如图 2-82 所示。

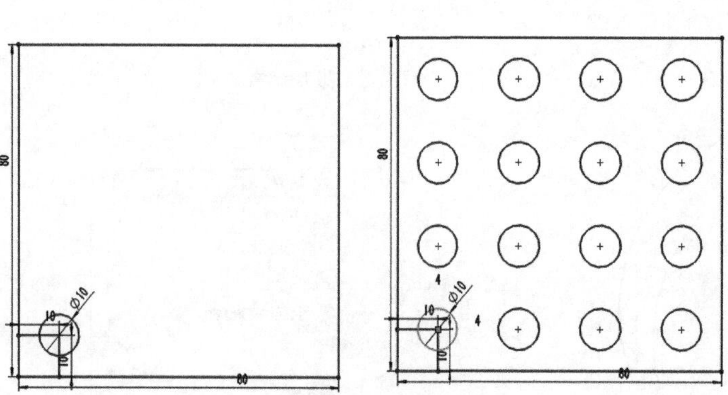

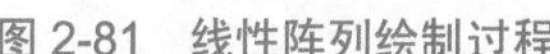
图 2-81 线性阵列绘制过程

图 2-82 【圆周阵列】属性管理器

圆周阵列是实体绕一轴心以圆周的方式生成一个或多个特征的多个实例。想要生成圆周阵列，首先要设置【圆周阵列】属性管理器的各项参数，如表 2-7 所示。

表 2-7 【圆周阵列】属性管理器参数说明

<table>
<tr><th colspan="2">属性</th><th>说明</th></tr>
<tr><td rowspan="2">圆周阵列实体参数</td><td>圆周阵列
参数(P)
点-1
0mm
0mm
360度
等间距(S)
标注半径
标注角间距(A)
4
显示实例记数(D)
251.71mm
3.24度</td><td>：反转变形方向；
：中心点x坐标；
：中心点y坐标；
：间距；
等间距(S)：圆周阵列的实体之间距离相等；
标注半径：标注阵列的半径；
标注角间距(A)：标注阵列的角间距；
：圆周阵列的实例数；
：圆周阵列的半径；
：圆周阵列的圆弧半径</td></tr>
<tr><td>要阵列的实体(E)
可跳过的实例(I)</td><td>要阵列的实体：圆周阵列需要阵列的实体；
可跳过的实例：圆周阵列中跳过的阵列实例</td></tr>
</table>

（2）设置好【圆周阵列】属性管理器各个参数后，单击【圆周阵列】属性管理器左上角的“确定”按钮✔，圆周阵列完成，如图 2-83 所示。

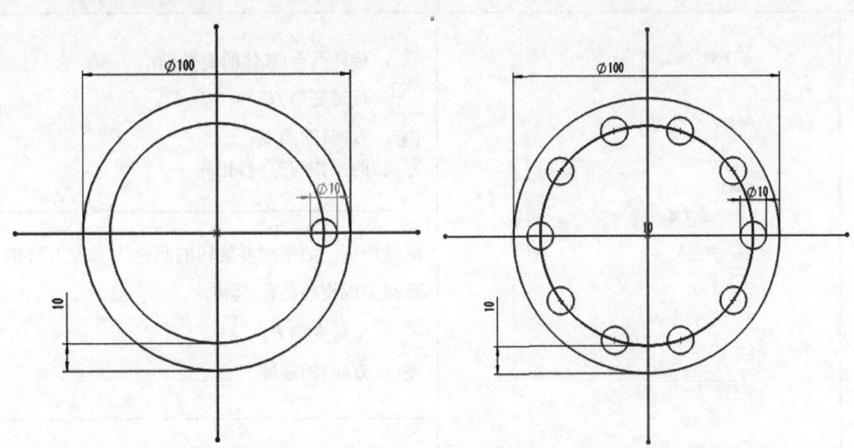

图 2-83　圆周阵列绘制过程

3. 旋转特征

旋转特征是将草图围绕着一条线或一个轴来进行旋转生成实体的。旋转特征可以是旋转凸台 / 基体、旋转切除、旋转薄壁或曲面等。

（1）首先绘制一个草图，为旋转凸台 / 基体做准备，在前视基准面中绘制一条长 100mm 的中心线，再用圆心 / 起 / 终点圆弧中心线的中点为圆点绘制一个半径为 40mm 的半圆，如图 2-84 所示。

（2）在草图绘制模式中，单击【特征】工具栏中的“旋转凸台 / 基体”工具按钮，或者选择菜单栏中的【插入】/【凸台 / 基体】/【旋转】命令，系统会弹出图 2-85 所示的对话框，单击对话框中的“是”按钮，然后以中心线为旋转轴，旋转草图。设置好图形区域的左侧出现的【旋转】凸台 / 基体属性管理器的各个参数（属性管理器参数说明如表 2-8 所示）后，单击管理器左上方的“确定”按钮✔后，完成凸台 / 基体的旋转，如图 2-86 所示。

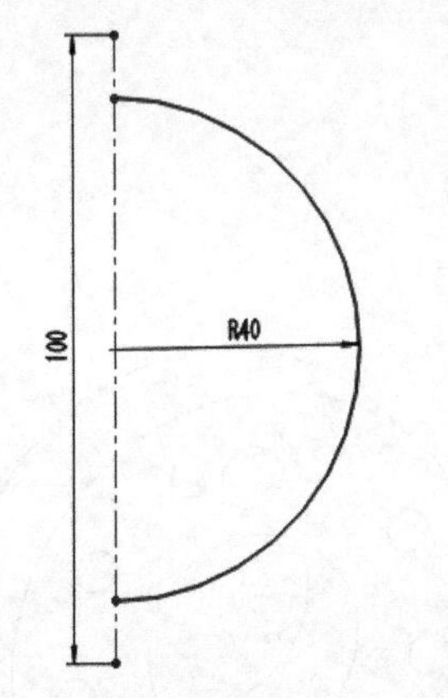

图 2-84　绘制旋转凸台 / 基体草图

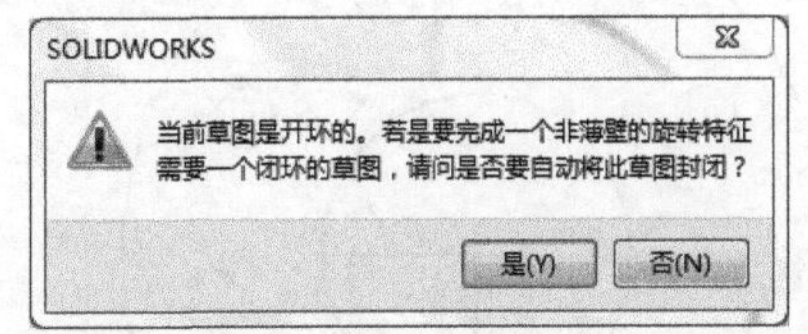

图 2-85　系统提示框

4. 圆周阵列绘制法兰盘

（1）在之前创建的基准面中再次创建草图，绘制图 2-86 所示的圆，并使用圆周阵列绘制图 2-87 所示的草图，以圆心为中心点，实例数设置为 9 个。

（2）单击【特征】工具栏中的“拉伸切除”按钮对草图进行切除，如图 2-88 所示。

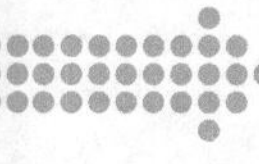

表 2-8　【旋转】凸台 / 基体属性管理器参数说明

属性		说明
旋转凸台/基体	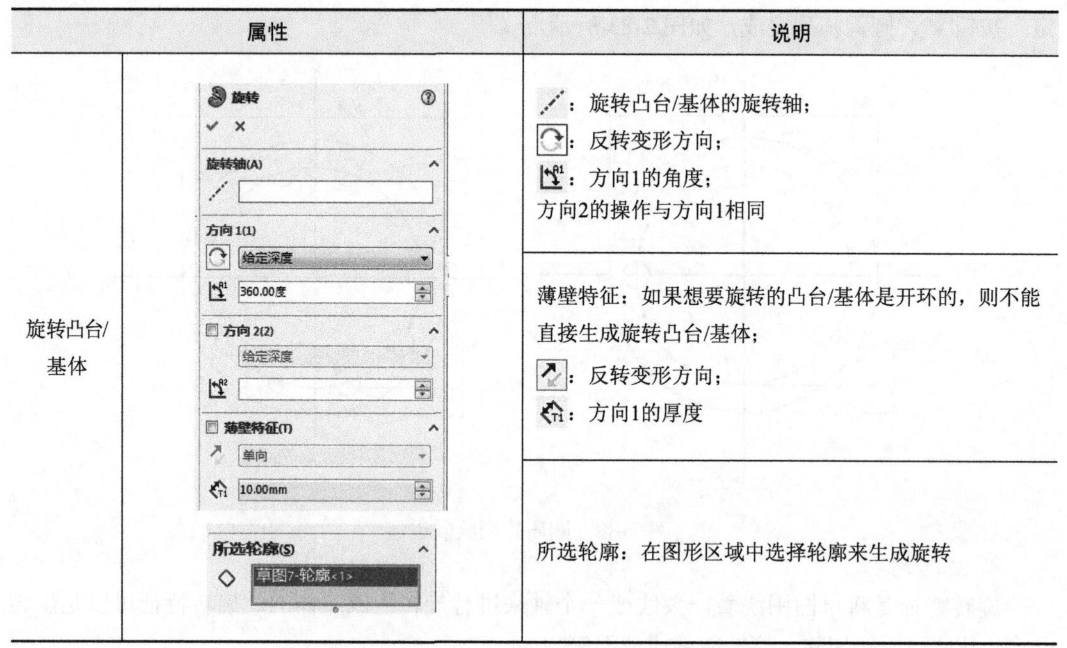	：旋转凸台/基体的旋转轴； ：反转变形方向； ：方向1的角度； 方向2的操作与方向1相同
		薄壁特征：如果想要旋转的凸台/基体是开环的，则不能直接生成旋转凸台/基体； ：反转变形方向； ：方向1的厚度
		所选轮廓：在图形区域中选择轮廓来生成旋转

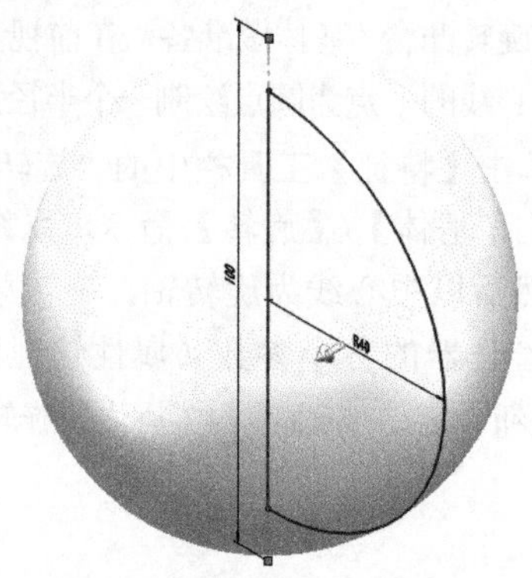

图 2-86　旋转凸台 / 基体完成

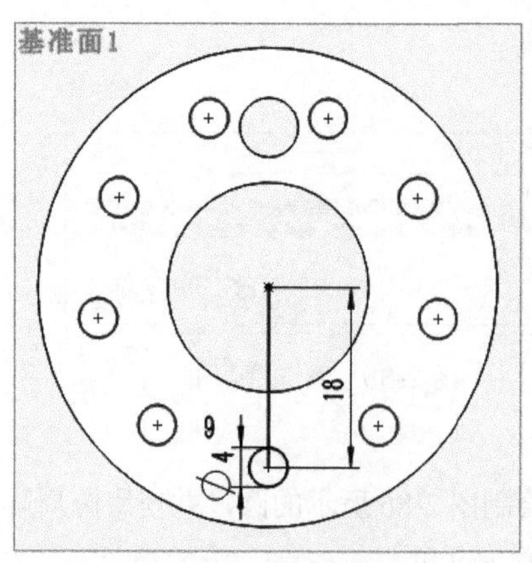

图 2-87　圆周阵列

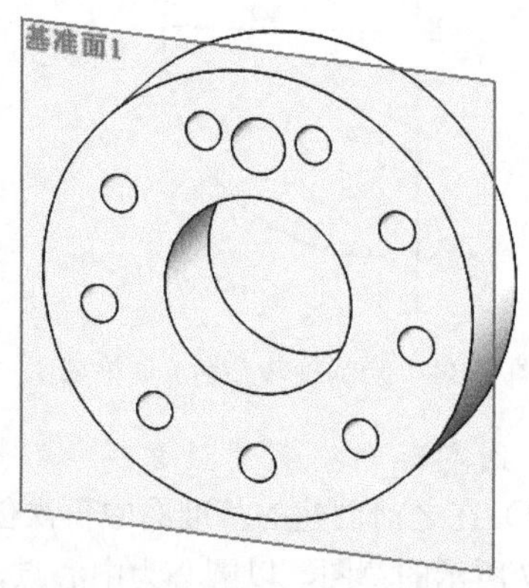

图 2-88　圆周阵列拉伸切除

三、完成法兰盘设计

1. 槽口

（1）直槽口

① 单击【草图】工具栏中的“直槽口”工具按钮，或选择菜单栏中的【工具】/【草图绘制实体】/【直槽口】命令，同时在图形区域左侧会弹出【槽口】属性管理器，直槽口的设置如表 2-9 所示。

表 2-9　【槽口】属性管理器参数说明

属性		说明
槽口参数	参数 x: -604.73786108mm y: -66.66050709mm 10.00mm 40.00mm	x坐标置中； y坐标置中； 槽口宽度； 槽口长度

② 单击草图设定槽口起点，拖动鼠标指针到达指定位置，然后单击设定槽口长度，如图 2-89（a）所示，拖动鼠标，鼠标指针到达指定位置后单击，设定槽口的宽度，如图 2-89（b）所示。

（a）设定直槽口长度　　（b）设定直槽口宽度

图 2-89　槽口尺寸设定

（2）中心点圆弧槽口

① 单击【草图】工具栏中的“直槽口”工具按钮右侧的下拉按钮，选择【中心点圆弧槽口】选项，或选择菜单栏中的【工具】/【草图绘制实体】/【中心点圆弧槽口】命令。

② 单击草图设定槽口的圆点，拖动鼠标，设定槽口的直径，鼠标指针到达指定位置后单击草图，如图 2-90 所示。

③ 再次拖动鼠标，设定槽口的宽度，鼠标指针到达指定位置后单击草图，如图 2-91 所示。单击【槽口】属性管理器左上方的“确定”按钮 ✔，完成中心点圆弧槽口绘制。

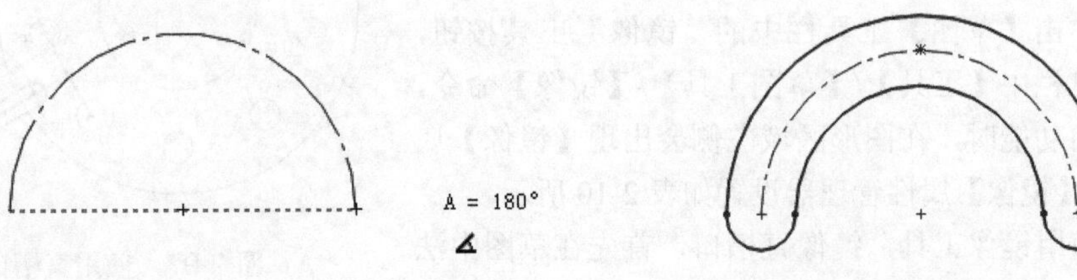

图 2-90　设定中心点圆弧槽口直径　　图 2-91　设定中心点圆弧槽口宽度

（3）中心点直槽口

① 单击【草图】工具栏中的“直槽口”工具按钮右侧的下拉按钮，选择【中心点直槽口】选项，或选择菜单栏中的【工具】/【草图绘制实体】/【中心点直槽口】命令。

② 单击草图设定槽口的中心点，拖动鼠标，设定槽口的长度，鼠标指针到达指定位置后单击，如图 2-92 所示。

③ 再次拖动鼠标，设定槽口的宽度，鼠标指针到达指定位置后单击草图，如图 2-93 所示。单击【槽口】属性管理器左上角的“确定”按钮✔，完成中心点直槽口绘制。

图 2-92　设定中心点直槽口的长度　　图 2-93　设定中心点直槽口的宽度

（4）三点圆弧槽口

① 单击【草图】工具栏中的“直槽口”工具按钮右侧的下拉按钮，选择“三点圆弧槽口”按钮，或选择菜单栏中的【工具】/【草图绘制实体】/【三点圆弧槽口】命令。

② 单击草图设定槽口的起点，拖动鼠标，移至需要设置的第二点，单击鼠标，如图 2-94 所示，再次移动鼠标，设定圆弧槽口的直径，鼠标指针到达指定位置后单击，如图 2-95 所示。

③ 再次拖动鼠标，设定槽口的宽度，鼠标指针到达指定位置后单击，如图 2-96 所示。单击【槽口】属性管理器左上角的“确定”按钮✔，完成三点圆弧槽口绘制。

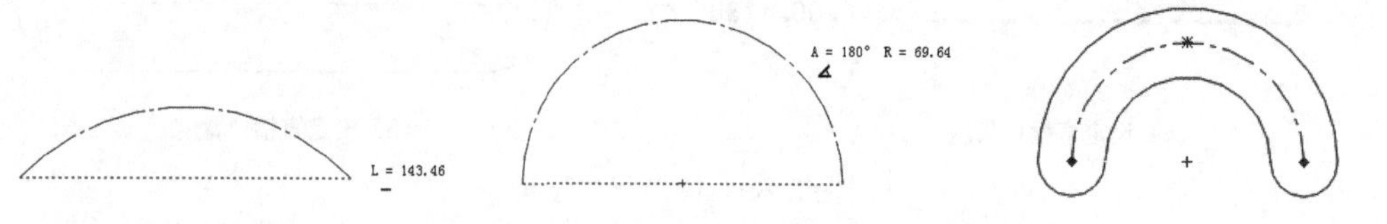

图 2-94　设置第二点　　图 2-95　设定三点圆弧槽口直径　　图 2-96　设定三点圆弧槽口宽度

（5）使用槽口

在之前的法兰盘基础上添加槽口，在基准面 1 中创建草图，进行绘制。

绘制过程：选择两个圆，过两个圆心画一条直线，再在直线的中心点画一条长为 5mm 的直线，单击直槽口，以直线的外端为起点，画一个长度为 10mm、宽度为 3mm 的直槽口，如图 2-97 所示。

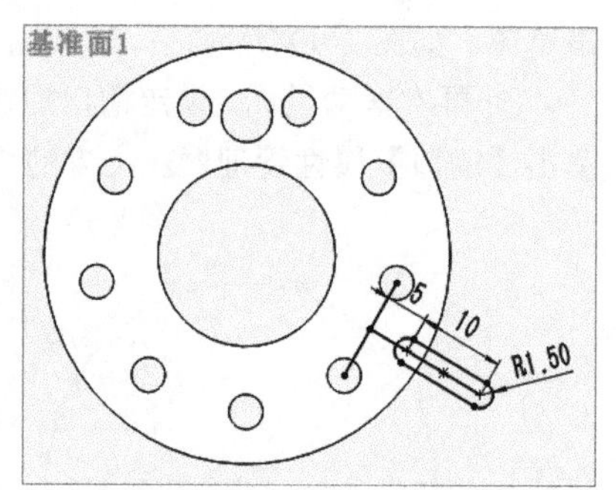

图 2-97　使用直槽口

2. 草图镜像

（1）单击【草图】工具栏中的“镜像”工具按钮，或选择菜单栏中【工具】/【草图工具】/【镜像】命令，在打开镜向功能时，在图形区域左侧会出现【镜像】属性管理器，【镜像】属性管理器设置如表 2-10 所示。

（2）使用镜像工具，镜像直槽口，首先在草图中法兰盘中间画一条中心线，如图 2-98 所示。

表 2-10 【镜像】属性管理器参数说明

属性		说明
镜像参数	镜像 信息 选择要镜像的实体及一镜向所绕的草图线或线性模型边线 选项(P) 要镜像的实体: ☑复制(C) 镜像点:	要镜像的实体：选择要镜像的某些或所有实体。 复制：选中此复选框，包括原始实体和镜像实体；取消选中此复选框，仅包括镜像实体。 镜像点：选择镜像所绕的任意直线、线性模型边线或工程图线性边线

（3）单击【草图】工具栏中的“镜像实体”工具按钮，【要镜像的实体】选择【直槽口】选项，选中【复制】复选框，在【镜像点】中选择刚刚画的中心线，单击【镜像】属性管理器左上角的“确定”按钮 ✔ 完成绘制，如图 2-99 所示。

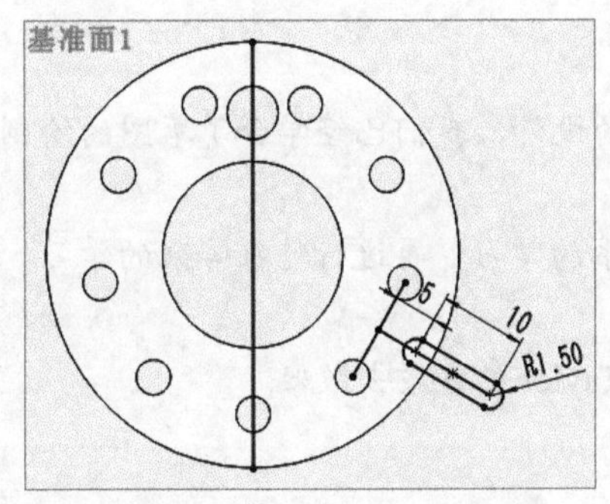

图 2-98 镜像前准备

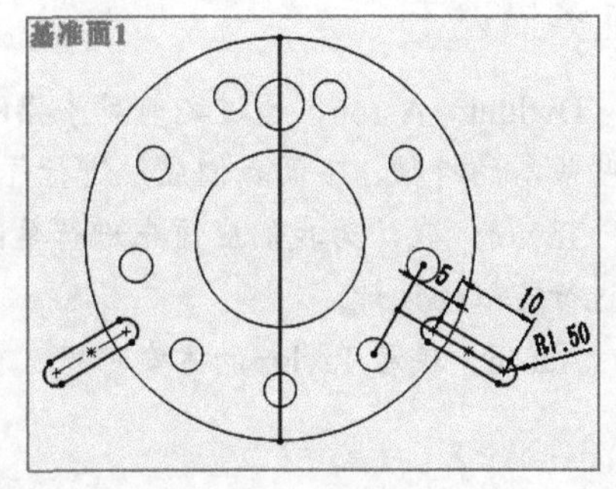

图 2-99 镜像直槽口

（4）单击【特征】工具栏中的“拉伸切除”工具按钮，对两个直槽口进行一个 3mm 的切除，如图 2-100 所示，进行完这一步法兰盘的绘制就完成了。

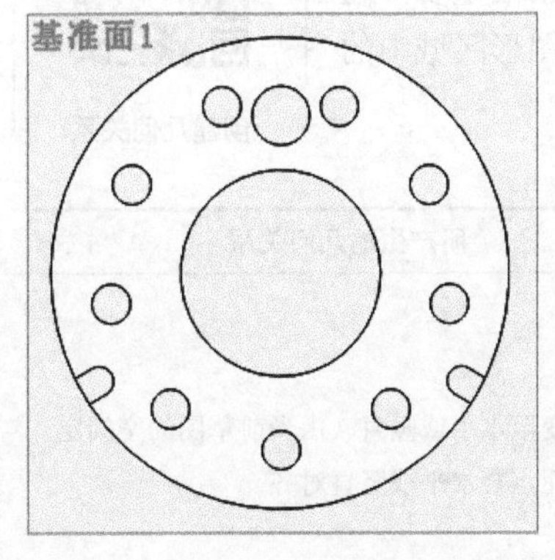

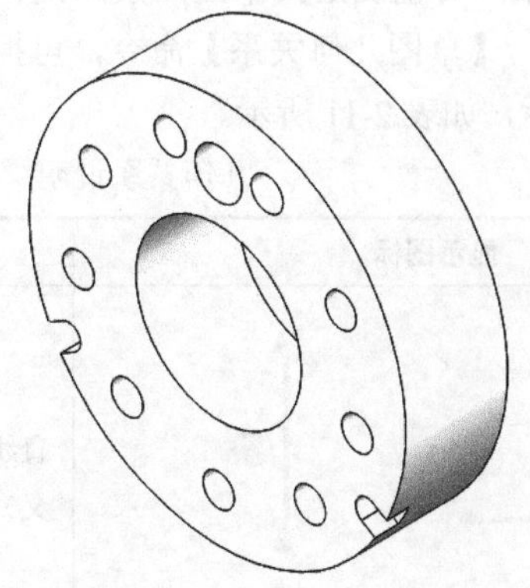

图 2-100 法兰盘绘制完成

微课

法兰盘设计

【任务回顾】

一、知识点总结

1.【绘制圆角】工具可以裁剪掉两个草图实体交叉处的角部，生成一个与两个草图实体相切的圆弧，此工具在二维草图与三维草图中都可以用。

2. 旋转特征是将截面草图围绕着一条线或是一个轴来进行旋转生成实体的。旋转特征可以是旋转凸台 / 基体、旋转切除、旋转薄壁或是曲面等。

二、思考与练习

1. 在圆角特征中可不可以将两个不相交直线进行圆角绘制？

2.（　　）不属于槽口类型。

A. 直槽口　　B. 中心点圆弧槽口　　C. 中心线直槽口　　D. 三点圆弧槽口

3. 简述草图【镜像】属性管理器中的【要镜像的实体】、【复制】、【镜像点】等选项的作用。

任务三　气缸设计

【任务描述】

Dwight: Aaron，通过之前对手指以及法兰盘的设计，我们已经学会了草图的绘制和一些基本的特征，下面我们应该进行气缸的设计了。

Taylor: 我认为我们应该先进行草图的几何关系的学习，再进行特征阵列的学习，最后进行气缸的设计。

Aaron: 我看 Taylor 的方案可行，我们就按照 Taylor 的方案去做吧。

【知识学习】

一、创建气缸几何关系

微课

创建几何关系

1. 草图几何关系

正确认识草图几何关系，对正确定义草图元素的几何关系很重要，通过选择菜单栏中的【视图】/【草图几何关系】命令，可控制图形区域中的草图几何关系图标是否显示，如表 2-11 所示。

表 2-11　几何关系说明

几何关系	显示图标	所产生的几何关系
水平或竖直	水平　竖直	直线会变至水平或竖直（由当前草图的空间定义），而点会水平或竖直对齐

续表

几何关系	显示图标	所产生的几何关系
共线	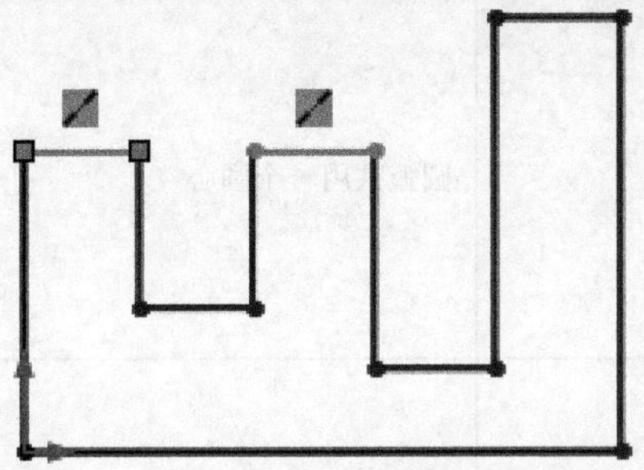	项目位于同一条无限长的直线上
平行	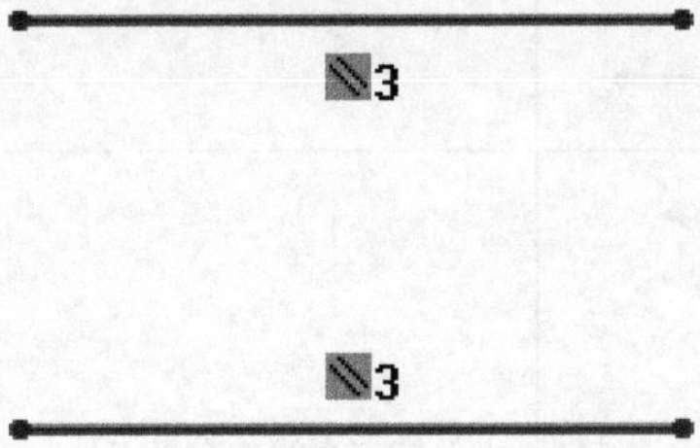 3 3	项目相互平行， 直线平行于所选基准面
全等	3 3	项目会共用圆心和半径
垂直	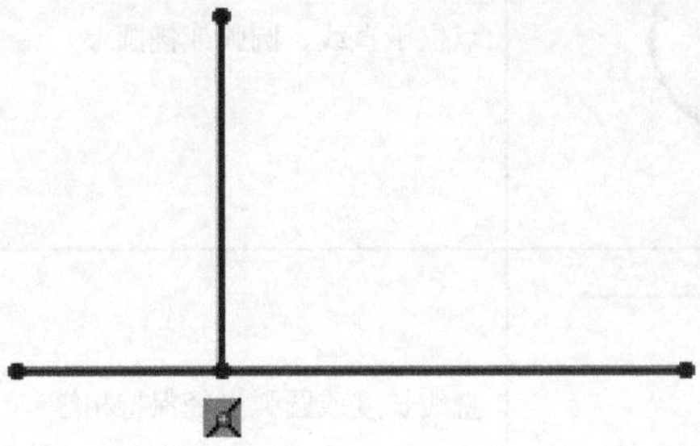	两条直线相互垂直
相切	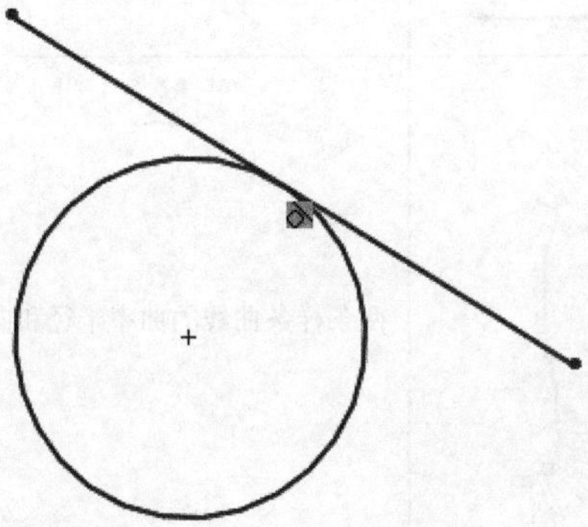	两个项目保持相切

续表

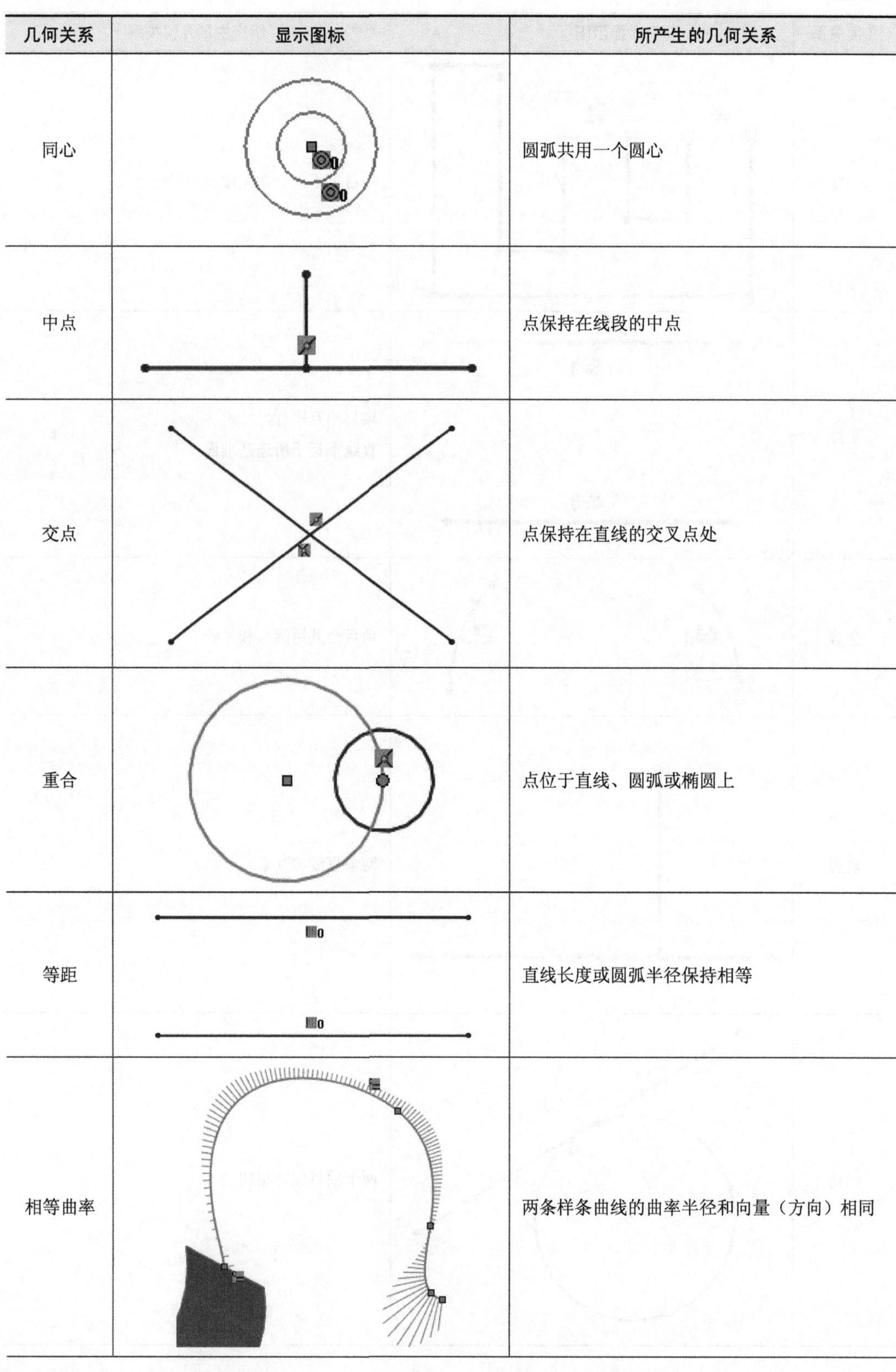

几何关系	显示图标	所产生的几何关系
同心		圆弧共用一个圆心
中点		点保持在线段的中点
交点		点保持在直线的交叉点处
重合		点位于直线、圆弧或椭圆上
等距		直线长度或圆弧半径保持相等
相等曲率		两条样条曲线的曲率半径和向量（方向）相同

续表

几何关系	显示图标	所产生的几何关系
对称	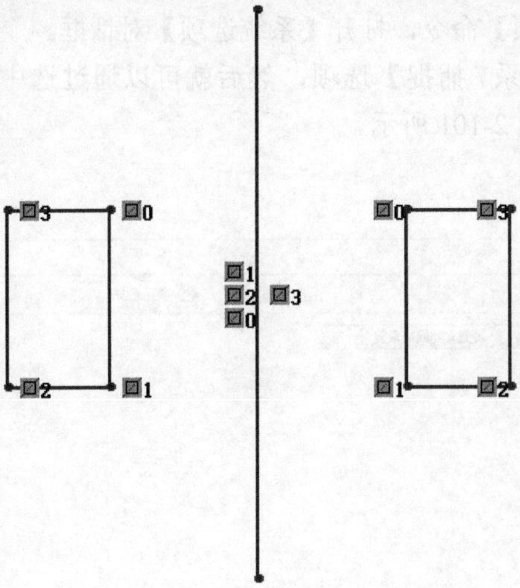	项目与中心线保持相等距离，并位于一条与中心线垂直的直线上
固定	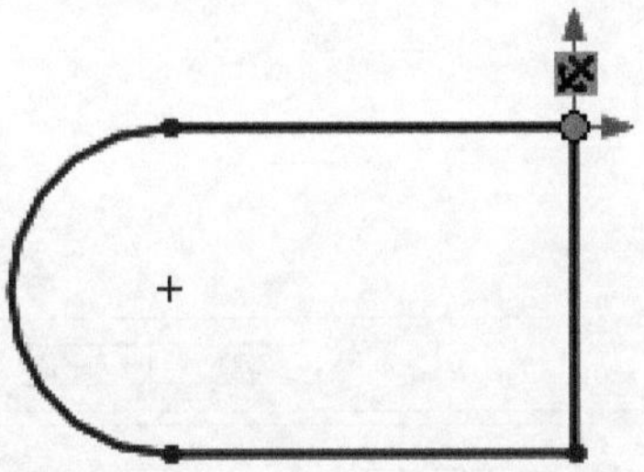	实体的大小和位置被固定。然而，固定直线的端点可以自由地沿其所在的无限长的直线移动。并且，圆弧或椭圆段的端点可以随意沿圆或椭圆移动
固定槽口	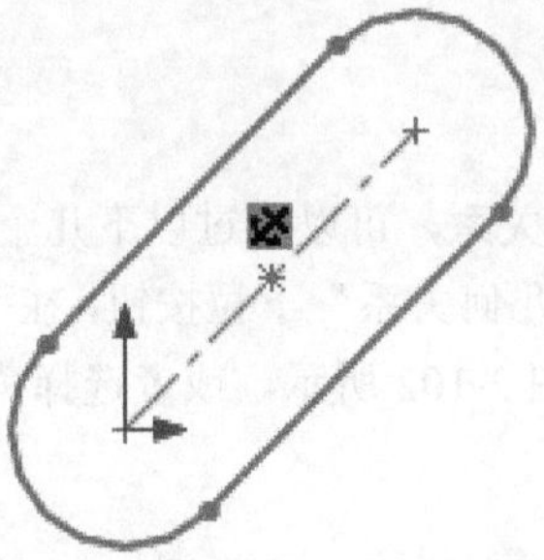	实体的大小和位置被固定
穿透	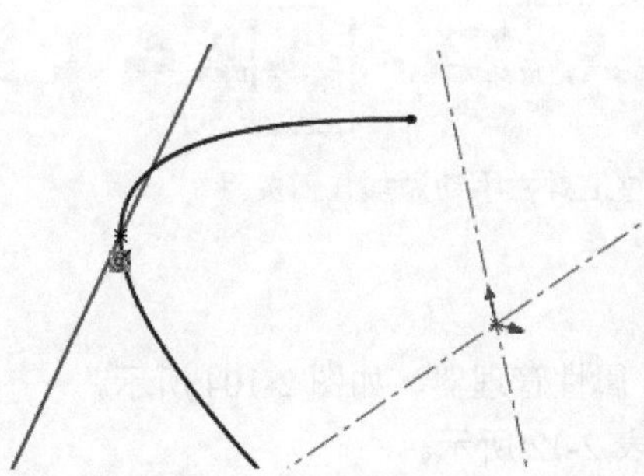	草图点与基准轴、边线或曲线在草图基准面上穿透的位置重合。穿透几何关系用于引导线扫描

2. 自动添加几何关系

自动添加几何关系是指在绘制的时候系统自动添加的几何关系。

将自动添加几何关系作为默认系统设置，操作如下。

（1）选择菜单栏中的【工具】/【选项】命令，打开【系统选项】对话框。

（2）选择左侧的【草图】/【几何关系 / 捕捉】选项，然后就可以通过选中【自动几何关系】复选框自动添加几何关系了，如图 2-101 所示。

图 2-101　自动添加几何关系

3. 手动添加几何关系

在绘制过程中，有一些无法自动添加的几何关系，可以通过以下几个操作进行手动添加。

（1）单击【草图】工具栏中的“显示 / 删除几何关系”下拉按钮，在下拉列表中选择【添加几何关系】选项，进行手动添加几何关系，如图 2-102 所示。或者选择菜单栏中的【工具】/【关系】/【添加】命令，如图 2-103 所示。

图 2-102　通过工具栏手动添加几何关系

（2）屏幕左侧出现【添加几何关系】属性管理器，如图 2-104 所示。

【添加几何关系】属性管理器说明如表 2-12 所示。

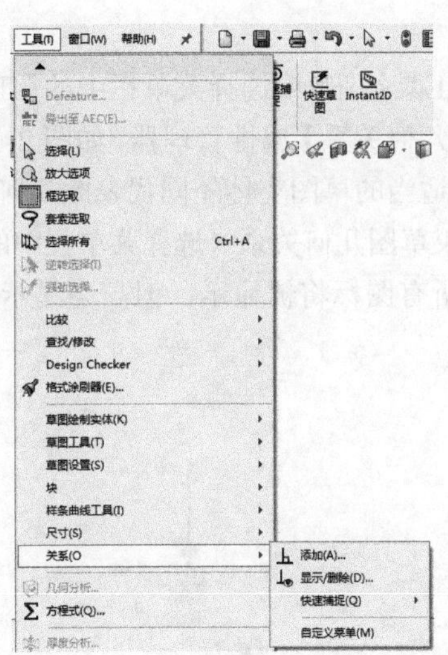

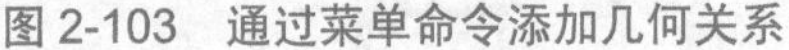

图 2-103　通过菜单命令添加几何关系

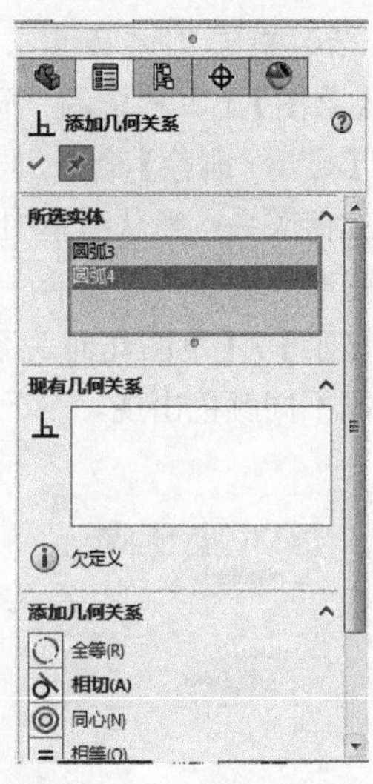

图 2-104　【添加几何关系】属性管理器

表 2-12　　【添加几何关系】属性管理器说明

功能	操作说明
所选实体	在【所选实体】选项组中，添加所需的实体
清除实体	在【所选实体】选项组中，单击右键，选择【消除选择】选项，清除添加的所有实体 所选实体　直线1　直线2　消除选择 (A)　删除 (B)　自定义菜单(M)　现有几何关系
删除实体	在【所选实体】选项组中，单击右键，选择【删除】选项，删除一个实体 所选实体　直线1　直线2　消除选择 (A)　删除 (B)　自定义菜单(M)　现有几何关系
添加几何关系	在【添加几何关系】选项组中，选择想要添加的几何关系

（3）打开【添加几何关系】属性管理器后，单击需要添加几何关系的实体，在【添加几何关系】选项组中选择需要添加的几何关系。如图 2-105 所示，同心几何关系添加完成。

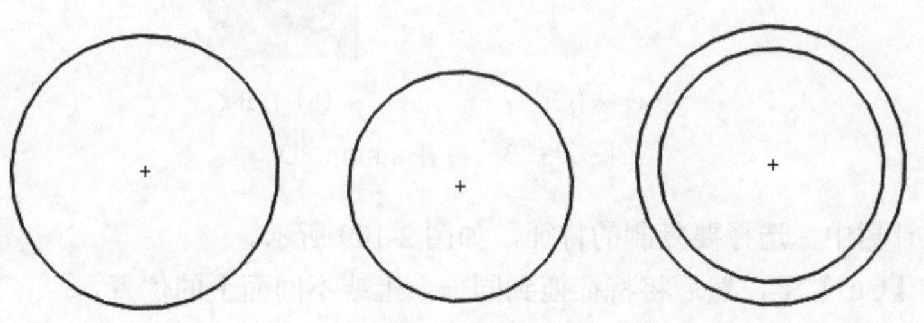

图 2-105　完成添加同心几何关系

4. 显示 / 删除几何关系

单击【草图】工具栏中的“显示 / 删除几何关系”工具按钮，或选择菜单栏中的【工具】/【几何关系】/【显示 / 删除】命令，同时弹出【显示 / 删除几何关系】属性管理器，如图 2-106 所示。

（1）几何关系：当从清单中选择一几何关系时，适当的草图实体随同代表此几何关系的图标一起在图形区域中高亮显示，如图 2-107 所示。如果草图几何关系（选择菜单栏中的【视图】/【隐藏 / 显示】/【草图几何关系】命令）被选择，所有图标将被显示，但高亮显示的几何关系的图标以不同颜色出现。

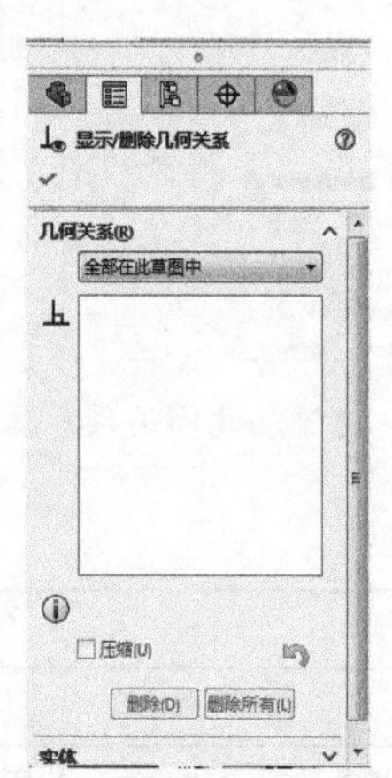

图 2-106 【显示 / 删除几何关系】属性管理器

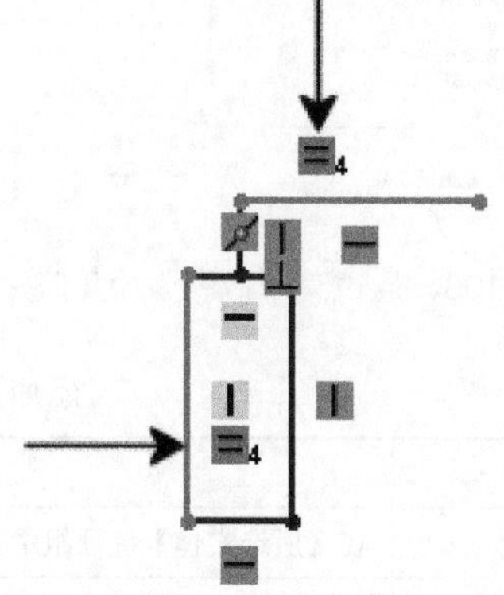

图 2-107 高亮显示的几何关系范例

（2）压缩：选中或取消选中该复选框可压缩或解除压缩当前的几何关系。

（3）单击“删除”按钮，删除当前几何关系；单击“删除所有”按钮，删除当前所有几何关系。

二、气缸特征编辑

1. 复制特征

在 SolidWorks 中需要使用相同的零件时，就可以用到复制特征了。

复制特征操作方法如下。

（1）单击【特征】工具栏上的“Instant3D”按钮，如图 2-108 所示。

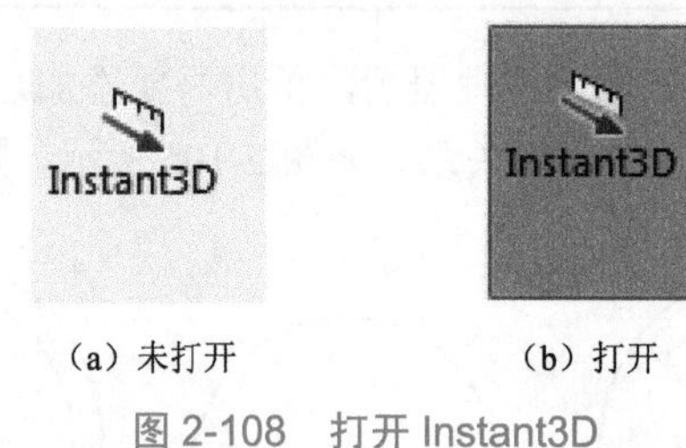

（a）未打开　　（b）打开

图 2-108 打开 Instant3D

（2）在设计树中，选择要复制的特征，如图 2-109 所示。

（3）按住【Ctrl】键，然后将特征拖到同一面上或不同面上的位置。

（4）要将特征从一个零件复制到另一个零件，可将这些特征从一个窗口拖动到零件的面上，如图 2-110 所示。

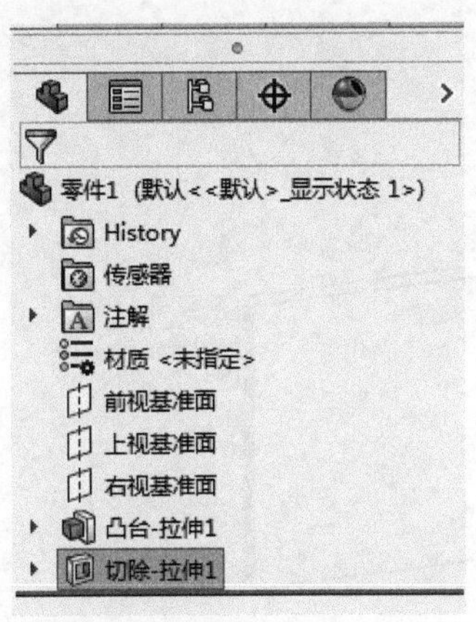

图 2-109　选择特征

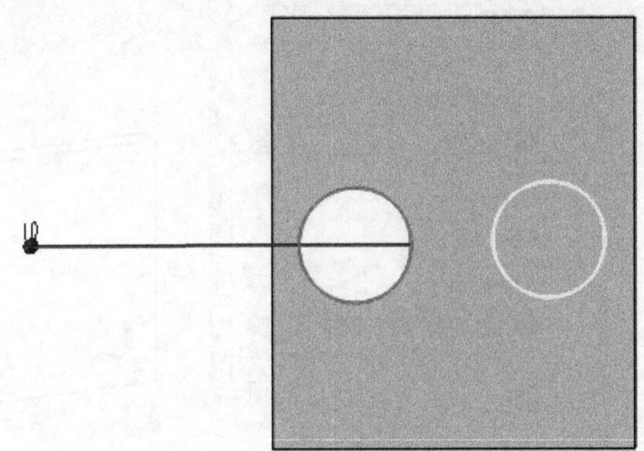

图 2-110　复制特征

（5）如不再需要复制功能，再次单击“Instant3D”按钮退出复制特征。

2. 阵列特征

（1） 线性阵列

线性阵列特征是指特征沿着一条或者多条直线路径生成多个子特征。

① 打开线性阵列特征。在【特征】工具栏中单击“线性阵列”按钮或选择菜单栏中的【插入】/【阵列 / 镜像】/【线性阵列特征】命令。

在打开线性阵列特征时，系统会在图形区域左侧弹出【线性阵列】属性管理器，如图 2-111 所示。

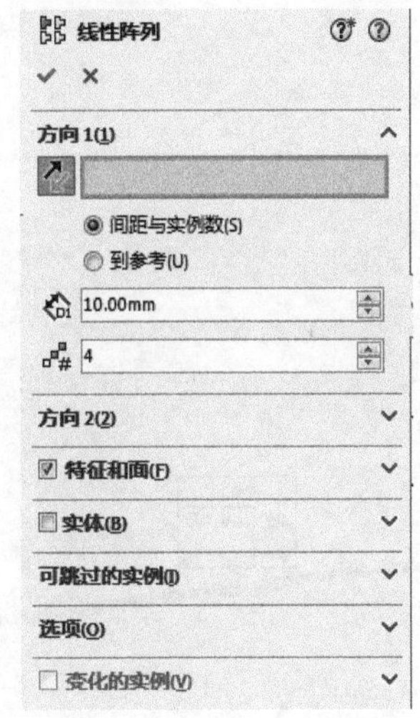

图 2-111　【线性阵列】属性管理器

② 设置【线性阵列】属性管理器。

➢ 方向 1 设置。

阵列方向：指定阵列方向，单击【方向 1】选项组中的【阵列方向】列表框，在图形区域中选择一个面（也可以是基准面）或边线作为阵列的第一个方向，所选的面或边线就会出现在【方向 1】的【阵列方向】列表框中。如果图形区域中阵列方向显示的与所需的不相同，则单击【方向 1】选项组中的“反向”按钮，反转阵列方向。

（间距）：设置阵列特征之间的距离。

（实例数）：设置阵列的数量（其中包括原特征），如图 2-112 所示。

➢ 方向 2 设置：如果需要在另一个方向同时生成线性阵列特征，则参照方向 1 的面板的设置对方向 2 的面板进行设置，不同的是方向 2 面板中多出一个【只阵列源】复选框（见图 2-113），选中此复选框，表示在方向 2 中只复制原始样本特征，而不复制方向 1 中生成的其他子样本特征，如图 2-114 所示。

➢ 在阵列特征中有两种方式，一种是阵列特征和面，另一种是阵列实体，两者只能选择一个进行阵列。

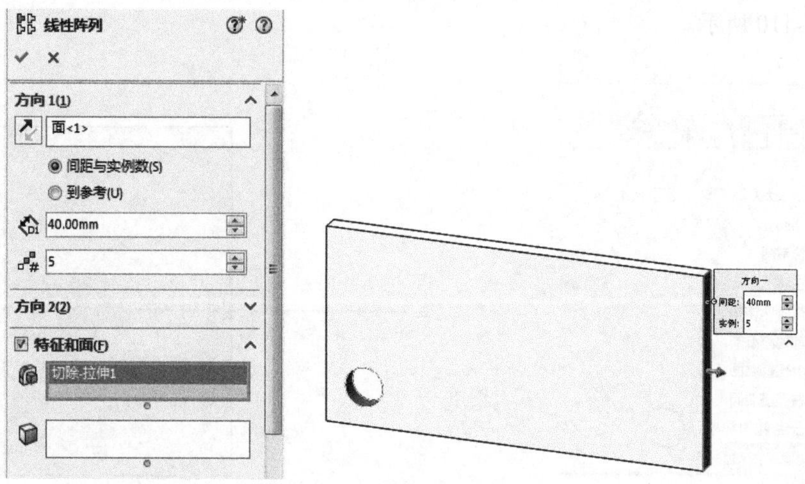

图 2-112　方向 1 设置

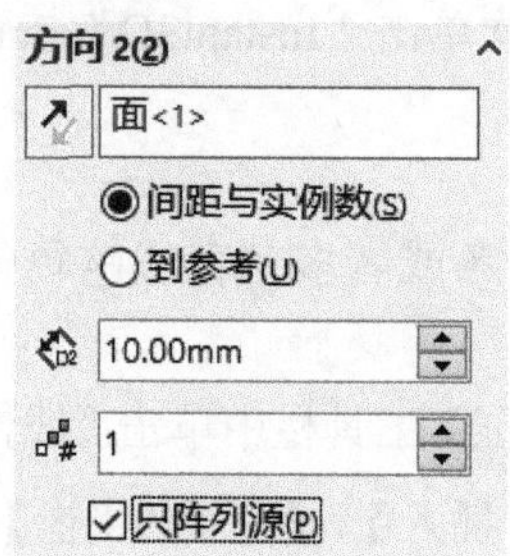

图 2-113　【只阵列源】复选框

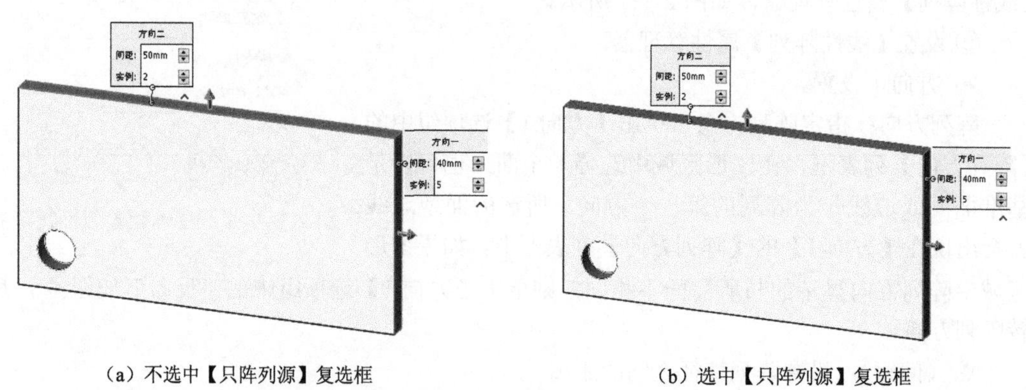

（a）不选中【只阵列源】复选框　　（b）选中【只阵列源】复选框

图 2-114　不选中与选中【只阵列源】复选框

阵列特征和面：可对零件上的特征和面进行阵列。

阵列实体：可对整个零件实体进行阵列。

➢ 可跳过的实例：如果需要跳过某个阵列样本特征，可在图形区域中选择想要跳过的某个阵列特征，这些特征将显示在【线性阵列】属性管理器的【可跳过的实例】列表框中，如图 2-115 所示。

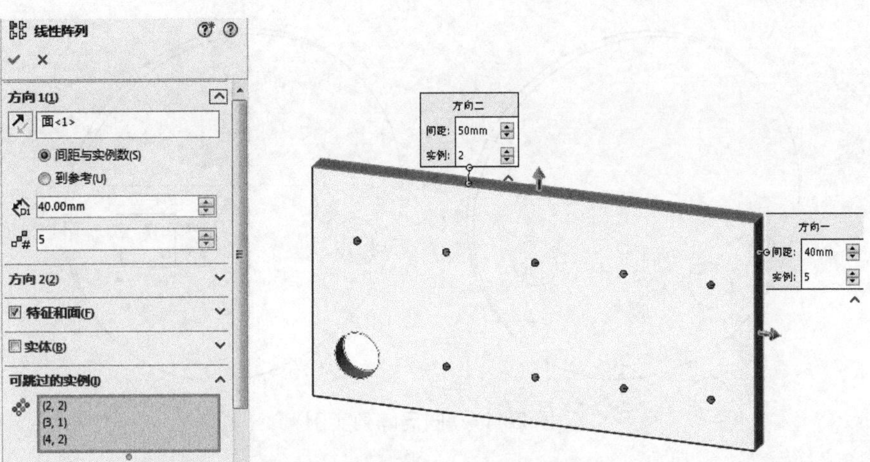

图 2-115 【可跳过的实例】列表框

设置完成后，单击【线性阵列】属性管理器左上角的“确定”按钮 ✔，完成线性特征阵列。

（2） 圆周阵列

圆周阵列是实体绕一轴心以圆周的方式，生成一个或多个特征的多个实例。

① 打开圆周阵列特征。在【特征】工具栏中单击“线性阵列”下拉按钮，选择【圆周阵列】选项，或选择菜单栏中的【插入】/【阵列 / 镜像】/【圆周阵列】命令，系统会在图形显示区域左侧弹出【圆周阵列】属性管理器，如图 2-116 所示。

图 2-116 【圆周阵列】属性管理器

② 阵列轴。在图形区域中选取一实体，其中包括轴、圆形边线或草图直线、线性边线或草图直线、圆柱面或曲面、旋转面或曲面、角度尺寸等，圆周阵列特征绕阵列轴生成。如果有需要，单击“反向”按钮来改变圆周阵列的方向。

③ （总角度）：指定每个实例之间的角度。

④ （实例数）：设定源特征的实例数。

⑤ 等间距（等间距）：将角度设置为 360°。

⑥ 阵列的特征：使用所选择的特征作为源特征来生成阵列。

⑦ 阵列的面：使用构成特征的面生成阵列。在图形区域中选择特征的所有面。这对于只输入构成特征的面而不是特征本身的模型很有用。当使用要阵列的面时，阵列必须保持在同一面或边界内。它不能跨越边界。例如，横切整个面或不同的层（如凸起的边线）将会生成一条边界和单独的面，阻止阵列延伸。

⑧ 实体：选择一个或多个需要阵列的实体 / 曲面实体生成阵列。圆周阵列实例如图 2-117 所示。

⑨ 可跳过的实例：如果需要跳过某个阵列样本特征，可在图形区域中选择想要跳过的某个阵列特征，这些特征将显示在【圆周阵列】属性管理器的【可跳过的实例】列表框中，如图 2-118 所示。

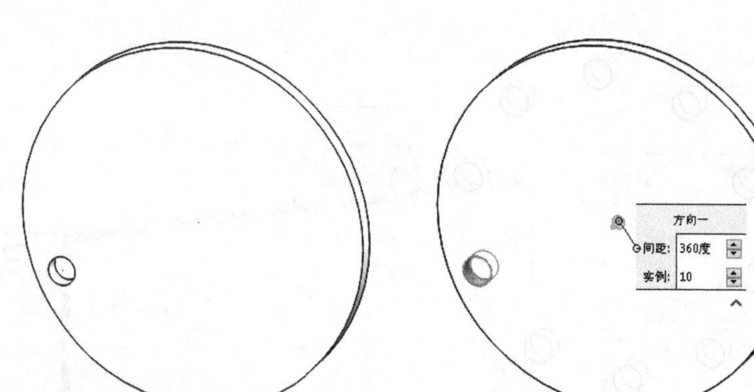

图 2-117　圆周阵列实例

（3）草图驱动的阵列

使用草图中的草图点可以指定特征阵列。源特征将整个阵列扩散到草图中的每个点。对于孔或其他特征，可以运用由草图驱动的阵列。

要建立由草图驱动的阵列，需通过以下步骤。

① 在零件的面上打开一个草图。

② 在模型上生成源特征，如图 2-119 所示。

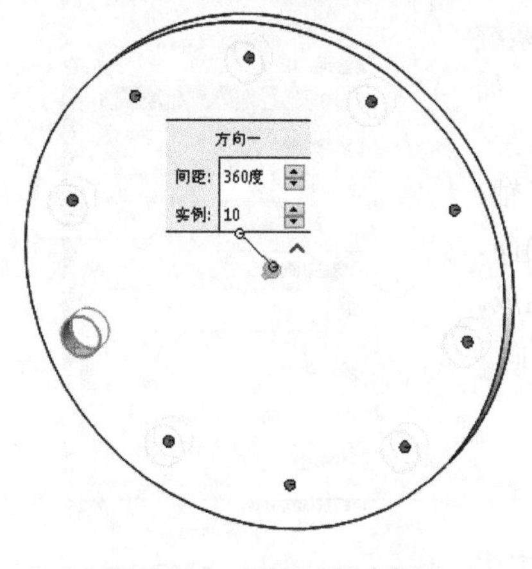

图 2-118　可跳过的实例

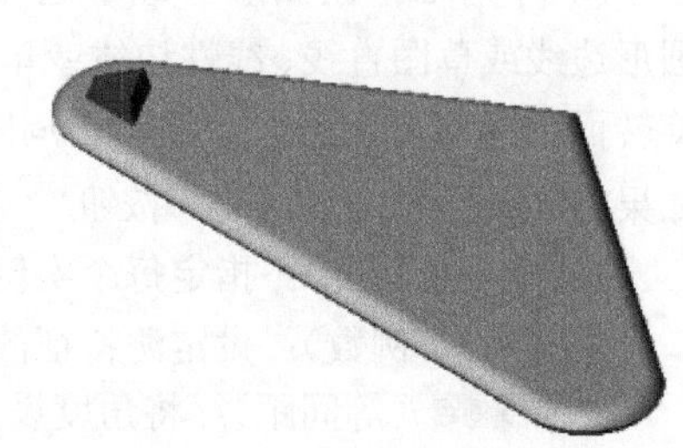

图 2-119　生成源特征

③ 基于源特征，在【特征】工具栏中单击“线性阵列”下拉按钮，选择【草图驱动的阵列】选项，或在菜单栏中选择【工具】/【草图实体】/【阵列 / 镜像】命令，然后添加多个草图点以表示想要创建的阵列，如图 2-120 所示。

④ 关闭草图，单击【特征】工具栏中的“草图驱动的阵列”按钮或选择菜单栏中的【插入】/【阵列 / 镜像】/【草图驱动的阵列】命令，打开【由草图驱动的阵列】属性管理器，如图 2-121 所示。

⑤ 在草图驱动的【阵列】属性管理器中，执行如下操作。

➢ 如有必要，使用弹出的 FeatureManager 设计树来选择参考草图以用作阵列。

➢ 选择属性管理器【参考点】中的【重心】选项来使用源特征的重心，或者单击所选点以使用另一个点来作为参考点。

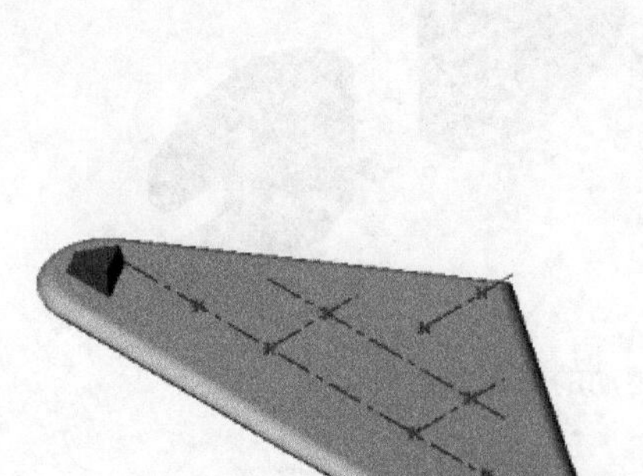

图 2-120 添加多个草图点表示想要创建的阵列

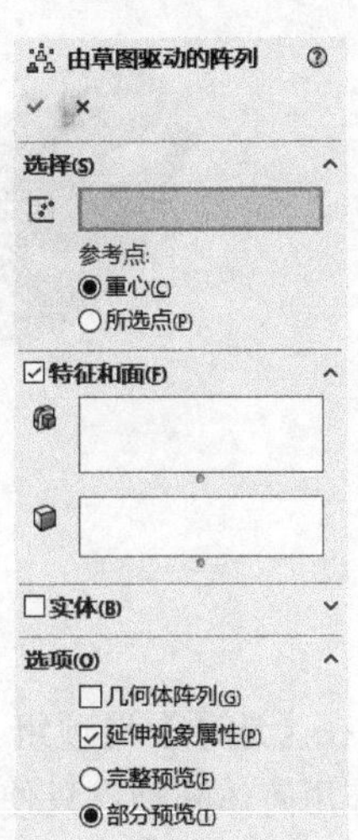

图 2-121 由草图驱动的阵列

基于所选的参考点，特征延伸的位置将改变，如图 2-122 所示。

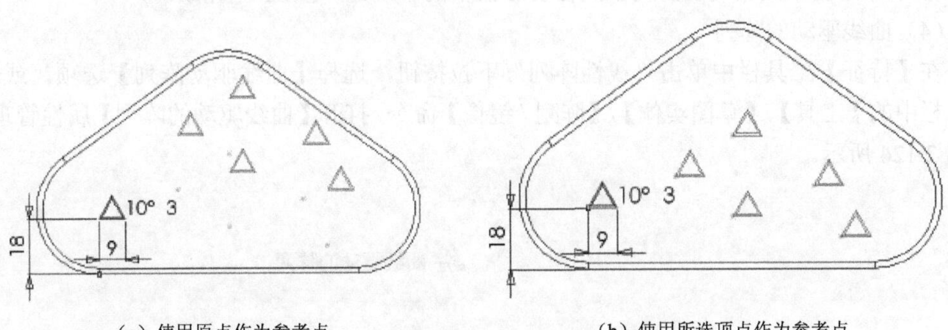

（a）使用原点作为参考点　　（b）使用所选顶点作为参考点

图 2-122 选择参考点

当使用由表格驱动的阵列时，也可以改变延伸特征的相对位置。

➢ 如果选择所选点为参考点，在图形区域中选择参考顶点。

在由草图驱动的阵列中，可以使用源特征的重心、草图原点、顶点或另一个草图点作为参考点。

⑥ 执行以下操作之一。

➢ 要生成基于特征的阵列，应在要阵列的特征的图形区域选择特征。

如果阵列的特征包括圆角或其他添加项目，可使用弹出的 FeatureManager 设计树来选择这些特征。

➢ 要生成基于构成特征的面的阵列，应在要阵列的面的图形区域选择所有面。这对于只输入构成特征的面而不是特征本身的模型很有用。

当使用要阵列的面时，阵列必须保持在同一面或边界内。它不能跨越边界。例如，横切整个面或不同的层（如凸起的边线）将会生成一条边界和单独的面，阻止阵列延伸。

➢ 要生成基于多实体零件的阵列，应在要阵列的实体的图形区域选择要阵列的实体，如图 2-123 所示。

图 2-123　应用由草图驱动的阵列的实例

⑦ 在【选项】选项组下设定这些选项。

➢ 几何体阵列：只使用特征的几何体（面和边线）来生成阵列，而不阵列和求解特征的每个实例。【几何体阵列】复选框可加速阵列的生成和模型重建。对于与模型上其他面共用一个面的特征，不能使用【几何体阵列】复选框。几何体阵列在要阵列的实体中不可使用。

➢ 延伸视象属性：将 SolidWorks 的颜色、纹理和装饰螺纹数据延伸给所有阵列实例。

⑧ 单击【由草图驱动的阵列】属性管理器中的“确定”按钮 ✔ 完成。

（4）曲线驱动的阵列

在【特征】工具栏中单击“线性阵列”下拉按钮，选择【曲线驱动阵列】选项，或选择菜单栏中的【工具】/【草图实体】/【阵列 / 镜像】命令，打开【曲线驱动的阵列】属性管理器，如图 2-124 所示。

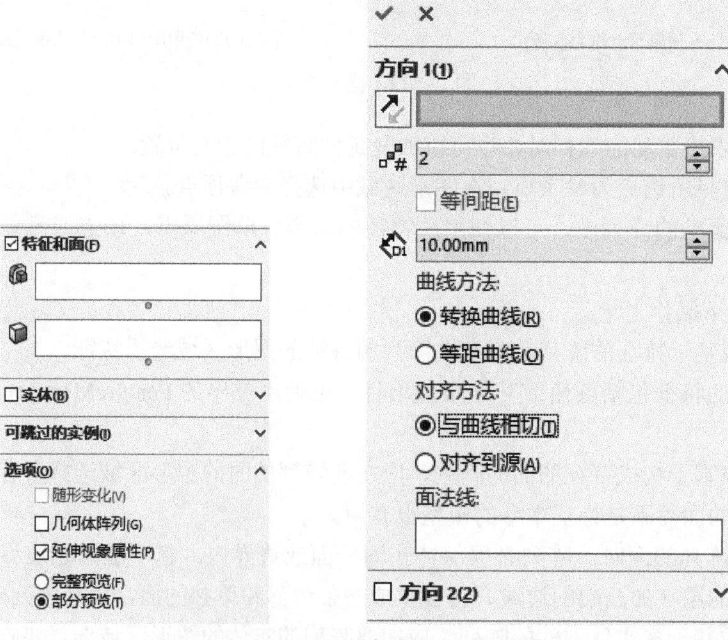

图 2-124 【曲线驱动的阵列】属性管理器

① 阵列方向：选择一曲线、边线、草图实体或从FeatureManager设计树选择一草图以作为阵列的路径。如有必要，单击“反向”按钮来改变阵列的方向。以下范例使用模型的上边线作为阵列方向的方向1，如图2-125所示。

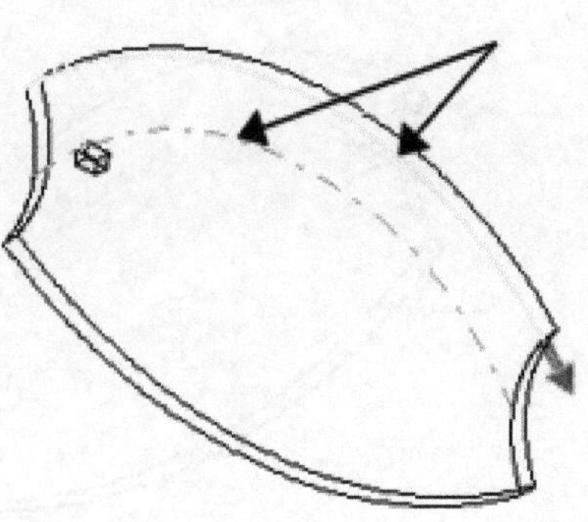

图2-125　阵列方向

② （实例数）：为阵列中源特征的实例数设定一数值。

③ （等间距）：设定每个阵列实例之间的等间距。实例之间的分隔依赖于为阵列方向选择的曲线以及曲线方法，如图2-126所示。

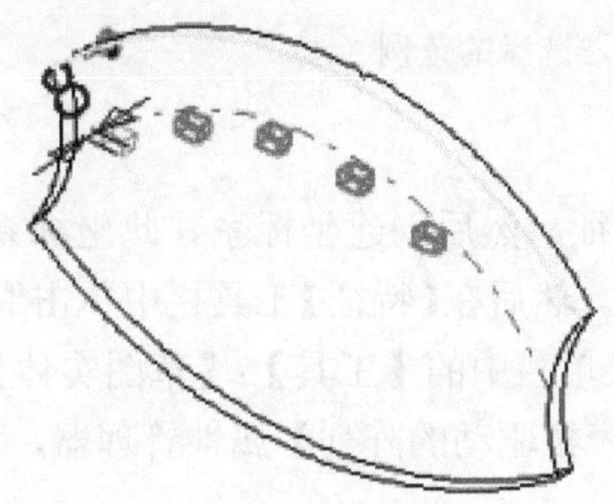

（a）不选中【等间距】复选框

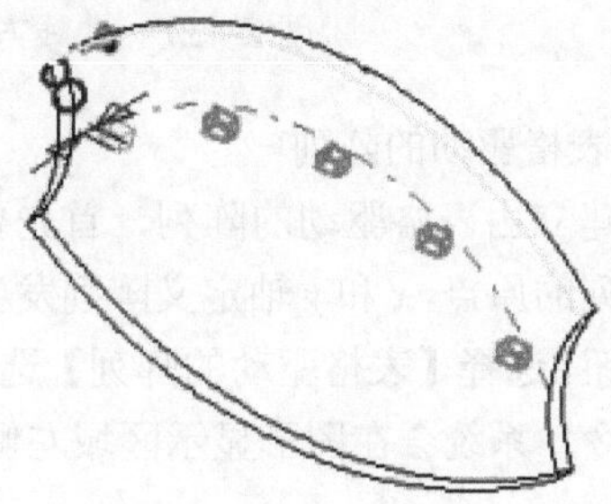

（b）选中【等间距】复选框

图2-126　等间距绘制

④ 间距（在未选中【等间距】复选框时可用）：沿曲线为阵列实例之间的距离设定一数值。曲线与要阵列的特征之间的距离垂直于曲线而测量。

⑤ 曲线方法：使用选择的曲线来定义阵列的方向。选取以下选项之一。

➢ 转换曲线：从所选曲线原点到源特征的DeltaX和DeltaY的距离均为每个实例保留。
➢ 等距曲线：每个实例从所选曲线原点到源特征的垂直距离均得以保留。

⑥ 对齐方法：选取以下选项之一。

➢ 与曲线相切：对齐所选择的与曲线相切的每个实例。
➢ 对齐到源：对齐每个实例，以与源特征的原有对齐匹配。

曲线方法和对齐方法选择的范例如图2-127所示。

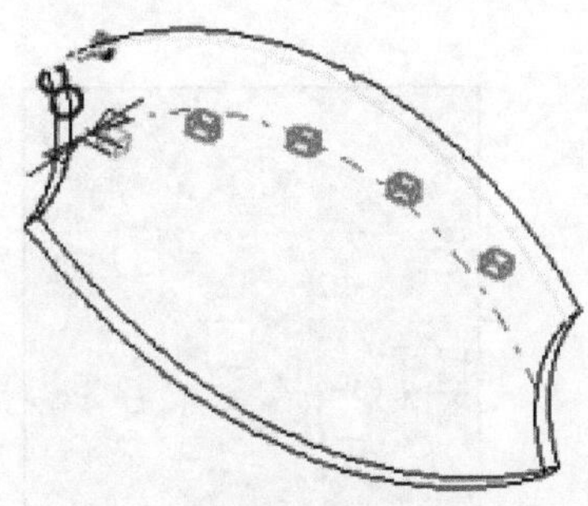

曲线方法：转换曲线
对齐方法：对齐到源

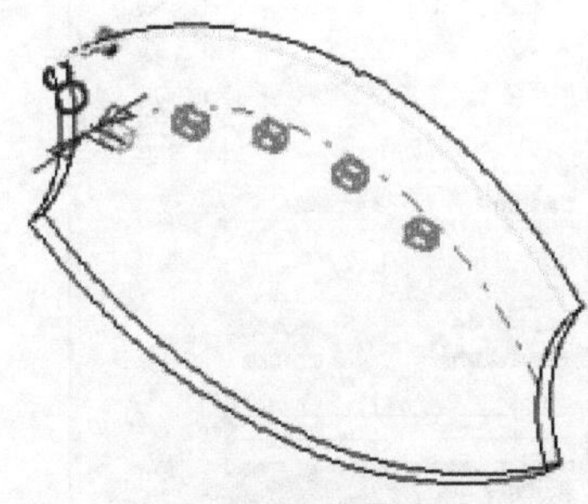

曲线方法：等距曲线
对齐方法：对齐到源

图2-127　曲线方法和对齐方法选择的范例

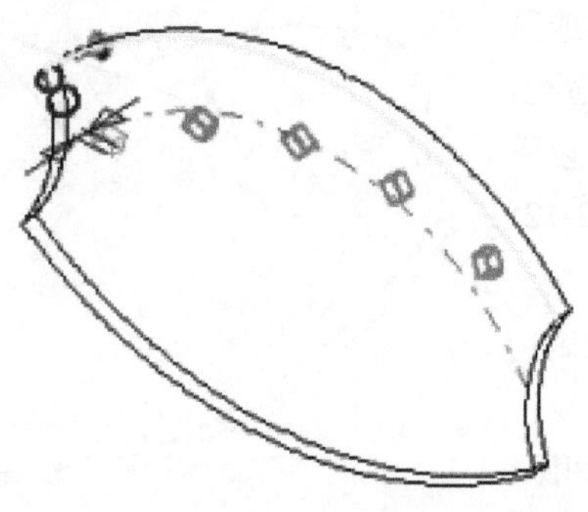

曲线方法：转换曲线

对齐方法：与曲线相切

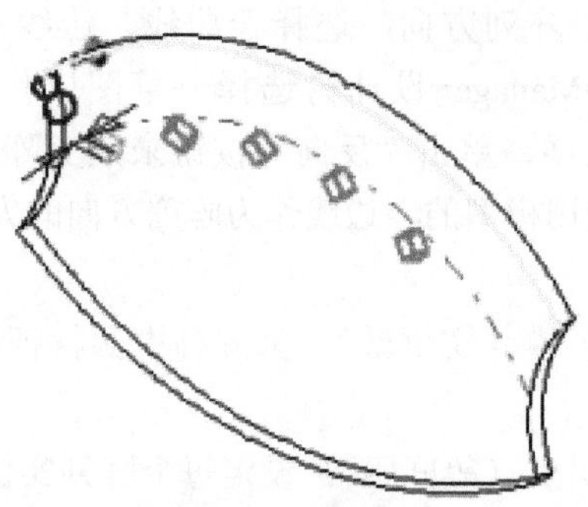

曲线方法：等距曲线

对齐方法：与曲线相切

图 2-127　曲线方法和对齐方法选择的范例（续）

（5）表格驱动的阵列

想要建立由表格驱动的阵列，首先要生成源特征，然后创建坐标系。此坐标系的原点成为表格阵列的原点，x 和 y 轴定义阵列发生于基准面。然后在【特征】工具栏中单击“线性阵列”的下拉按钮，选择【表格驱动的阵列】选项或选择菜单栏中的【工具】/【草图实体】/【阵列 / 镜像】命令，系统会在图形显示区域左侧弹出【由表格驱动的阵列】属性管理器，如图 2-128 所示。

在【由表格驱动的阵列】属性管理器中，设定这些选项。

① 读取文件：输入带 x-y 坐标的阵列表或文字文件。单击“浏览”按钮，然后选择一阵列表 (*.sldptab) 文件或文字 (*.txt) 文件来输入现有的 x-y 坐标。用于由表格驱动的阵列的文本文件应只包含两个列：左列用于 x 坐标，右列用于 y 坐标。两个列应由一分隔符分开，如空格、逗号或制表符。可在同一文本文件中使用不同分隔符组合。不要在文本文件中包括任何其他信息，因为这可引发输入失败。

② 参考点：指定在放置阵列实例时 x-y 坐标所适用的点。参考点的 x-y 坐标在阵列表中显示为点 0，如图 2-129 所示。

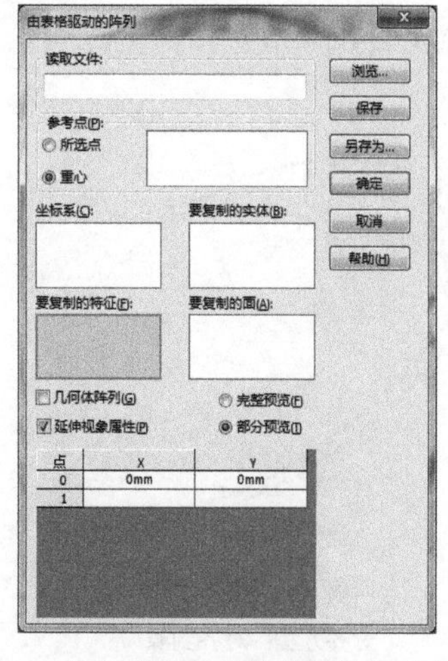

图 2-128 【由表格驱动的阵列】属性管理器

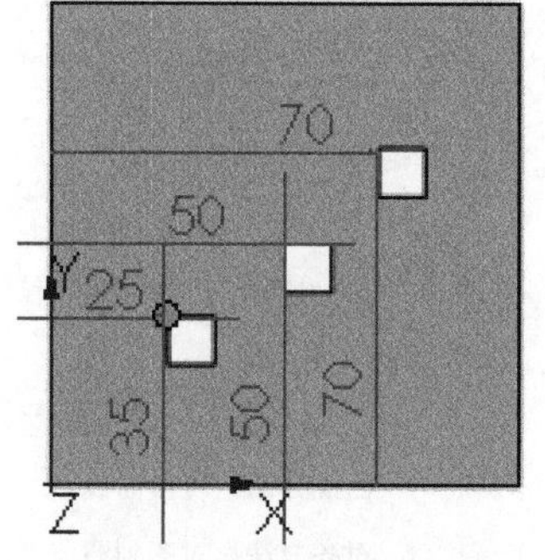

图 2-129　参考点

③ 所选点：将参考点设定到所选顶点或草图点。

（6） 填充阵列

通过填充阵列特征，可以选择由共有平面的面定义的区域或位于共有平面的面上的草图。该命令使用特征阵列或预定义的切割形状来填充定义的区域。

如果使用草图作为边界，可能需要选择阵列方向。

要生成填充阵列，单击【特征】工具栏中的“填充阵列”按钮或选择菜单栏中的【插入】/【阵列 / 镜像】/【填充阵列】命令，设置【填充阵列】属性管理器（见图 2-130）选项，然后单击“确定”按钮 ✔ 。

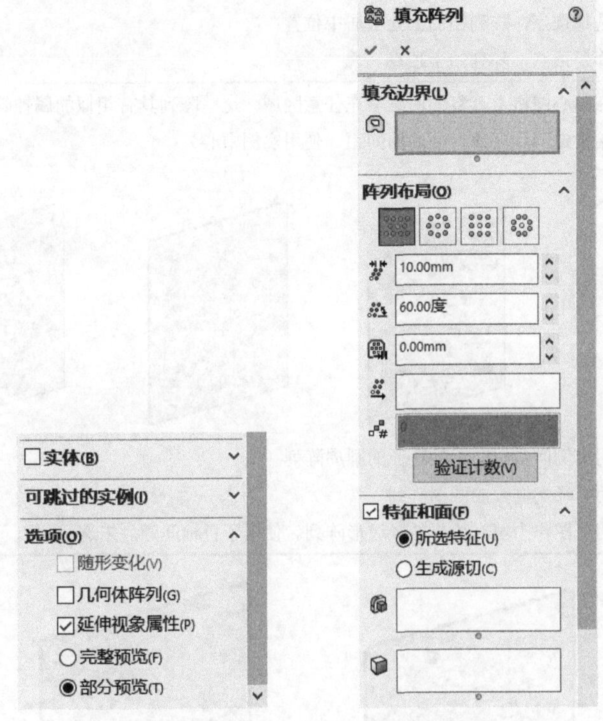

图 2-130 【填充阵列】属性管理器

① 实例计数：阵列实例的数量取决于在【填充阵列】属性管理器中的选择。要查看用于制造所需的实例数量，请单击设计树中的“填充阵列”按钮（如果 Instant3D 关闭，请双击特征）。“实例计数”按钮显示在图形区域中阵列的实例数量。实例计数是无法编辑的从动尺寸。可以在注解、自定义特性和方程式中使用实例计数。

② 填充阵列类型，如表 2-13 所示。

③ 预定义的切割形状：可用的预定义切割形状有圆（）、方形（）、菱形（）及多边形（），可以控制每个形状的参数。

如果选择一个顶点，形状源特征将位于顶点处；否则，源特征将位于填充边界的中心，如图 2-131 所示。

表 2-13　　填充阵列类型

类型	说明
穿孔	专门针对钣金穿孔阵列设计 未选择顶点，阵列在面上处于居中位置； 选择了顶点，阵列始于顶点
圆形 方形 多边形	以在同心网格上重复的图案填充任意区域。这些阵列具有相似的属性管理器选项：从源特征开始设定同心环或行之间的间距（使用实例中心） 使用实例间目标间距的特征的圆周阵列 使用每环实例数的圆周阵列 使用草图作为填充边界的多边形阵列。使用了目标间距。未选择顶点

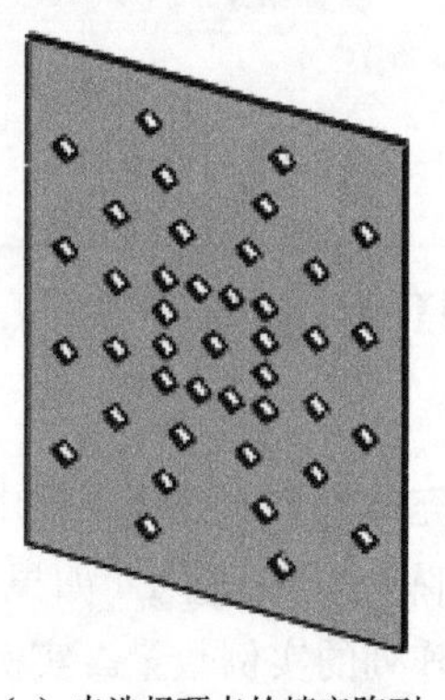
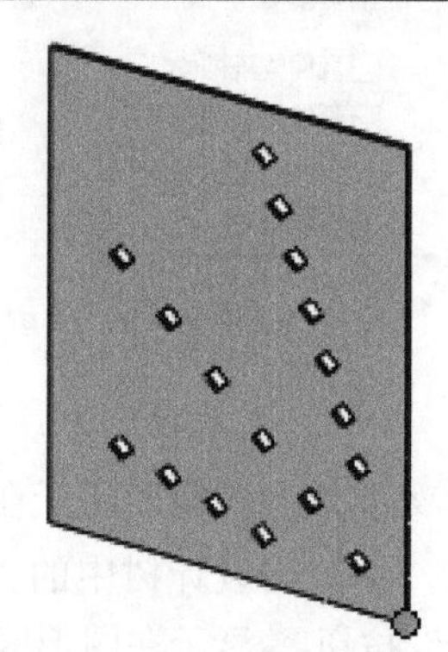
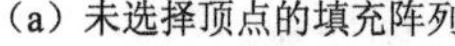

（a）未选择顶点的填充阵列　　（b）选择了顶点的填充阵列

图 2-131　顶点选择差异

三、完成气缸设计

（1）创建一个长为 30mm、宽为 23mm、高 42mm 的长方体，如图 2-132 所示。

（2）在创建出的长方体的上视基准面绘制出图 2-133 所示结构；在右视基准面中绘制出图 2-134 所示结构。

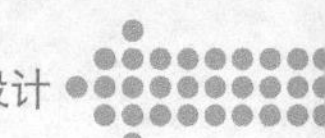

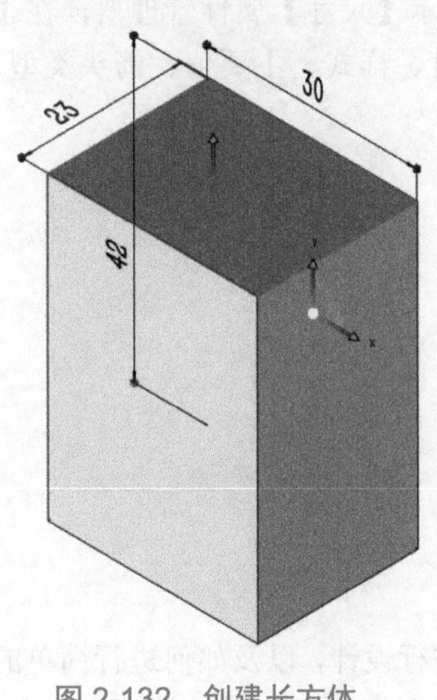

图 2-132　创建长方体

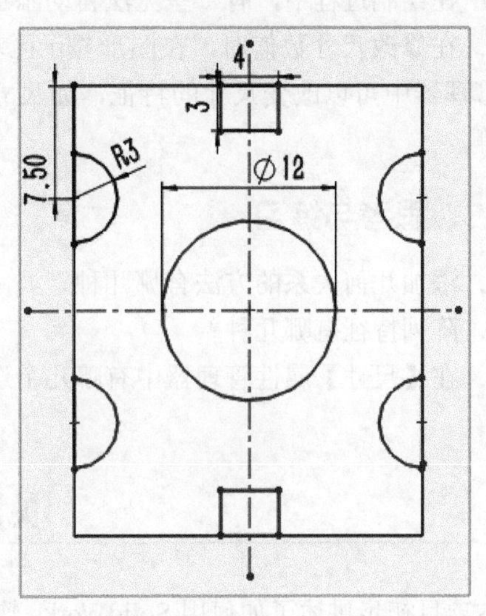

图 2-133　上视基准面

（3）最后完成切除，如图 2-135 所示。

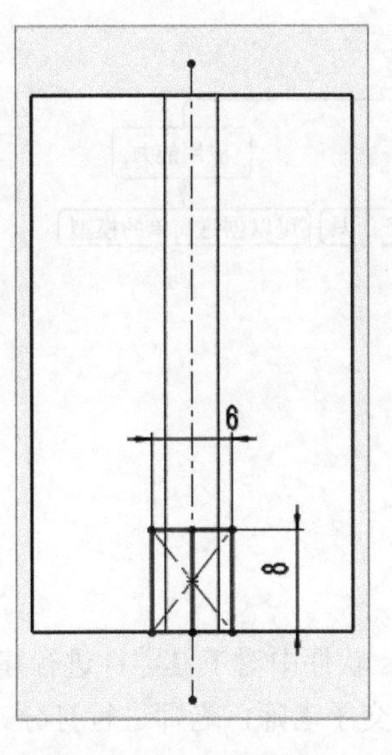

图 2-134　右视基准面

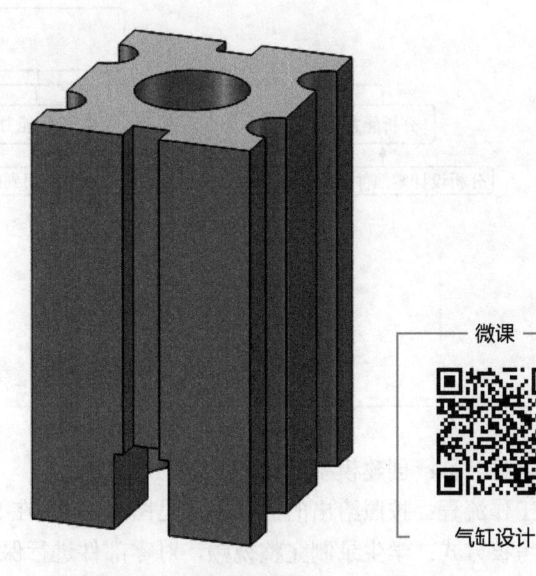

图 2-135　完成切除

【任务回顾】

一、知识点总结

1．正确认识草图几何关系图标，对正确定义草图元素的几何关系很重要，通过选择菜单栏中的【视图】/【草图几何关系】命令来控制图形区域中的草图几何体关系图标是否显示。

2．在绘制过程中，有一些无法自动添加的几何关系，可以通过手动添加。

3．在修改尺寸数值时，在图形显示区域中左侧会显示【尺寸】属性管理器，在【尺寸】属性管理器中可以改变尺寸的特征，如尺寸的公差/精度、样式、主要值、箭头类型、显示精度等。

二、思考与练习

1．添加几何关系的方法有哪几种？

2．阵列特征有哪几种？

3．在【尺寸】属性管理器中有哪几个选项卡？

项目总结

本项目初步讲述了如何用 SolidWorks 软件对零部件进行设计，以及如何进行简单的建模，读者应能够掌握拉伸、切除基体的方法，对基体可以进行阵列以及尺寸的更改，会在草图中添加圆角、倒角、草图阵列、槽口等。项目二技能图谱如图 2-136 所示。

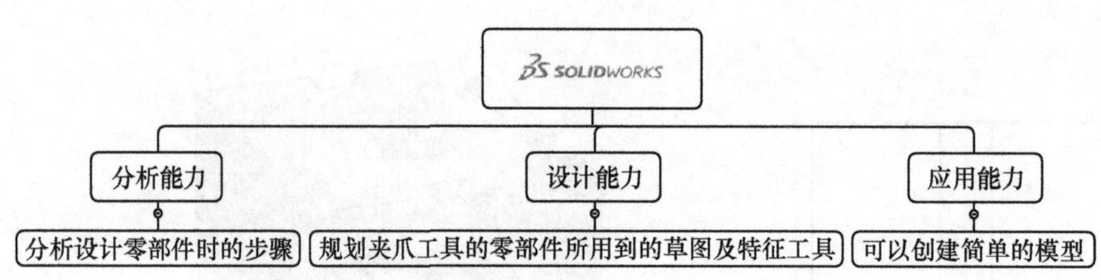

图 2-136 项目二技能图谱

拓展训练

项目名称：创建模型。

工作流程：按照给出的三视图（见图 2-137）在 Solidworks 软件中对工具零件进行建模。

考核方式：学生录制完整视频，对零部件进行保存，一同交予老师，老师进行打分。

评估标准：1. 学生的操作熟练程度。

2. 学生的操作步骤是否正确。

3. 零部件的尺寸是否正确。

微课

实战训练 – 创建模型

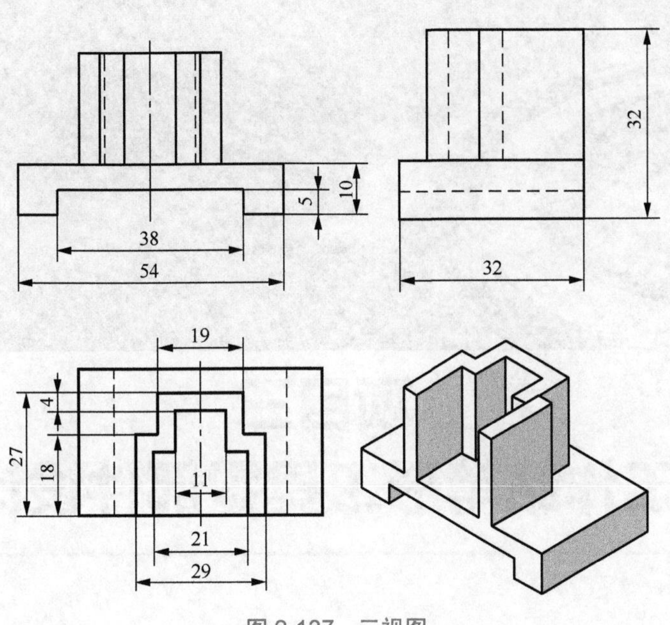

图 2-137　三视图

项目三
工作站笔形工具零部件设计

项目引入

早上 Herbert 把 Aaron、Dwight 和 Taylor 都叫到了经理办公室。

Herbert：Aaron，你们已经对公司的机器人夹爪工具的零部件进行了建模，接下来我想让你们对工作站的笔形工具的零部件进行设计建模。

Aaron：嗯，好，我们还需要召开小组会议，讨论一下创建笔形工具零部件时使用的工具。

（Herbert 微笑着点了点头）

Herbert：我给你们一些笔形工具的照片（见右图），你们就按照照片进行创建。

Taylor: 我和 Dwight 大概看了一下，需要的工具有参考几何体、圆角、倒角特征，还有草图多边形和椭圆工具。

Herbert：好，就按你们说的做吧。

经过与 Aaron 等的谈话，Herbert 了解了他们的学习进度，更加相信他们的能力。而 Aaron 出了办公室后，就给 Dwight 和 Taylor 派发了任务，Taylor 继续对草图进行学习，Dwight 对特征的描述进行学习，而 Aaron 进一步了解 SolidWorks 软件。

知识图谱

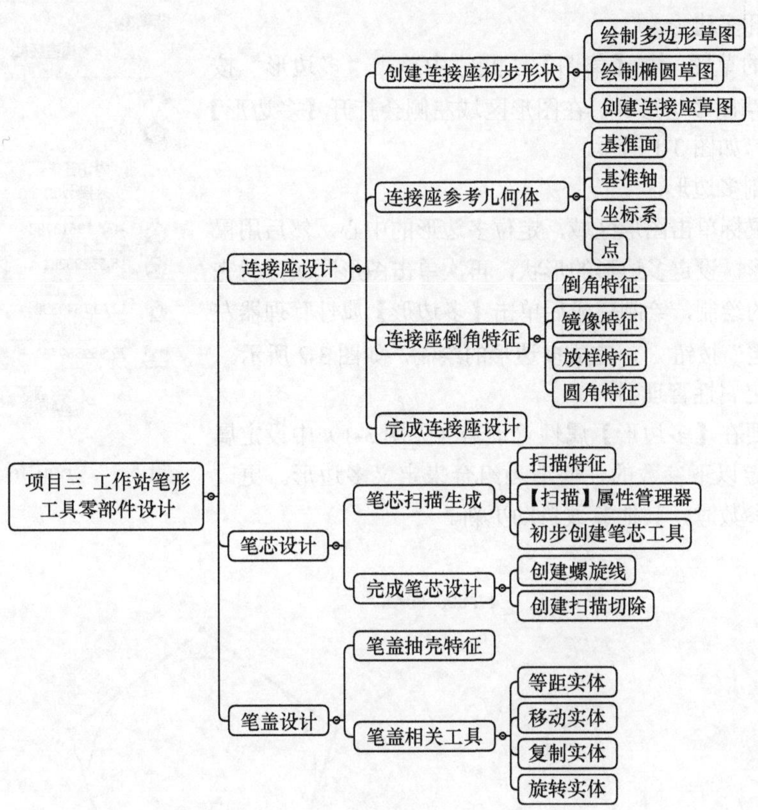

任务一　连接座设计

【任务描述】

Aaron：Taylor，你之前学过关于草图的一些知识，这次的进度应该比较快，你有过安排么，想要怎么进行下面的工作？

Taylor：我大概看了一下，也做了一个小小的计划，在之前的学习中我们有一些忽略的东西，现在我再次学习草图，我想要把它们都学会，以便在之后进行工作站建模时更熟练，像椭圆、多边形等，还有创建几何体之类的。

（Aaron 满意地点了点头。）

Aaron：嗯，好，就按你的计划去学吧。

【知识学习】

一、创建连接座初步形状

1. 绘制多边形草图

（1）打开多边形

打开新的草图，在【草图】工具栏中单击“多边形”按钮，打开草图多边形时，在图形区域左侧会打开【多边形】属性管理器，如图 3-1 所示。

图 3-1 【多边形】属性管理器

（2）绘制多边形

首先用鼠标单击图形区域，定位多边形的中心，然后用鼠标拖动多边形，设定多边形的形状，再次单击图形区域，就完成了多边形的绘制，绘制完成后单击【多边形】属性管理器左上角的“确定”按钮✔，完成多边形的绘制，如图 3-2 所示。

（3）设定属性管理器

根据需要在【多边形】属性管理器（见图 3-1）中设定属性，可以指定以下参数的任何适当组合来定义多边形。更改一个或多个参数时，其他参数自动更新。

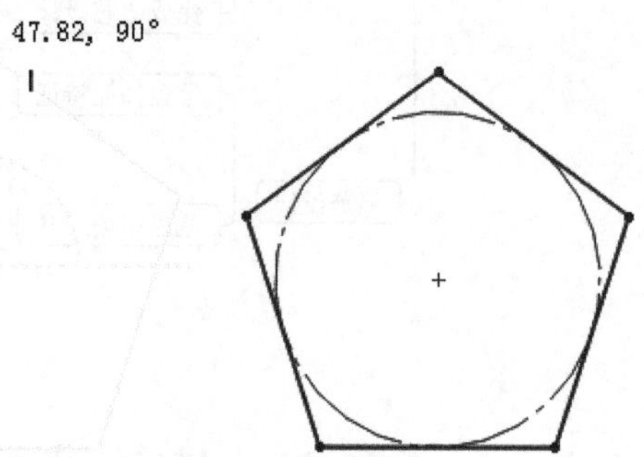

图 3-2 绘制多边形

① （边数）：设定多边形的边数。一个多边形可有 3 ～ 40 个边。

② 内切圆（内切圆）: 在多边形内显示内切圆以定义多边形的大小，圆为构造几何线。

③ 外接圆（外接圆）: 在多边形外显示外接圆以定义多边形的大小，圆为构造几何线。

④ （x 坐标置中）：为多边形的中心显示 x 坐标。

⑤ （y 坐标置中）: 为多边形的中心显示 y 坐标。

⑥ （圆直径）: 显示内切圆或外接圆的直径。

⑦ （角度）: 显示旋转角度。

⑧ 新多边形(W)（新的多边形）: 生成另一多边形。

2. 绘制椭圆草图

（1）打开椭圆草图

打开一个新的草图，单击【草图】工具栏中的“椭圆”按钮，移动鼠标指针至图形显

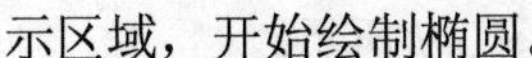
示区域，开始绘制椭圆。

（2）绘制椭圆

首先单击图形区域，设定椭圆的圆心，移动鼠标，设定椭圆的第一个半径（*R*），单击图形区域，再次移动鼠标，设定椭圆的第二个半径（*r*），单击图形区域，完成椭圆的绘制，如图 3-3 所示。

（3）绘制部分椭圆

① 单击【草图】工具栏中“椭圆”按钮右侧的下拉按钮，选择“部分椭圆”按钮。

② 单击图形区域，设定椭圆的圆心，移动鼠标，设定椭圆的第一个半径（*R*），单击图形区域，再次移动鼠标，设定椭圆的第二个半径（*r*），单击图形区域。

③ 按照之前设定的椭圆移动鼠标，会出现部分椭圆，单击图形区域，完成部分椭圆的绘制，如图 3-4 所示。

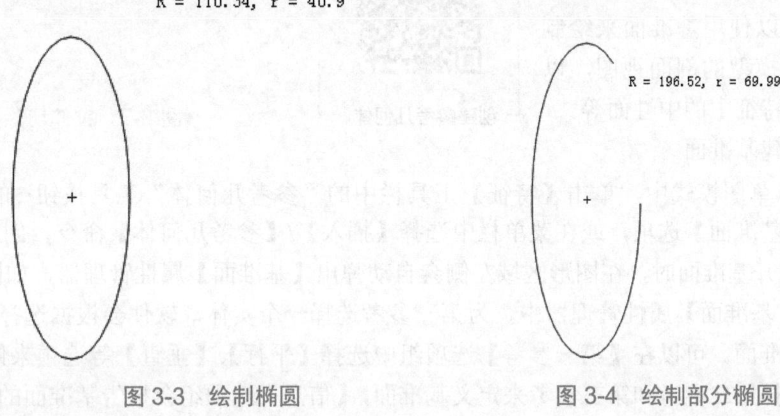

图 3-3　绘制椭圆　　图 3-4　绘制部分椭圆

3. 绘制连接座草图

（1）首先在前视基准面创建草图，绘制一个直径 48mm 的圆，拉伸特征为 13mm，如图 3-5 所示。

（2）在圆柱的中心绘制一个直径为 25mm 的圆，如图 3-6 所示。

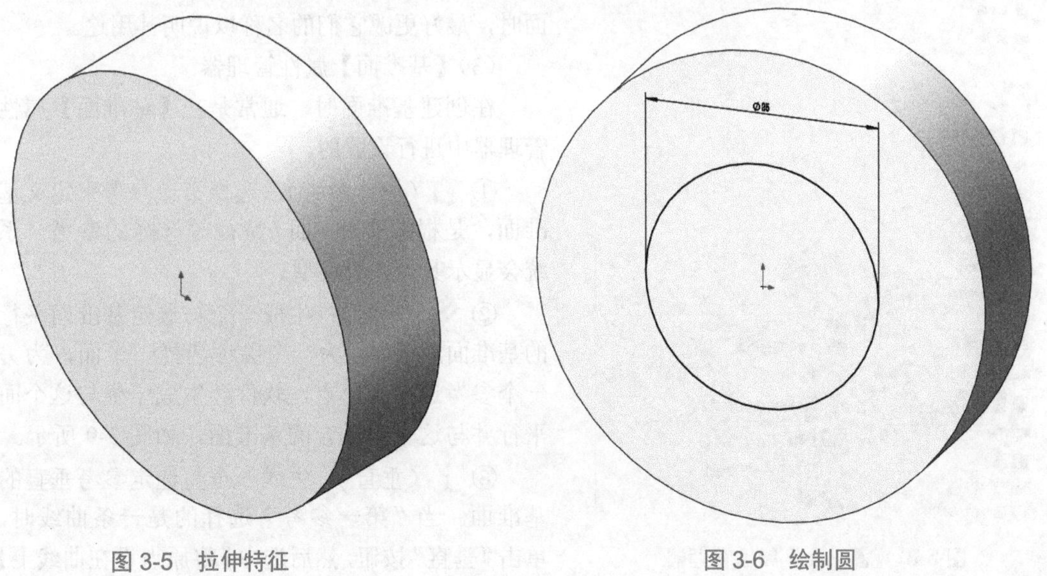

图 3-5　拉伸特征　　图 3-6　绘制圆

（3）单击【特征】工具栏中的“拉伸切除”按钮，进行切除，如图 3-7 所示。

二、连接座参考几何体

在 SolidWorks 中，参考几何体包括基准面、基准轴、点以及参考坐标系等基本几何元素。这些几何元素可作为构建其他几何体时的参照物，在创建零件的一般特征、曲面、零件的剖切面时以及装配中起着非常重要的作用。

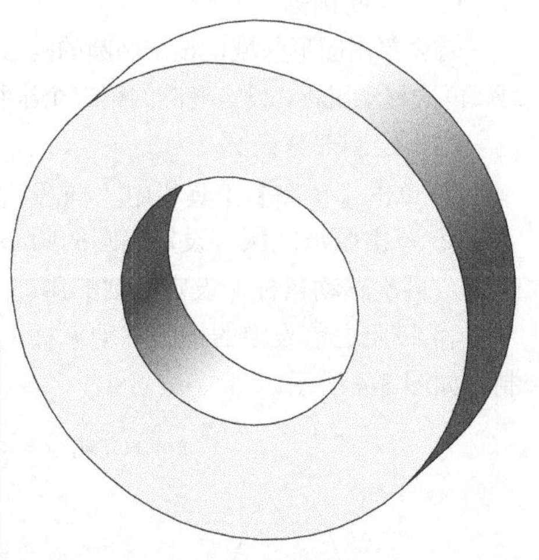

图 3-7 拉伸切除

1. 基准面

（1）基准面的基本概念

在零件或装配体文档中生成基准面，可以使用基准面来绘制草图，生成模型的剖面视图，以及用于拔模特征中的中性面等。

（2）创建基准面

① 在非草图模式中，单击【特征】工具栏中的“参考几何体”工具按钮的下拉按钮，然后选择【基准面】选项，或在菜单栏中选择【插入】/【参考几何体】命令，创建基准面。

② 在打开基准面时，在图形区域左侧会自动弹出【基准面】属性管理器，如图 3-8 所示。

③ 在【基准面】属性管理器中，为第一参考选择一个实体，软件会根据选择的对象生成最可能的基准面。可以在【第一参考】选项组中选择【平行】、【垂直】等选项来修改基准面，根据需要选择第二参考和第三参考来定义基准面，【信息】选项组会报告基准面的状态，基准面状态必须是【完全定义】才能生成基准面，然后单击【基准面】属性管理器左上角的“确定”按钮✔，完成基准面创建。

④ 此外，还可以对现有基准面使用 Ctrl+ 鼠标拖动，来新建一个与现有基准面等距的基准面，如果要在当前的文件中改变构造基准面的名称，在设计树中单击一下，停一下，再单击一下，然后键入新的名称即可。生成附加基准面时，最好更改它们的名称以说明其用途。

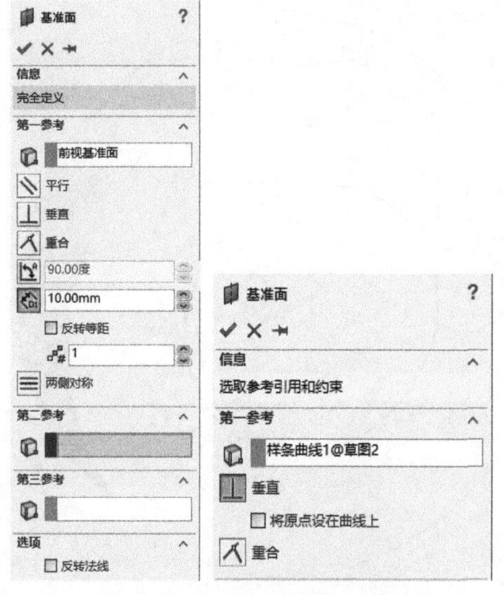

图 3-8 【基准面】属性管理器

（3）【基准面】属性管理器

在创建基准面时，通常是在【基准面】属性管理器中进行设置的。

① （第一参考）：选择第一参考来定义基准面，是根据实体/面/特征等选择的参考，系统会显示其他约束类型。

② （平行）：生成一个与选定基准面平行的基准面，例如，为一个参考选择一个面，为另一个参考选择一个点，软件会生成一个与这个面平行并与这个点重合的基准面，如图 3-9 所示。

③ ⊥（垂直）：生成一个与选定参考垂直的基准面。当“第一参考”选择的是一条曲线时，单击“垂直”按钮，然后选中【将原点设在曲线上】

复选框，会将基准面的原点放在曲线上，如图 3-10（a）所示。如果取消选中此复选框，原点就会位于顶点或其他点上，如图 3-10（b）所示。

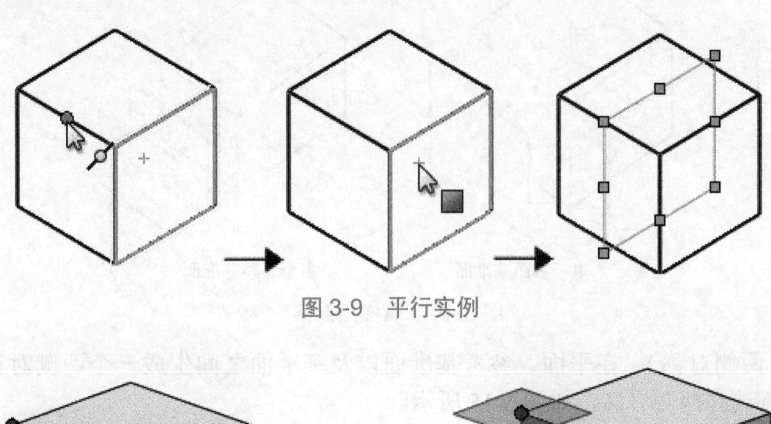

图 3-9　平行实例

（a）选中【将原点设在曲线上】复选框效果

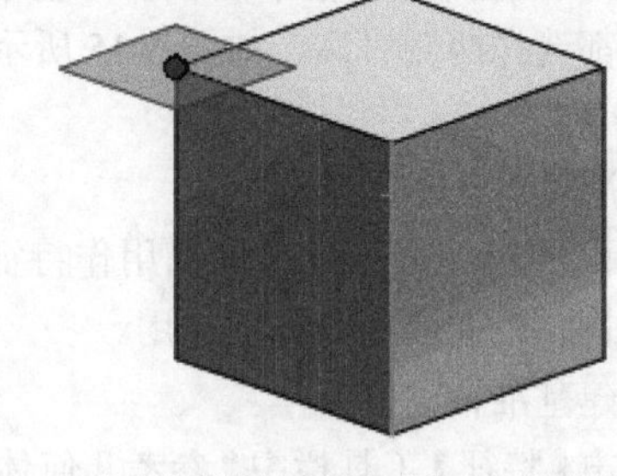

（b）取消选中【将原点设在曲线上】复选框效果

图 3-10　垂直实例

④ （投影）：将单个对象（比如顶点、原点或坐标系）投影到空间曲面上，如图 3-11 所示。

⑤ （相切）：生成一个与圆柱面、圆锥面、非圆柱面以及空间面相切的基准面，如图 3-12 所示。

选择一个曲面和该曲面上的一个草图点，软件便会生成一个与该曲面相切并与该草图点重合的基准面。

⑥ （两面夹角）：生成一个基准面，它通过一条边线、轴线或草图线，并与一个圆柱面或基准面成一定角度，如图 3-13 所示。

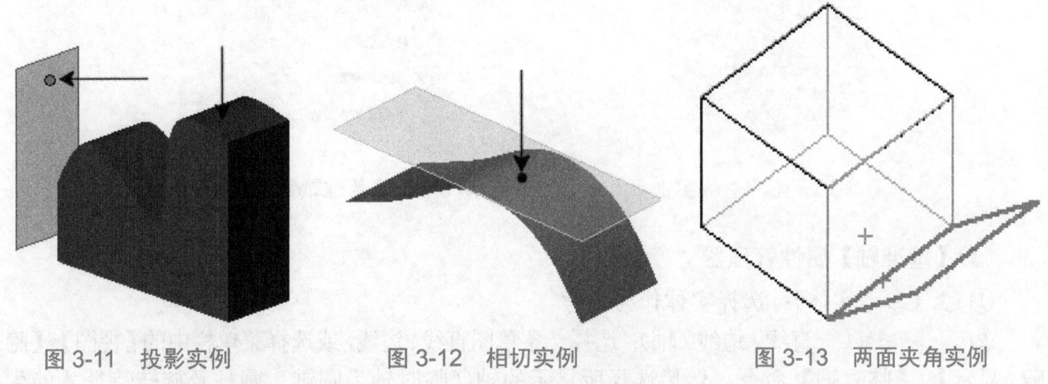

图 3-11　投影实例　　图 3-12　相切实例　　图 3-13　两面夹角实例

⑦ （偏移距离）：生成一个或几个与基准面或面平行，并偏移指定距离的基准面。可以通过按钮指定要生成的基准面数，如图 3-14 所示。

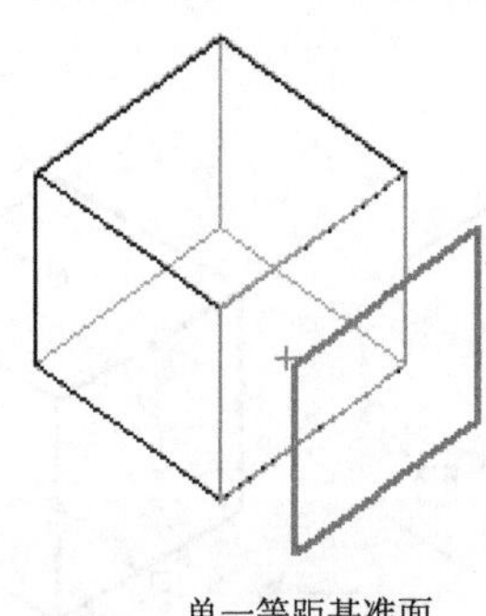

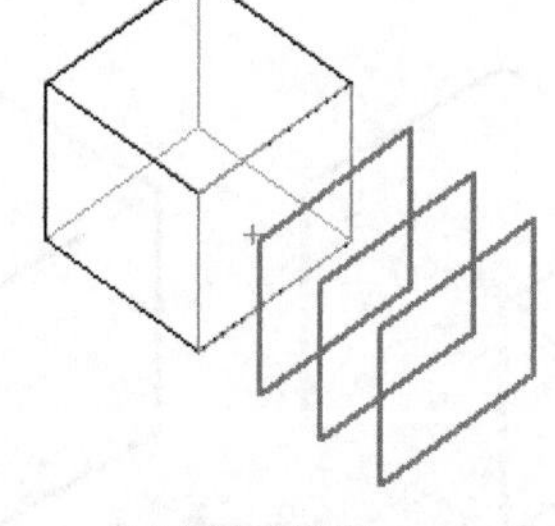

图 3-14　偏移距离实例

⑧ （两侧对称）：在平面、参考基准面以及基准面之间生成一个两侧对称的基准面，对两个参考都选择两侧对称，如图 3-15 所示。

2. 基准轴

（1）基准轴的基本概念

和基准面一样，基准轴也可以用作特征创造时的参照，并且基准轴对于创建基准平面、同轴放置项目和径向阵列等特别有用。

（2）创建基准轴

通过单击【特征】工具栏中“参考几何体”工具按钮的下拉按钮，然后选择【基准轴】选项，或选择菜单栏中的【插入】/【参考几何体】/【基准轴工具】命令来创建基准轴。在打开基准轴时，在图形区域左侧，系统会自动弹出【基准轴】属性管理器，如图 3-16 所示。

在【基准轴】属性管理器中选择轴的类型，然后为此类型选择在图形区域中所需实体，设置好后，单击【基准轴】属性管理器左上角的“确定”按钮 ✔ 完成基准轴的创建。

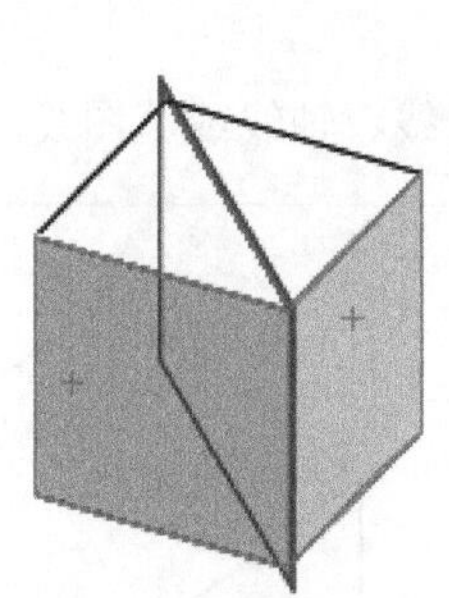

图 3-15　两侧对称实例

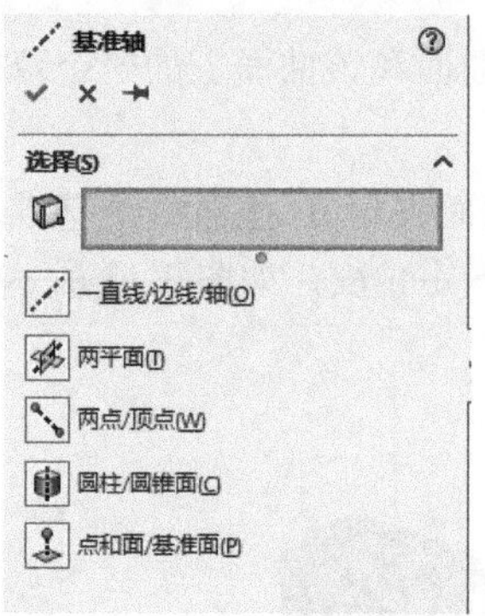

图 3-16　【基准轴】属性管理器

（3）【基准轴】属性管理器

① （参考实体）：选择实体作为参考。

② 一直线/边线/轴（一直线 / 边线 / 轴）：选择一条草图直线、边线，或选择菜单栏中的【视图】/【隐藏 / 显示】/【临时轴】命令，然后选择所显示的轴（临时轴为圆锥、圆柱及旋转特征才能生成的轴），将所选的轴作为基准轴，如图 3-17 所示。

③ 两平面（两平面）：选择两个平面，或选择菜单栏中的【视图】/【隐藏 / 显示】/【基准面】

命令，然后选择两个基准面，将两平面的相交线作为基准轴，如图 3-18 所示。

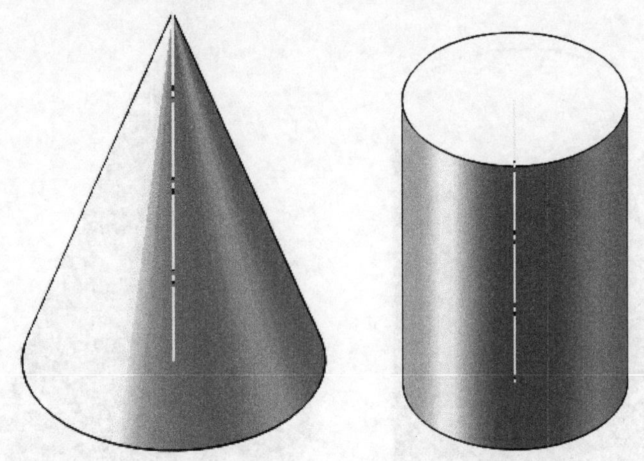

图 3-17　一直线 / 边线 / 轴实例

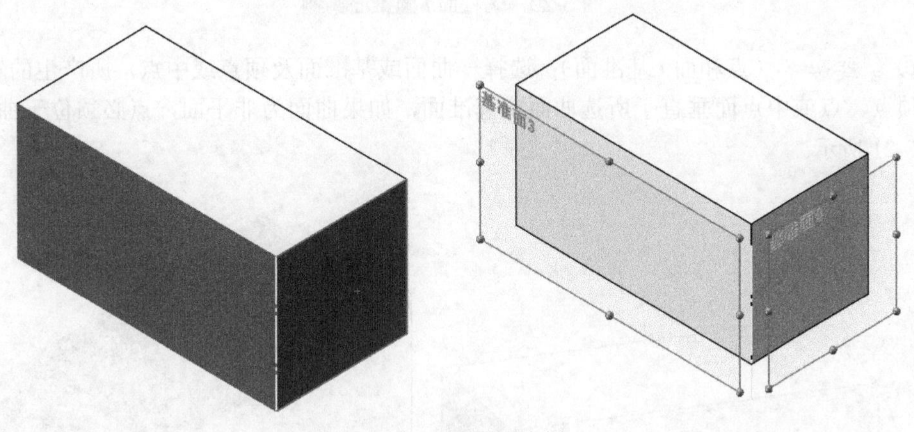

图 3-18　两平面实例

④ 两点/顶点（两点 / 顶点）：将两个顶点、点或中点之间的线作为基准轴，如图 3-19 所示。

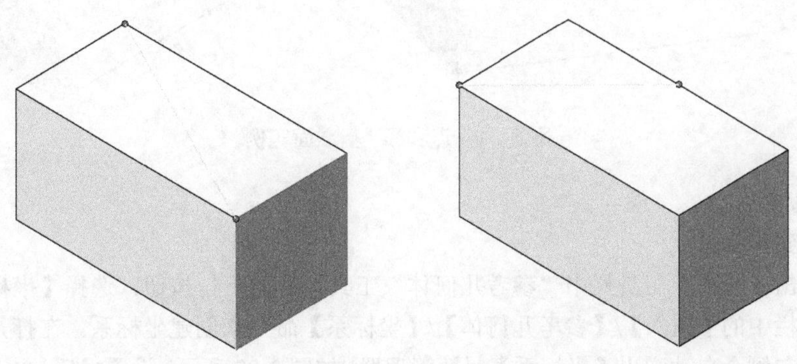

图 3-19　两点 / 顶点实例

⑤ 圆柱/圆锥面（圆柱 / 圆锥面）：选择一圆柱面或圆锥面，将圆柱或圆锥的中心线设为基准轴，如图 3-20 所示。

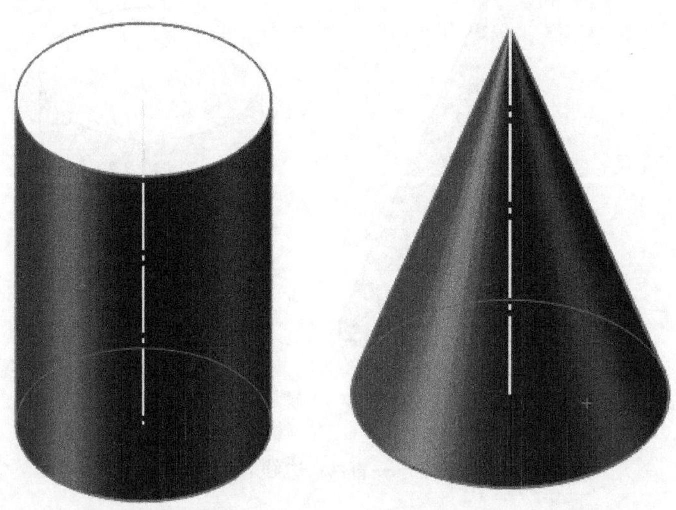

图 3-20　圆柱面 / 圆锥面实例

⑥ 点和面/基准面（点和面 / 基准面）：选择一曲面或基准面及顶点或中点，所产生的轴通过所选顶点、点或中点而垂直于所选曲面或基准面，如果曲面为非平面，点必须位于曲面上，如图 3-21 所示。

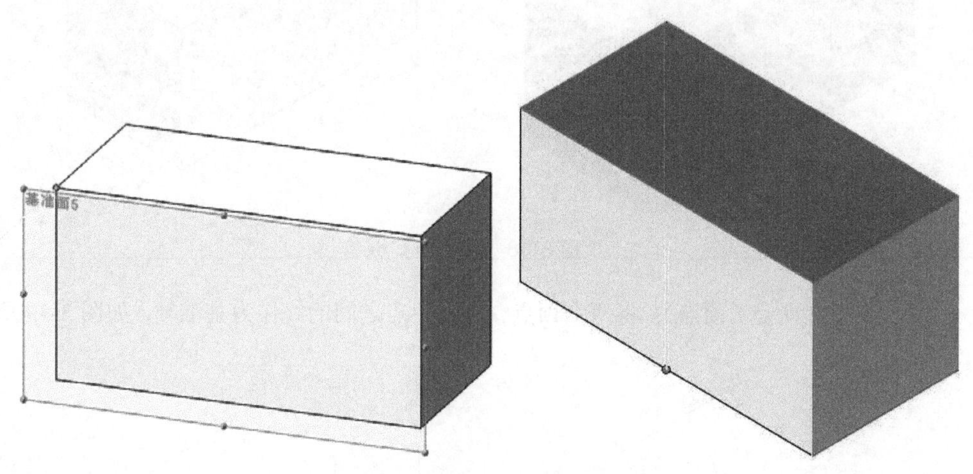

图 3-21　点和面 / 基准面实例

3. 坐标系

(1) 创建坐标系

通过单击【特征】工具栏中“参考几何体”工具按钮的下拉按钮，选择【坐标系】选项，或选择菜单栏中的【插入】/【参考几何体】/【坐标系】命令来创建坐标系。在打开坐标系时，在图形区域左侧会自动弹出【坐标系】属性管理器，如图 3-22 所示，设置好后，单击【坐标系】属性管理器左上方的“确定”按钮 ✔ 完成坐标系的创建。

（2）【坐标系】属性管理器

① （原点）：为坐标系原点选择顶点、点、中点或零件上或装配体上默认的原点。

② 【X 轴】、【Y 轴】、【Z 轴】（x 轴、y 轴、z 轴方向参考）：为轴方向参考选择以下之一。

顶点、点或中点：将轴向所选点对齐。

线性边线或草图直线：将轴与所选边线或直线平行。

非线性边线或草图实体：将轴向所选实体上的所选位置对齐。

平面：将轴与所选面的垂直方向对齐。

③ （反转方向）：若需要反转方向，单击此按钮。

创建出的坐标系如图 3-23 所示。

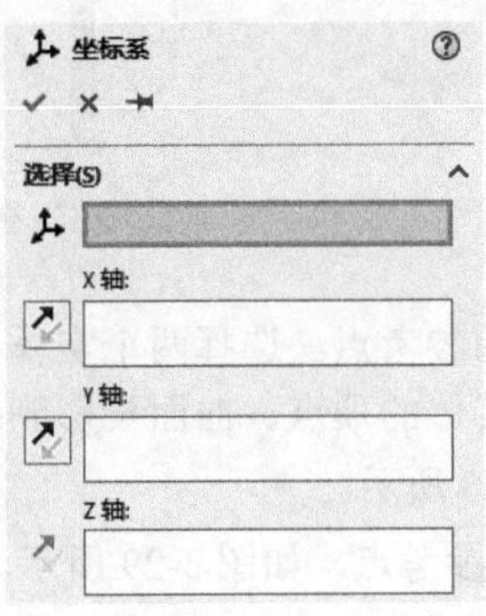

图 3-22 【坐标系】属性管理器

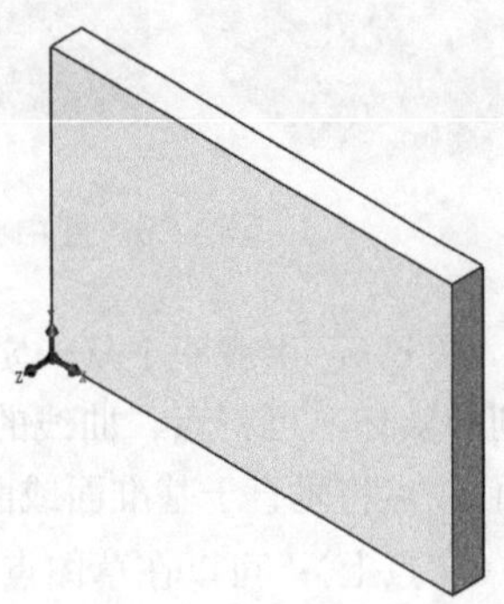

图 3-23　创建坐标系

4. 点

（1）创建点

单击【特征】工具栏中“参考几何体”工具按钮的下拉按钮，选择【点】选项，或单击菜单栏中的【插入】/【参考几何体】/【点】命令，在打开“点”时，在图形区域左侧会自动弹出【点】属性管理器，如图 3-24 所示，设置好后，单击【点】属性管理器左上角的“确定”按钮✔完成点的创建。

（2）【点】属性管理器

① （参考实体）：显示用来生成参考点的所选实体。

② （圆弧中心）：在所选圆弧或圆的中心生成参考点，如图 3-25 所示。

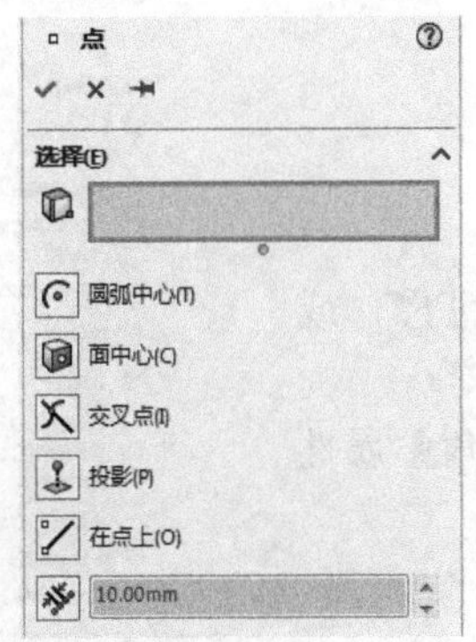

图 3-24 【点】属性管理器

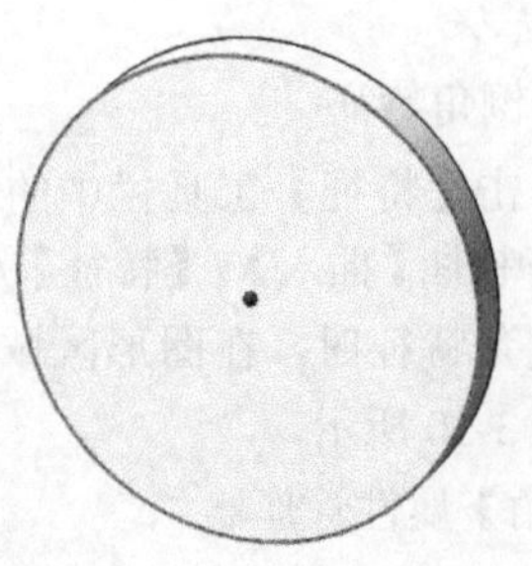

图 3-25　圆弧中心实例

③ (圆中心)：在所选面的质量中心生成参考点，可选择平面或非平面，如图 3-26 所示。

④ (交叉点)：在两个所选实体的交点处生成一参考点，可选择边线、曲线及草图线段，如图 3-27 所示。

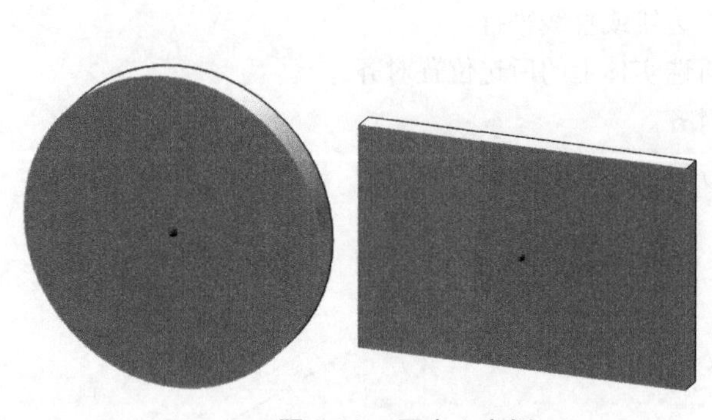

图 3-26 圆中心实例

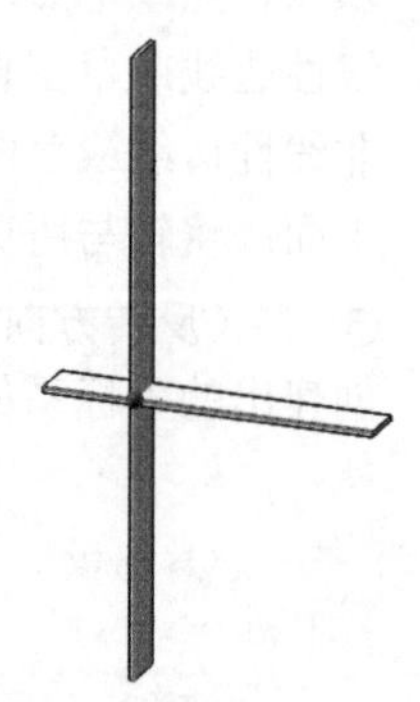

图 3-27 交叉点实例

⑤ (投影)：生成一个从一实体投影到另一实体的参考点。选择两个实体：投影的实体及投影到的实体，可将点、曲线的端点、草图线段、实体的顶点、曲面投影到基准面（平面或非平面），点将垂直于基准面或面而被投影，如图 3-28 所示。

⑥ (在点上)：可以在草图点和草图区域末端生成参考点，如图 3-29 所示。

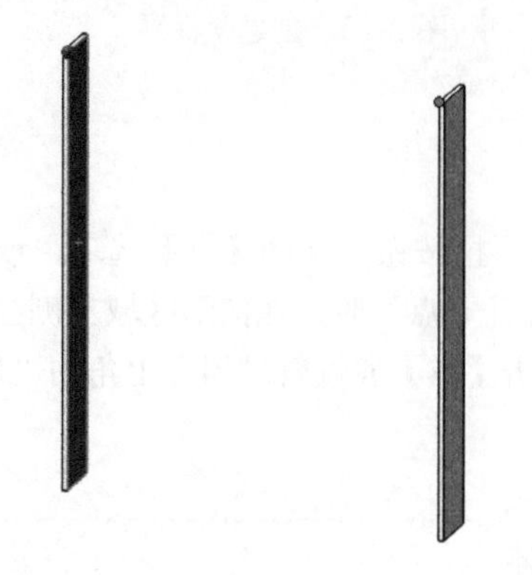

图 3-28 投影实例

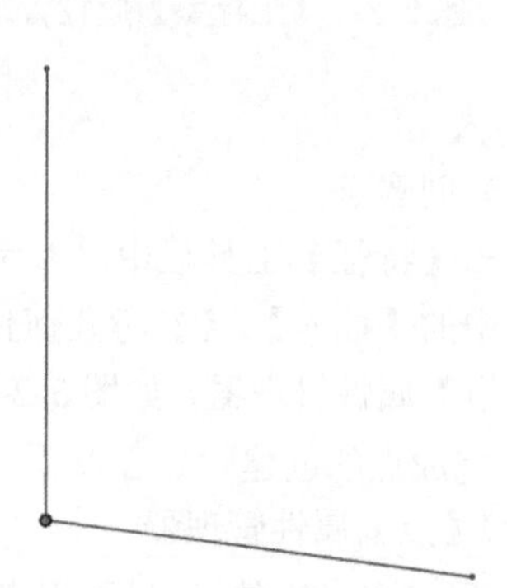

图 3-29 在点上

三、连接座倒角特征

1. 倒角特征

（1）打开倒角特征

首先，单击【特征】工具栏中的“倒角”工具按钮，或者选择菜单栏中的【插入】/【特征】/【倒角特征】命令。

在打开倒角特征时，在图形区域左侧会弹出【倒角】属性管理器，如图 3-30 所示。

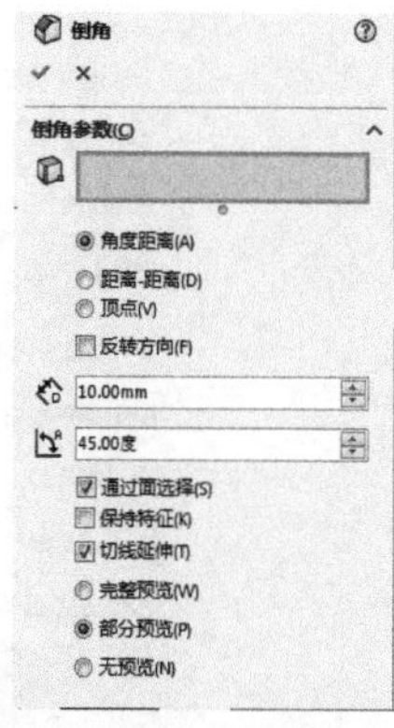

图 3-30 【倒角】属性管理器

（2）【倒角】属性管理器

① (边线和面或顶点)：用于选取倒角对象，倒角对象

可以是顶点、边线或面。

② ◉角度距离（角度距离）：选中该单选按钮后面板中会出现【距离】及【角度】选项，可进行相应的设置，如图 3-31 所示。

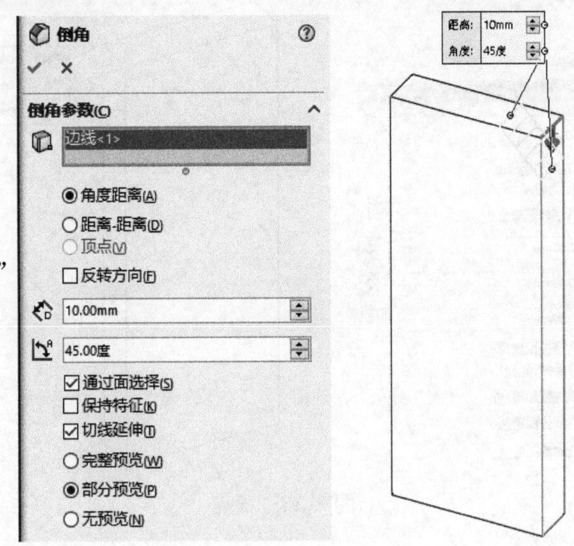

图 3-31　角度距离

③ ◉距离-距离（距离 - 距离）：选中该单选按钮后面板中会出现的【距离 1】和【距离 2】选项，如图 3-32 所示。

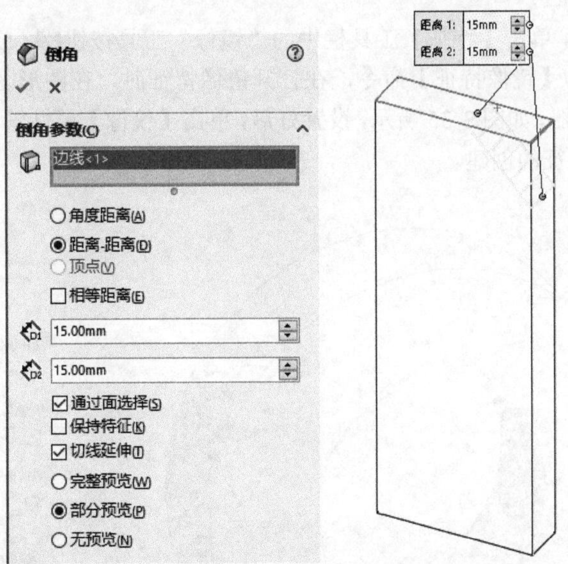

图 3-32　距离 - 距离

④ ◉顶点（顶点）：在所选的顶点每侧输入 3 个距离值，或选中【相等距离】复选框，并指定一个数值，如图 3-33 所示。

（3）生成倒角

打开【边线和面或顶点】列表框（），在图形区域选择倒角对象，设置好【倒角】属性管理器，然后选中【完整预览】单选按钮，查看是否倒角正确，若无错误，单击【倒角】属性管理器左上角的“确定”按钮✔完成倒角特征的创建，倒角参数为1mm、45°，如图3-34所示。

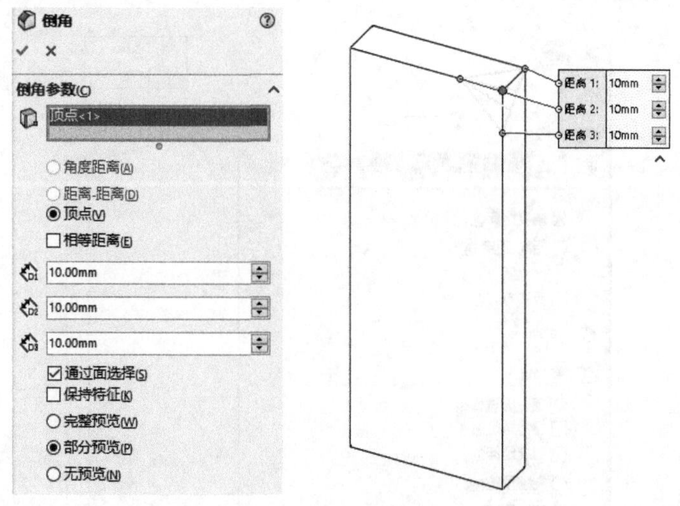

图 3-33　顶点

2. 镜像特征

镜像特征是指以某一平面或基准面作为参考面，对原本的特征对称地创建一个或多个特征以及整个模型实体。

（1）创建镜像特征

在非草图状态下，单击【特征】工具栏中的“镜像”工具按钮，或单击菜单栏中的【插入】/【阵列/镜像】/【镜像特征】命令，在打开镜像特征时，在图形区域左侧系统会自动弹出【镜像】属性管理器，如图3-35所示，设置好后，单击【镜像】属性管理器左上角的“确定”按钮✔，完成镜像特征的创建。

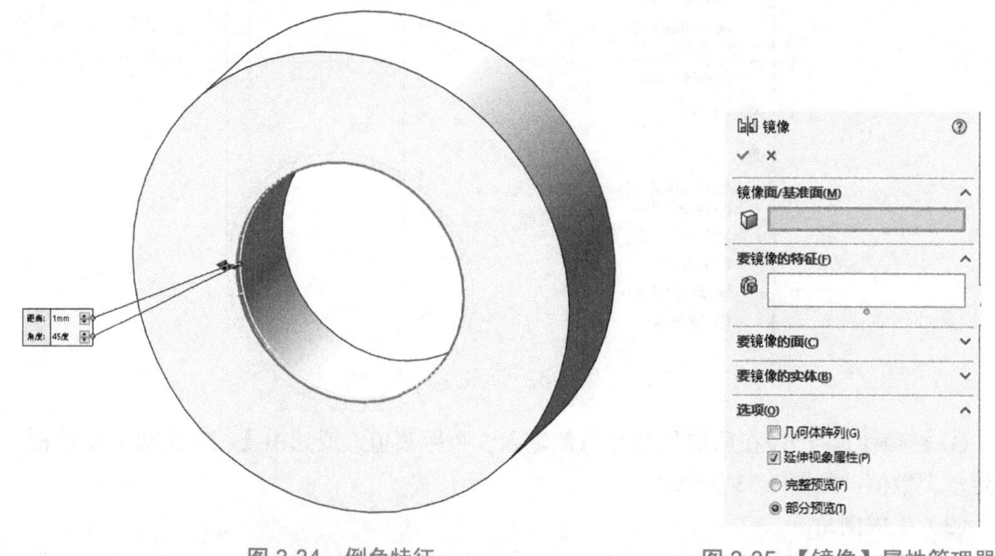

图 3-34　倒角特征　　　图 3-35　【镜像】属性管理器

（2）【镜像】属性管理器

① （镜像面 / 基准面）：指定要镜像的平面，选择基准面或平面。

② （要镜像的特征）：指定要镜像的特征，选择一个或多个特征，如图 3-36 所示。

③ （要镜像的面）：指定要镜像的面，在图形区域中选择欲构成镜像特征的面，如图 3-37 所示。

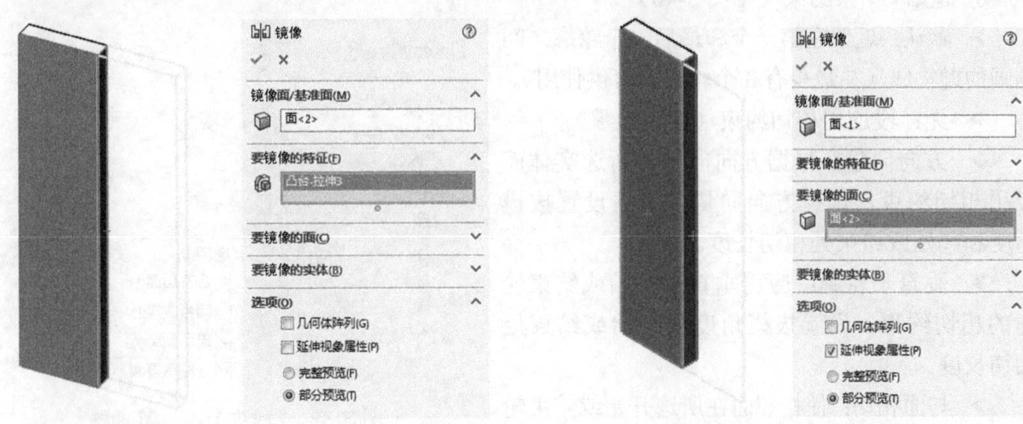

图 3-36　要镜像的特征　　图 3-37　要镜像的面

④ （要镜像的实体）：指定要镜像的实体和曲面实体，选择一个或多个实体，如图 3-38 所示。

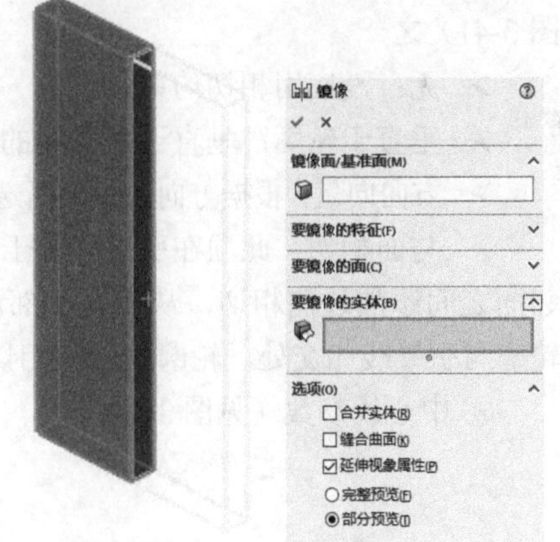

图 3-38　要镜像的实体

⑤ 合并实体（可用于镜像实体）：将源实体和镜像的实体合并为一个实体。

⑥ 缝合曲面（可用于镜像曲面实体）：将源曲面实体和镜像的曲面实体合并为一个曲面实体。

⑦ 几何体阵列：如果选中此复选框，则可以选择镜像整个阵列或阵列中任意一个特征，如果没有选中此复选框，则只能镜像阵列的原特征。在多实体零件中将一个实体的特征镜像到另一个实体时必须选中此复选框。

⑧ 延伸视象属性：合并源项目和镜像的项目的视象属性（例如，颜色、纹理和装饰螺纹数据）。

3. 放样特征

放样是指连接多个剖面或轮廓形成基体、凸台、曲面或切除，通过在轮廓之间进行过渡来生成特征。

（1）打开放样特征

放样就是利用生成的一个面或模型边线的轮廓再建立一个新的基准面，用来放置另一个草图轮廓。首先，单击【特征】工具栏中的“放样”工具按钮，或选择菜单栏中的【插入】/【凸台 / 基体】/【放样特征】命令，在打开放样特征时，图形区域左侧会出现【放样】属性管理器，如图 3-39 所示。

（2）【放样】属性管理器

① 轮廓。

➢ （轮廓）：决定用来生成放样的轮廓，选择要连接的草图轮廓、面或边线，放样根据轮廓选择的顺序而生成。

➢ ⬆、⬇（上移和下移）：选择轮廓并调整轮廓顺序，如果放样预览显示不理想的放样，重新选择或将草图重新组序以在轮廓上连接不同的点。

② 起始 / 结束约束（见图 3-40）。

➢ 默认：近似在第一个和最后一个轮廓之间刻画的抛物线（在最少有 3 个轮廓时可供使用）。

➢ 无：没应用相切约束（曲率为零）。

➢ 方向向量：根据方向向量的所选实体而应用相切约束，选择方向向量，然后设置拔模角度和起始或结束处相切长度。

➢ 垂直于轮廓：应用垂直于开始或结束轮廓的相切约束，设置拔模角度和起始或结束处相切长度。

➢ 与面相切：使相邻面在所选开始或结束轮廓处相切（在将放样附加到现有几何体时可用）。

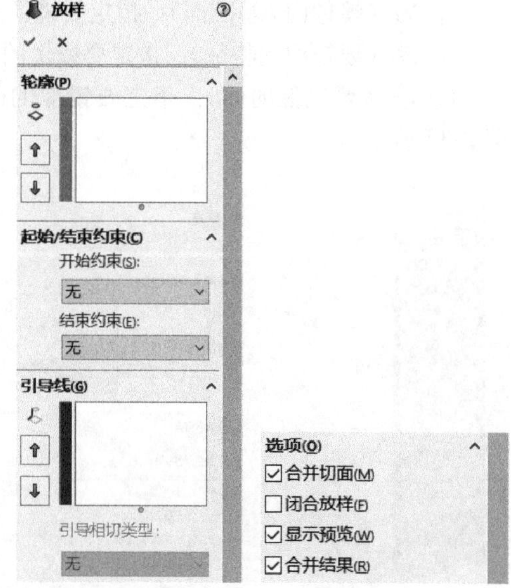

图 3-39 【放样】属性管理器

➢ 与面的曲率：在所选开始或结束轮廓处应用平滑、具有美感的曲率连续放样（在将放样附加到现有几何体时可用）。

③ （引导线）：选择引导线来控制放样与引导线相遇处的相切。选择以下选项（见图 3-41）之一。

➢ 无：没应用相切约束。

➢ 垂直于轮廓：垂直于引导线的基准面应用相切约束，设定拔模角度。

➢ 方向向量：根据方向向量的所选实体而应用相切约束，选择方向向量，然后设置拔模角度。

➢ 与面相切：此项在引导线位于现有几何体的边线上时可用，在位于引导线路径上的相邻面之间添加边侧相切，从而在相邻面之间生成更平滑的过渡，为获得最佳的效果，在每个轮廓与引导线相交处，轮廓还应与相切面相切。

④ 中心线参数（见图 3-42）。

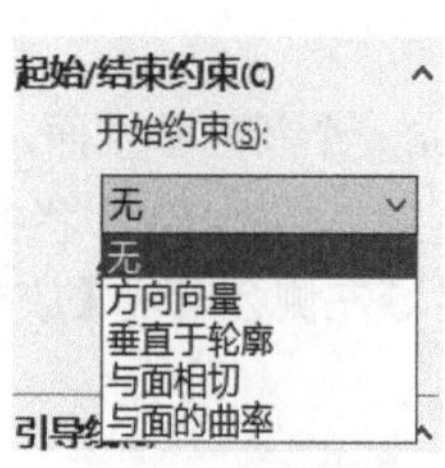

图 3-40 约束类型

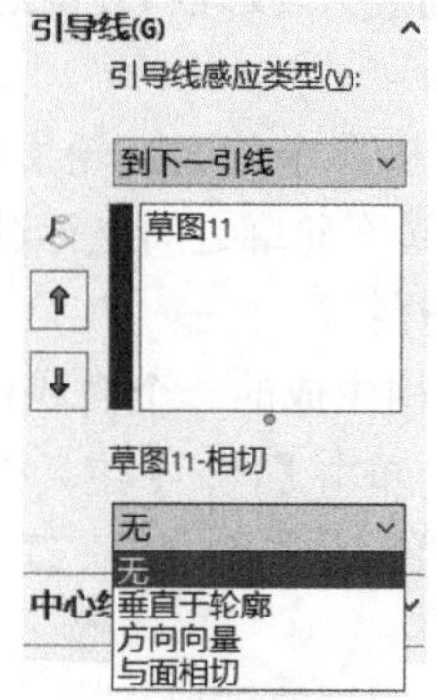

图 3-41 引导线约束

➢ （中心线参数）：使用中心线引导放样形状，在图形区域中选择一草图，中心线可与

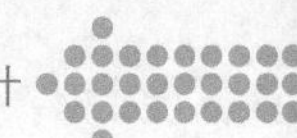

引导线同时存在。

➢ 截面数：在轮廓之间并绕中心线添加截面，移动滑杆来调整截面数。

➢ （显示截面）：显示放样截面，单击箭头来显示截面，也可输入截面编号，然后单击“显示截面”按钮，以跳到该截面。

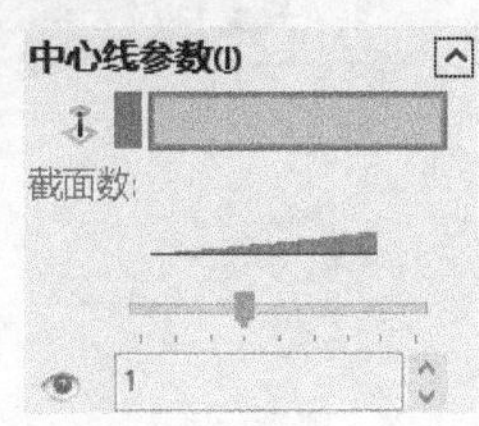

图 3-42　中心线参数

⑤ 曲率显示（见图 3-43）。

➢ 网格预览：在已选面上应用预览网格，以更好、更直观地显示曲面。

➢ 斑马条纹：显示斑马条纹，以便更容易看到曲面褶皱或缺陷。

➢ 曲率检查梳形图：激活曲率检查梳形图显示。

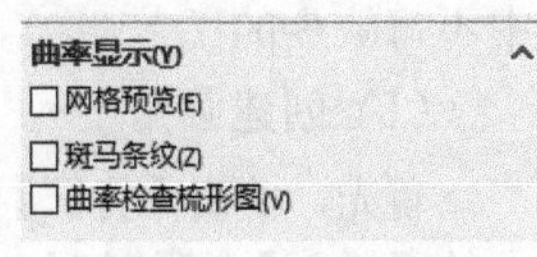

图 3-43　曲率显示

⑥ 选项。

➢ 合并切面：如果对应的放样线段相切，则使所生成的放样中的对应曲面保持相切。保持相切的面可以是基准面、圆柱面或锥面，其他相邻的面被合并，截面被近似处理。草图圆弧可以转换为样条曲线，如图 3-44 所示。

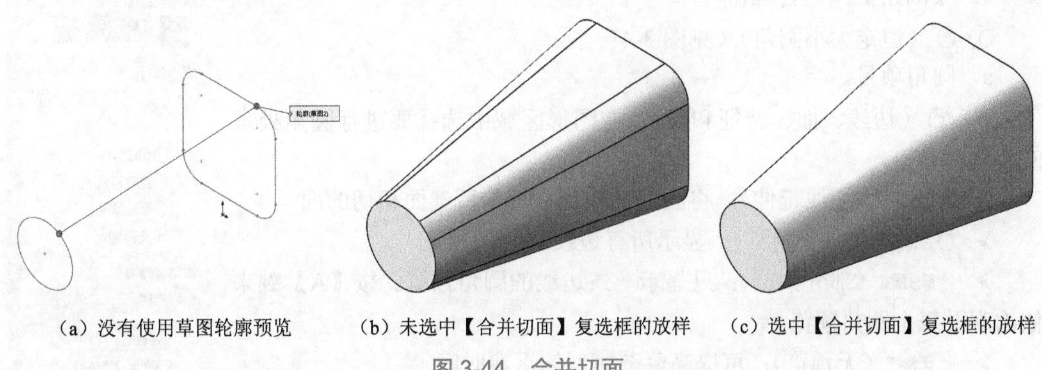

（a）没有使用草图轮廓预览　（b）未选中【合并切面】复选框的放样　（c）选中【合并切面】复选框的放样

图 3-44　合并切面

➢ 闭合放样：沿放样方向生成一闭合实体。选中此复选框自动连接最后一个和第一个草图，如图 3-45 所示。

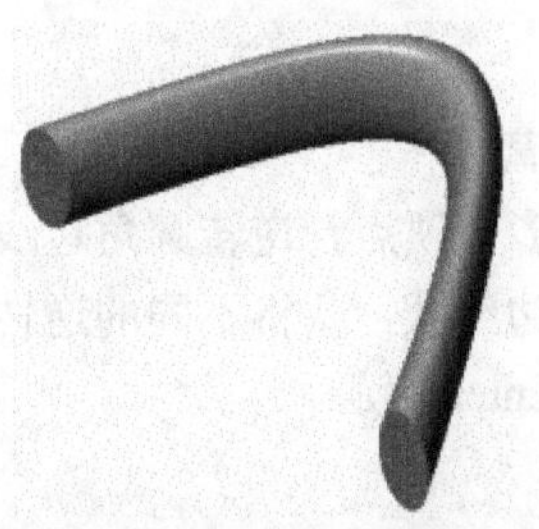

（a）未选中【闭合放样】复选框的放样

（b）选中【闭合放样】复选框的放样

图 3-45　闭合放样

➢ 显示预览：取消选中此复选框则只观看路径和引导线，还可以右击并在快捷菜单上在透明预览和不透明预览之间进行切换，如图 3-46 所示。

➢ 合并结果：合并所有放样要素，取消选中此复选框则不合并所有放样要素。

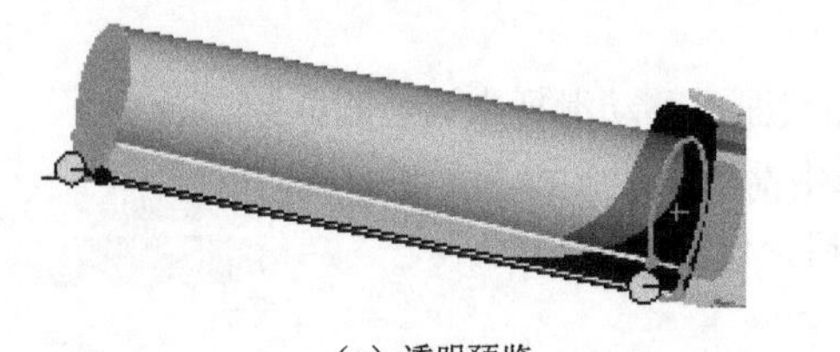

（a）透明预览

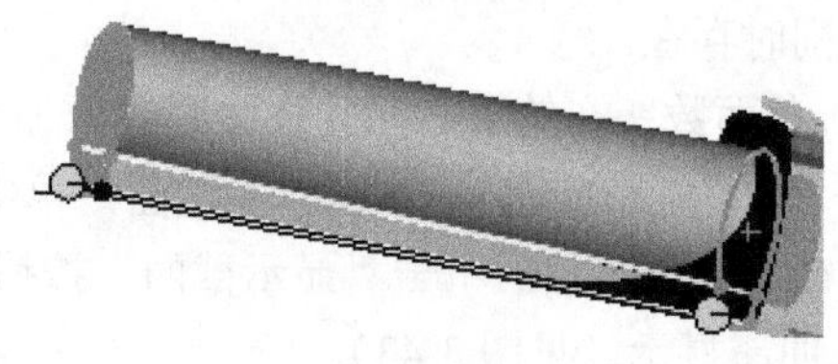

（b）不透明预览

图 3-46　显示预览

4. 圆角特征

对零件的边或角创建圆角特征，可便于搬运、装配以及避免应力集中，是机械加工过程中不可缺少的工艺。

（1）创建圆角

首先，单击【特征】工具栏中的“圆角”工具按钮，或者选择菜单栏中的【插入】/【特征】/【圆角】命令，在打开圆角特征时，在图形区域左侧会弹出【圆角】属性管理器，如图 3-47 所示。

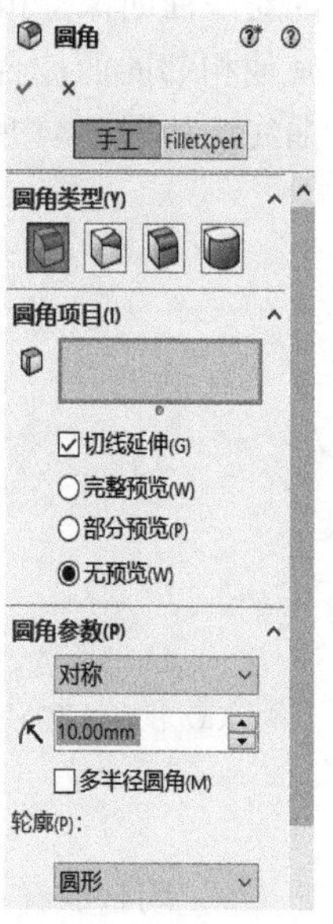

图 3-47 【圆角】属性管理器（一）

（2）【圆角】属性管理器

① （恒定大小圆角）（见图 3-47）。

a．圆角项目。

➢ （边线、面、特征和环）：在图形区域中选择要进行圆角处理的实体。

➢ 切线延伸（切线延伸）：将圆角延伸到所有与所选面相切的面。

➢ 完整预览（完整预览）：显示所有边线的圆角预览。

➢ 部分预览（部分预览）：只显示一条边线的圆角预览。按【A】键来依次观看每个圆角预览。

➢ 无预览（无预览）：可提高复杂模型的重建时间。

b．圆角参数。

➢ 对称（对称）：创建一个由半径定义的对称圆角。

➢ 非对称（非对称）：创建一个由两个半径定义的非对称圆角。

➢ （半径）：设定圆角半径。

c．逆转参数（见图 3-48）。

➢ （距离）：从顶点测量而设定圆角逆转距离。

➢ （逆转顶点）：在图形区域中选择一个或多个顶点。逆转圆角边线在所选顶点汇合。

➢ （逆转距离）：以相应的逆转距离值列出边线数，要将不同的逆转距离应用到边线，在逆转距离中选取一条边线，然后设置距离并按【Enter】键。

d．圆角选项。

➢ 通过面选择（通过面选择）：若选中此复选框，则通过隐藏边线的面选择边线。

➢ 保持特征（保持特征）：如果应用一大到可覆盖特征的圆角半径，则保持切除或凸台特征可见；取消选中此复选框以包含使用圆角的切除或凸台特征。

➢ 圆形角（圆形角）：生成带圆形角的固定尺寸圆角，必须选择至少两个相邻边线来圆角化，带圆形角的圆角在边线之间有一平滑过渡，可消除边线汇合处的尖锐接合点，如图 3-49 所示。

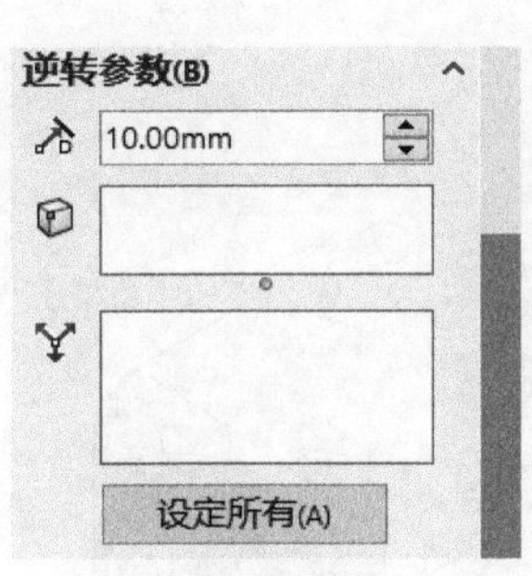

图 3-48　逆转参数

（a）应用无圆形角的固定尺寸圆角

（b）应用带圆形角的固定尺寸圆角

图 3-49　圆形角

e．扩展方式（见图 3-50）。

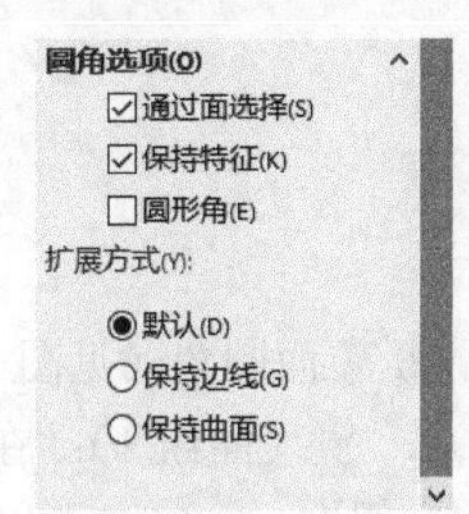

图 3-50　圆角选项与扩展方式

➢ ◉默认（默认）：由应用程序选中【保持边线】或【保持曲面】单选按钮。

➢ ◎保持边线（保持边线）：模型边线保持不变，而圆角则调整。

➢ ◎保持曲面（保持曲面）：圆角边线调整为连续和平滑，而模型边线更改至与圆角边线匹配。

②（变量大小圆角）（见图 3-51）。

a．圆角项目。

➢ ☑切线延伸（切线延伸）：将圆角延伸到所有与所选面相切的面。

➢ ◉完整预览（完整预览）：显示所有边线的圆角预览。

➢ ◎部分预览（部分预览）：只显示一条边线的圆角预览。按【A】键来依次观看每个圆角预览。

➢ ◎无预览（无预览）：可提高复杂模型的重建时间。

b．变半径参数。

➢（附加的半径）：列出在【圆角项目】选项组为【边线、面、特征和环】选择的边线顶点，并列出在图形区域中选择的控制点。

➢（半径）：设定圆角半径，在附加的半径中选择要应用到半径的顶点。如果对闭合样条曲线进行圆角处理，且圆角的半径在任意点都大于样条曲线边线的曲率，则可能会生成不希望出现的几何体。

➢ 设定所有(A)（设定所有）：将当前半径应用到附加的半径下的所有项目。

➢（实例数）：设定边线上的控制点数。

➢ ◉平滑过渡（平滑过渡）：生成一个圆角，当一个圆角边线接合于一个邻近面时，圆角半径从一个半径平滑地变化为另一个半径。

➢ ◉直线过渡（直线过渡）：生成一个圆角，圆角半径从一个

图 3-51　【圆角】属性管理器（二）

半径线性变化成另一个半径，但是不将切边与邻近圆角匹配。

其他选项与恒定大小圆角相同。

变量大小圆角效果如图 3-52 所示。

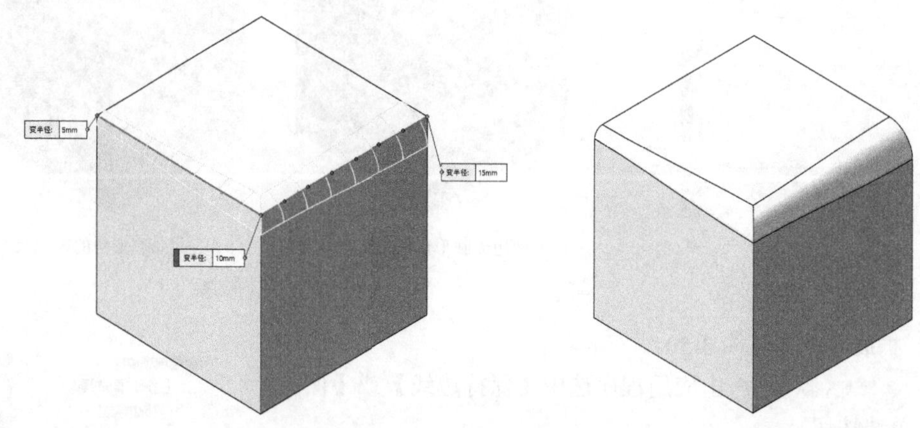

图 3-52　变量大小圆角

③ 面圆角（见图 3-53）。

a. （面组 1）：在图形区域中选择要混合的第一个面或第一组面。

b. （面组 2）：在图形区域中选择要与面组 1 混合的面。

c. 圆角参数。

➢ 对称：创建一个由半径定义的对称圆角，如图 3-54 所示。

（距离 1）：设置圆角 1 侧的半径。

（距离 2）：设置圆角 2 侧的半径。

➢ 弦宽度：创建一个由弦宽度定义的圆角，如图 3-55 所示。

➢ （弦宽度）：在相邻曲面之间创建更为光顺的曲率。

➢ 非对称：创建一个由两个半径定义的非对称圆角，如图 3-56 所示。

（距离 1）：设置圆角一侧的半径。

（距离 2）：设置圆角另一侧的半径。

➢ （反向）：反转圆角距离 1 和距离 2 定义的两侧的半径。

➢ 包络控制线：创建一个形状取决于零件边线或投影的分割线的面圆角，如图 3-57 所示。

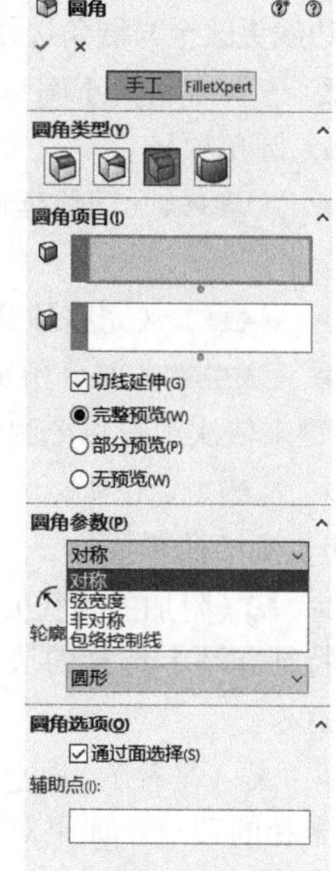

图 3-53 【圆角】属性管理器（三）

➢ 包络控制线边线：选择零件上一边线或面上一投影分割线作为决定面圆角形状的边界，圆角的半径由控制线和要圆角化的边线之间的距离驱动。

面圆角效果如图 3-58 所示。

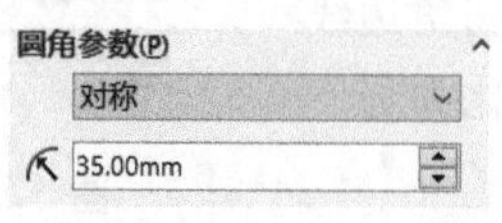

图 3-54　对称

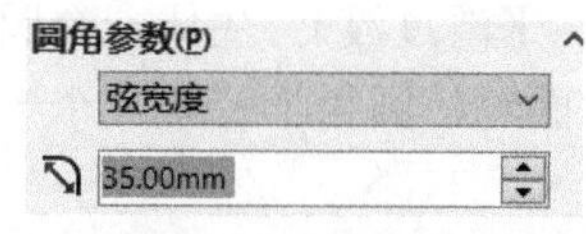

图 3-55　弦宽度

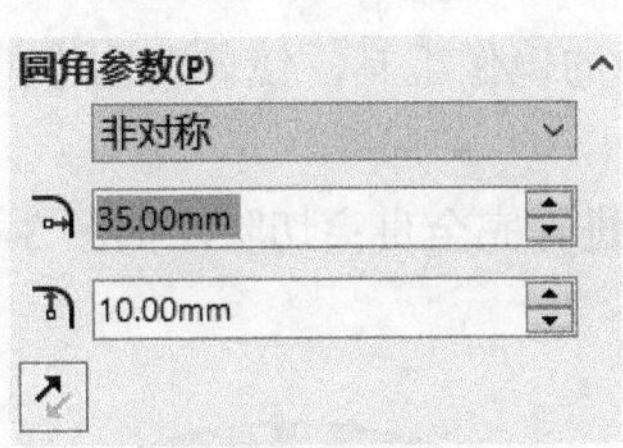

图 3-56 非对称

图 3-57 包络控制线

④ 完整圆角（见图 3-59）。

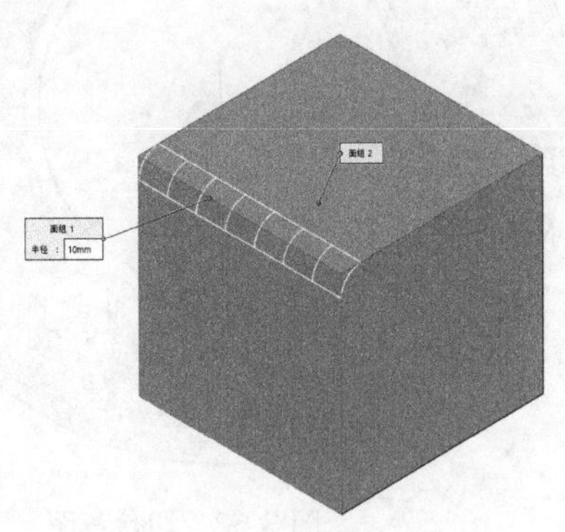

图 3-58 面圆角

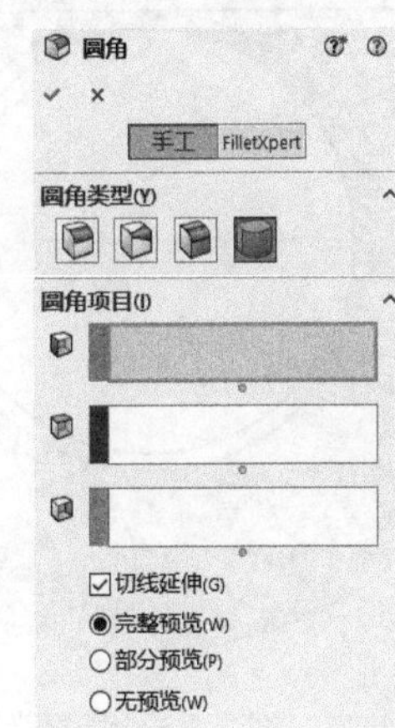

图 3-59 【圆角】属性管理器（四）

- ➤ （边侧面组 1）：选择第一个边侧面。
- ➤ （中央面组）：选择中央面。
- ➤ （边侧面组 2）：选择与边侧面组 1 相反的面组。

完整圆角效果如图 3-60 所示。

四、完成连接座设计

（1）按照图 3-61 所示进行草图绘制。

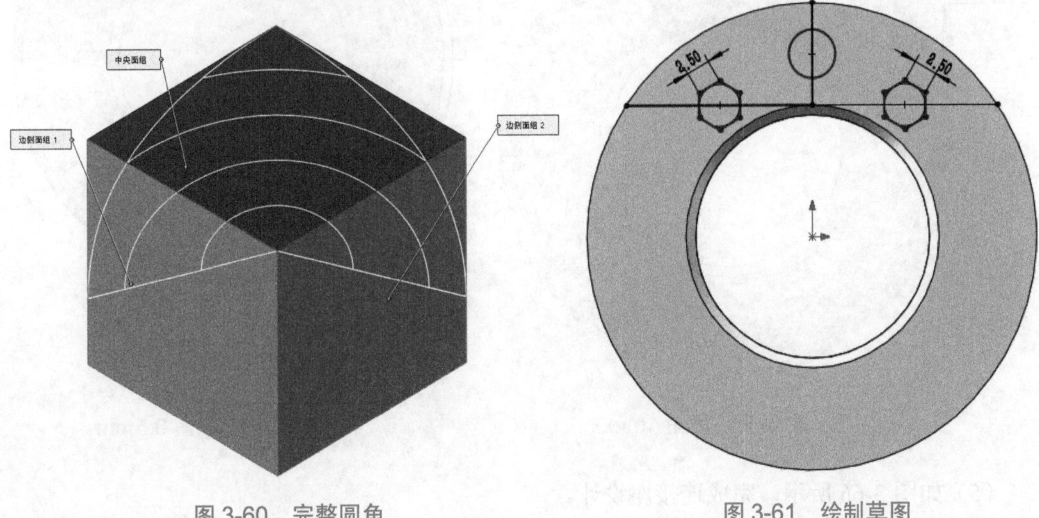

图 3-60 完整圆角

图 3-61 绘制草图

（2）在圆柱中绘制一条横中心线，使用草图特征中的镜像工具，镜像草图中的 2 个六边形和 1 个圆形，如图 3-62 所示。

（3）单击“拉伸切除”按钮，对草图上的所有圆，进行完全贯穿切除，如图 3-63 所示。

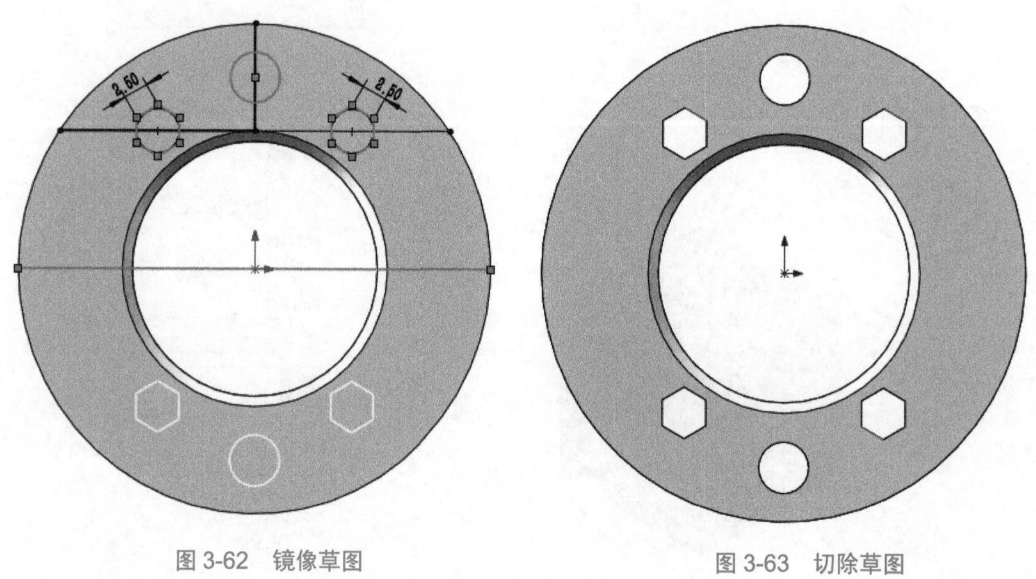

图 3-62　镜像草图

图 3-63　切除草图

（4）按照图 3-64 与图 3-65 所示，创建倒角特征。

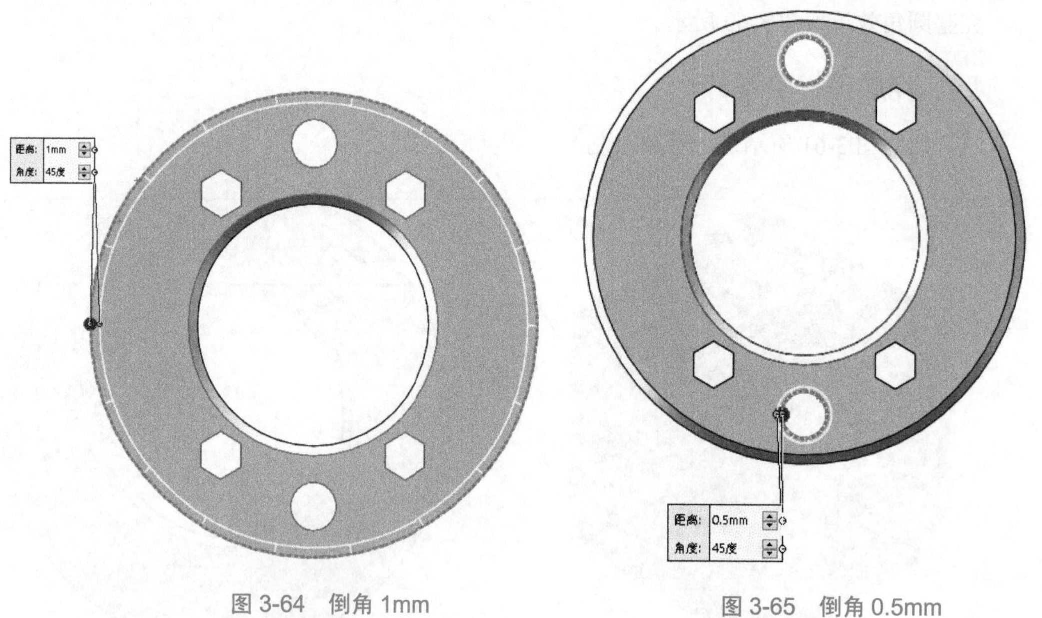

图 3-64　倒角 1mm

图 3-65　倒角 0.5mm

（5）如图 3-66 所示，完成连接座设计。

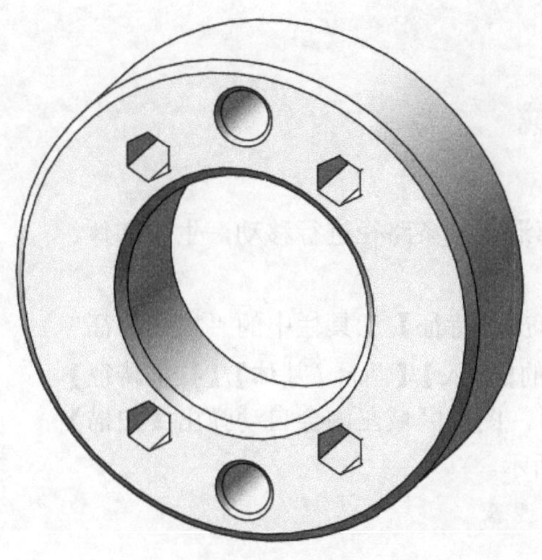

图 3-66　完成连接座

【任务回顾】

一、知识点总结

1. 放样是指连接多个剖面或轮廓形成基体、凸台、曲面或切除，通过在轮廓之间进行过渡来生成特征。

2. 在零件或装配体文档中生成基准面。可以使用基准面来绘制草图，生成模型的剖面视图，以用于拔模特征中的中性面等。

二、思考与练习

1. 在阵列特征中，（　　）不能作为方向参数。

A. 圆形轮廓边线　　　　B. 角度尺寸　　　　C. 线性轴

2. 镜像特征是指______________________________为参考面。

任务二　笔芯设计

【任务描述】

早上 Aaron 把 Dwight 叫到了办公室。

Aaron: Dwight，你们的工作进行得怎么样了？

Dwight: 我们对笔形工具的连接座工具的建立已经完成了。

（Aaron 非常专注地听着 Dwight 所描述的）

Dwight: 在学习各种特征时，我发现扫描这个特征可以解决非常多的问题，接下来我想要学习扫描这一特征。

【知识学习】

一、笔芯扫描生成

1. 扫描特征

扫描特征是某一轮廓沿着一条路径进行移动，生成基体、凸台、曲面的一种特征。

在非草图状态下，单击【特征】工具栏中的“扫描特征”按钮，或选择菜单栏中的【插入】/【凸台 / 基体】/【扫描特征】命令。在打开扫描特征时，图形区域左侧会自动弹出【扫描】属性管理器，如图 3-67 所示。

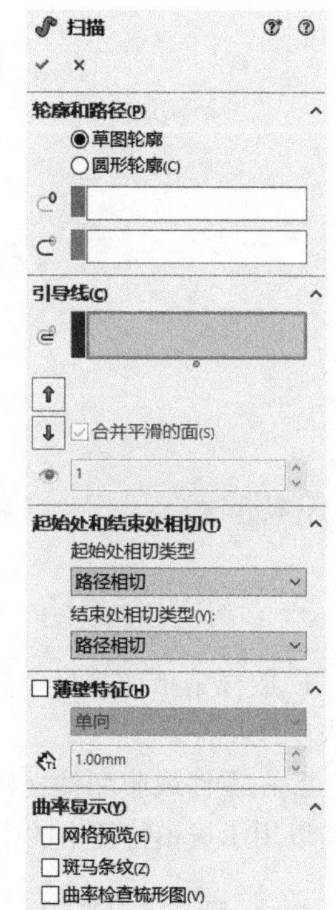

图 3-67 【扫描】属性管理器

2. 【扫描】属性管理器

（1）轮廓和路径

① 草图轮廓。

（轮廓）：在图形区域中选择扫描的轮廓。

（路径）：在图形区域中选择扫描的路径。

② 圆形轮廓。

（路径）：在图形区域中选择扫描的路径。

（直径）：可以设置圆的直径。

（2）引导线

①（引导线）：在轮廓沿路径扫描时加以引导。在图形区域选择引导线。

②、（上移 / 下移）：调整引导线的顺序。选择一引导线调整轮廓顺序。

③ 合并平滑的面：选中此复选框后扫描出的实体会更加自然，并在引导线或路径不是曲率连续的所有点处分割扫描，因此，引导线中的直线和圆弧会更精确地匹配，如图 3-68 所示。

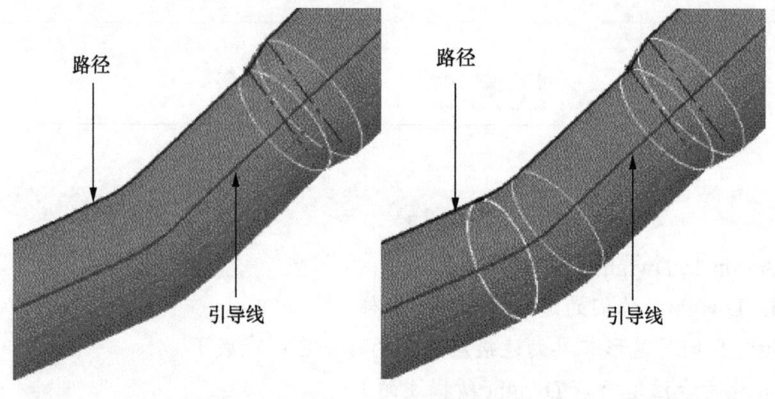

（a）选中【合并平滑的面】复选框　（b）取消选中【合并平滑的面】复选框

图 3-68　合并平滑的面

④（显示截面）：显示扫描的截面，如图 3-69 所示。

(3) 选项（见图 3-70）

① 轮廓方位。

控制轮廓（图中未显示）：在沿着路径扫描时的方向。

随路径变化：截面相对于路径时刻处于同一角度。

② 轮廓扭转。

无：垂直于轮廓而对齐轮廓。

最小扭转（图中未显示）：应用纠正以沿路径最小化轮廓扭转。

指定方向向量（图中未显示）：选择一基准面、平面、直线、边线、圆柱、轴、特征上顶点组等来设定方向向量。

与相邻面相切（图中未显示）：将扫描附加到现有几何体时可用，使相邻面在轮廓上相切。

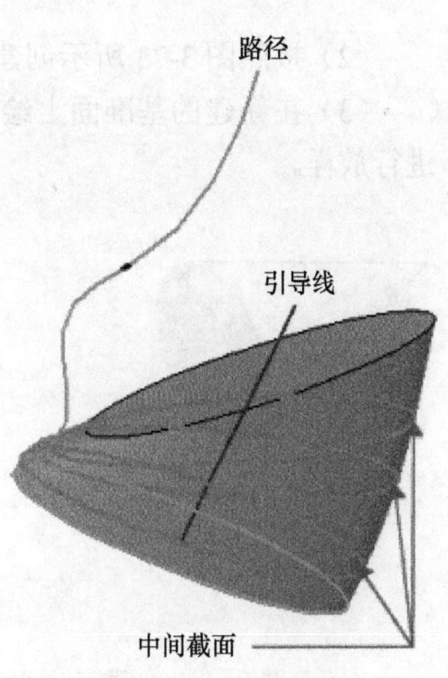

图 3-69　显示截面

(4) 起始处和结束处相切（见图 3-71）

① 起始处相切类型。

无：未应用相切。

路径相切（图中未显示）：垂直于开始点路径而生成扫描。

② 结束处相切类型。

无：未应用相切。

路径相切（图中未显示）：垂直于结束点路径而生成扫描。

对【扫描】属性管理器设置完成后，单击属性管理器左上角的“确定”按钮 ✔ 完成扫描特征。

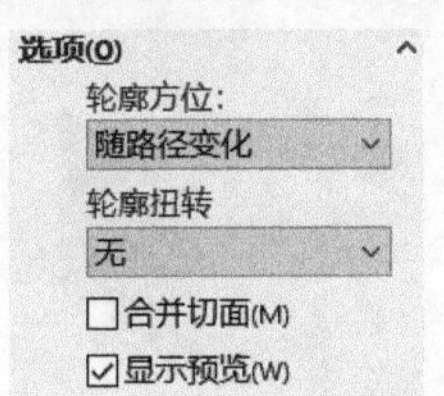

图 3-70　扫描选项

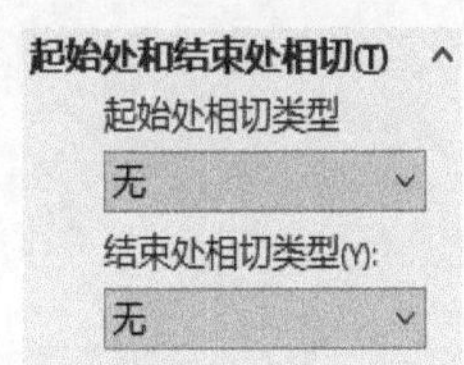

图 3-71　扫描起始处 / 结束处相切

3. 初步创建笔芯工具

(1) 首先在前视基准面中进行笔尖的创建，使用草图圆工具在前视基准面中绘制一个直径为 10mm 的圆，再使用拉伸特征中的拔模工具，如图 3-72 所示。

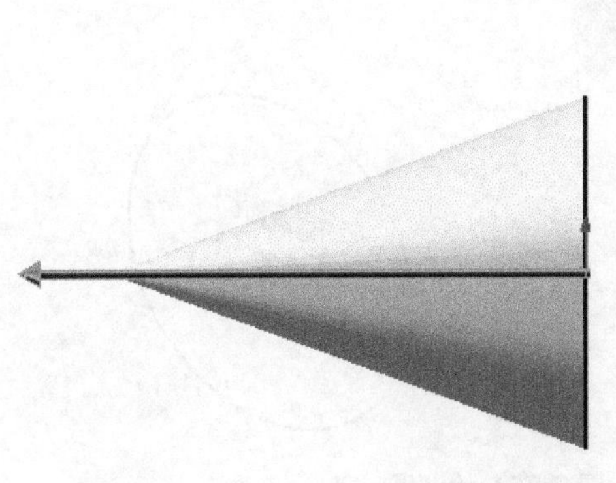

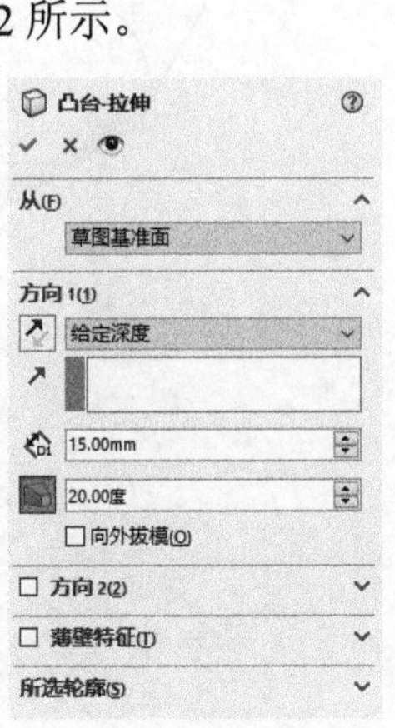

图 3-72　拔模

（2）按照图 3-73 所示创建一个距离面 20mm 的基准面。

（3）在新建的基准面上绘制一个与笔尖圆大小相同的圆，使用放样工具，如图 3-74 所示进行放样。

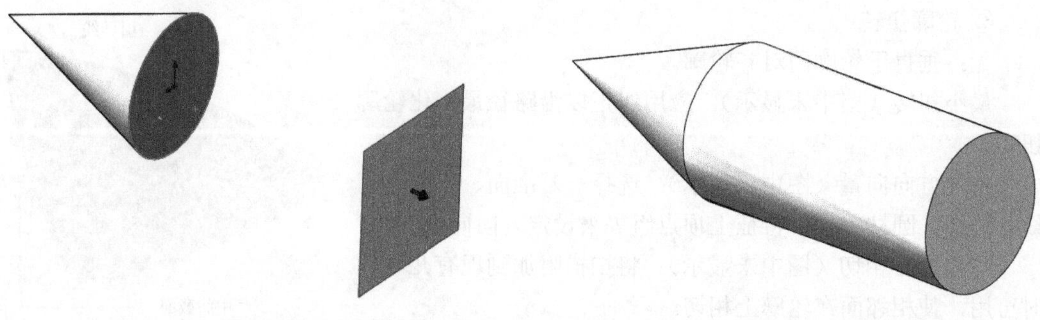

图 3-73　创建基准面　　　　图 3-74　放样

（4）在放样出的面上，创建一个距离为 50mm 的基准面，如图 3-75 所示。

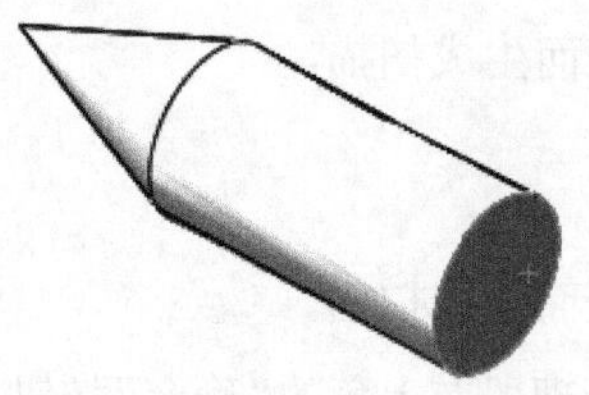

图 3-75　创建基准面

（5）在基准面上绘制一个直径为 50mm 的圆，如图 3-76 所示。

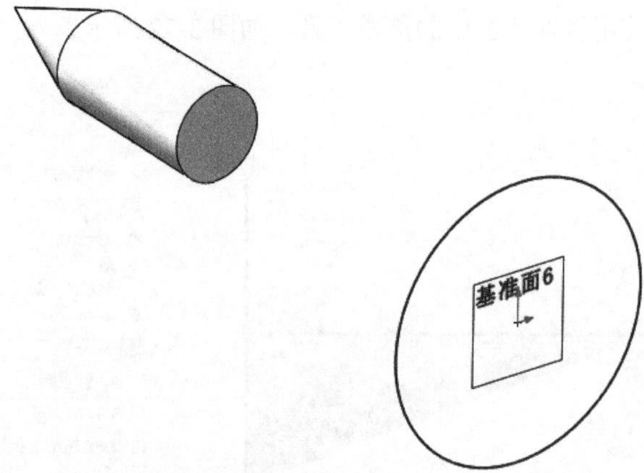

图 3-76　绘制圆

（6）使用放样特征，如图 3-77 所示进行放样。

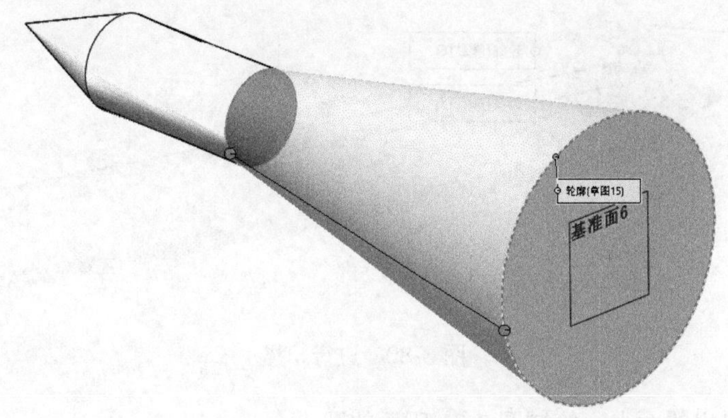

图 3-77　进行放样

（7）在放样出的面上绘制一个六边形，如图 3-78 所示。

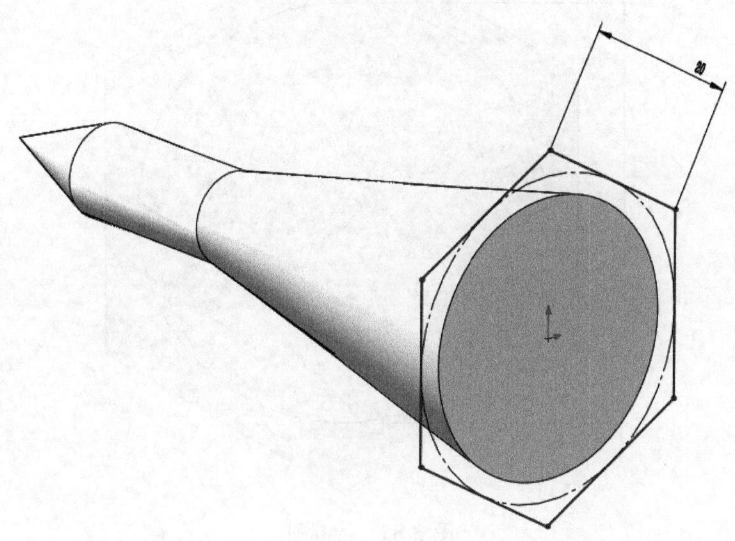

图 3-78　绘制六边形

（8）退出草图，在右视基准面中创建草图，如图 3-79 所示，绘制一条 250mm 长的直线。

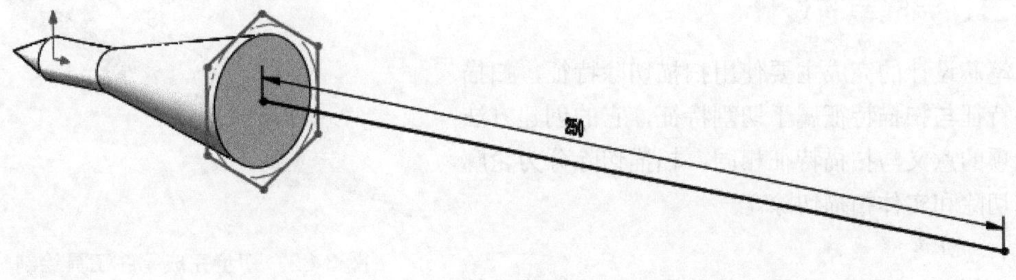

图 3-79　绘制直线

（9）使用扫描特征，对六边形进行扫描，引导线为绘制的直线，如图 3-80 所示。

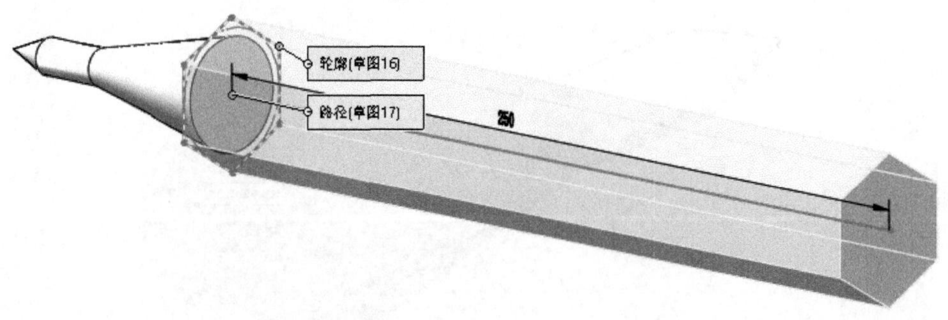

图 3-80　进行扫描

（10）在扫描出的面上，绘制图 3-81 所示的圆。

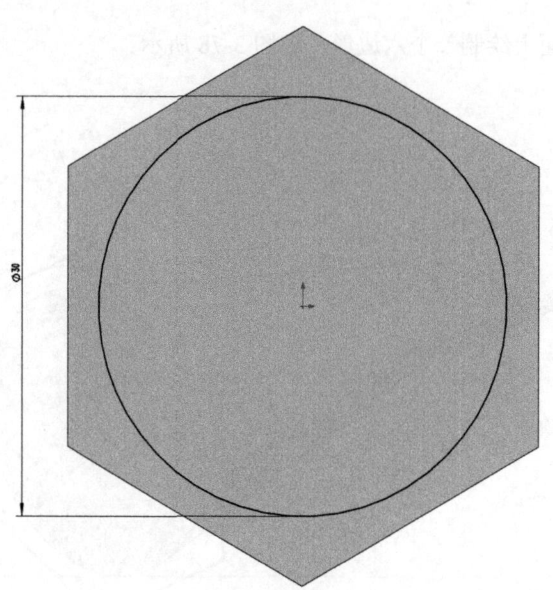

图 3-81　绘制圆

（11）使用拉伸特征对圆进行拉伸，长度为 25mm，初步完成笔芯工具的绘制，如图 3-82 所示。

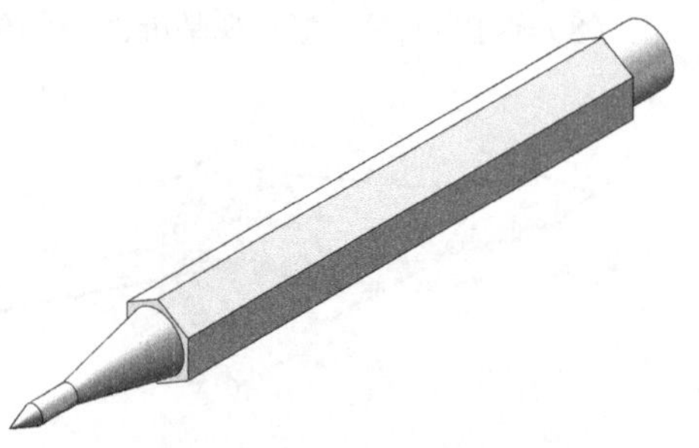

图 3-82　初步完成笔芯工具绘制

二、完成笔芯设计

笔芯设计的完成主要使用扫描切除特征，扫描切除特征与扫描特征属于切割特征，它的创建方法和选项的意义与扫描特征相同，扫描切除分为轮廓扫描切除和实体扫描切除。

1．创建螺旋线

在创建扫描切除特征之前首先要进行螺旋线的

绘制，我们首先来学习一下绘制螺旋线。其各项设置在【螺旋线 / 涡状线】属性管理器中进行，如图 3-83 所示。

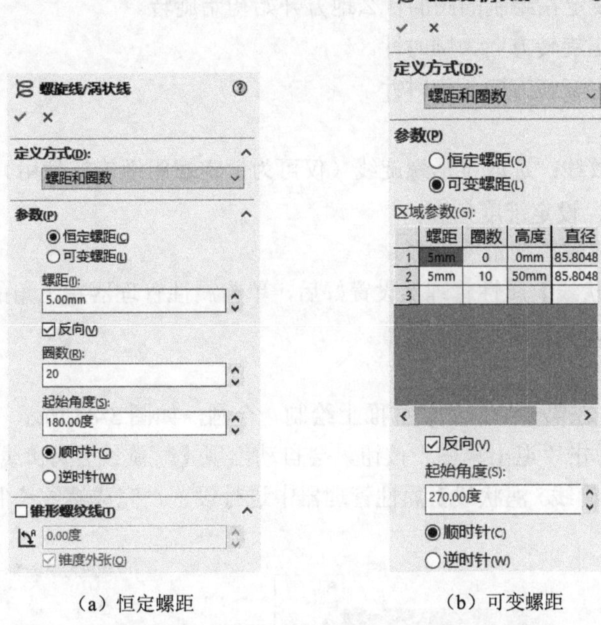

（a）恒定螺距　　　　（b）可变螺距

图 3-83 【螺旋线 / 涡状线】属性管理器

（1）【螺旋线 / 涡状线】属性管理器设置

选择菜单栏中的【插入】/【曲线】/【螺旋线 / 涡状线】命令，打开【螺旋线 / 涡状线】属性管理器，进行设置。

① 定义方式。指定曲线类型（螺旋线或涡状线）及使用哪些参数来定义曲线。选取以下选项之一。

➢ 螺距和圈数：生成由螺距和圈数所定义的螺旋线。

➢ 高度和圈数：生成由高度和圈数所定义的螺旋线。

➢ 高度和螺距：生成由高度和螺距所定义的螺旋线。

➢ 涡状线：生成由螺距和圈数所定义的涡状线。

② 参数。

设定曲线参数：在定义方式下所做的选择决定哪些参数可供使用。

a．恒定螺距：生成带恒定螺距的螺旋线。

b．可变螺距：生成带有可变螺距（根据指定的区域参数而变化的螺距）的螺旋线。

c．区域参数：（仅限可变螺距螺旋线）为螺旋线上的区域设定旋转数（圈数）、高度、直径及螺距，处于不活动状态或只作为信息的参数以灰色显示。

➢ 高度：设定螺纹线高度。

➢ 螺距：设定旋转之间的距离。

➢ 直径：设定曲线旋转之间的径向距离。

➢ 圈数：设定旋转圈数。

d. 反向。

➢ 对于螺旋线：从原点开始往后延伸螺旋线。

➢ 对于涡状线：生成向内涡状线。

e. 起始角度：设定在绘制的圆的什么地方开始初始旋转。

➢ 顺时针：设定旋转方向为顺时针。

➢ 逆时针：设定旋转方向为逆时针。

③ 锥形螺纹线。

➢ 生成锥形螺纹线：选取锥形螺旋线（仅可为恒定螺距螺旋线使用）。

➢ 锥度角度：设定锥度角度。

➢ 锥度外张：将螺旋线锥度外张。

对【螺旋线 / 涡状线】属性管理器设置好后，单击属性管理器左上角的“确定”按钮 ✔，完成螺旋线绘制的设置。

（2）绘制螺旋线

① 打开螺旋线，在需要绘制螺纹的面上绘制一个圆，如图 3-84 所示。

图 3-84　绘制圆

② 绘制完成后单击“退出草图”按钮，会自动出现【螺旋线 / 涡状线】属性管理器，在【螺旋线 / 涡状线】属性管理器中进行设置，完成螺纹绘制，如图 3-85 所示。

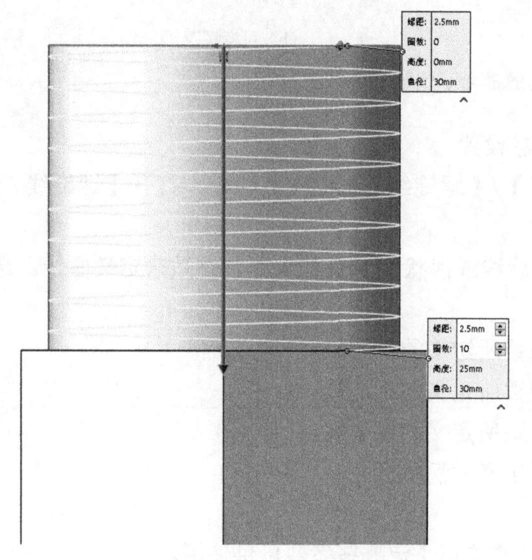

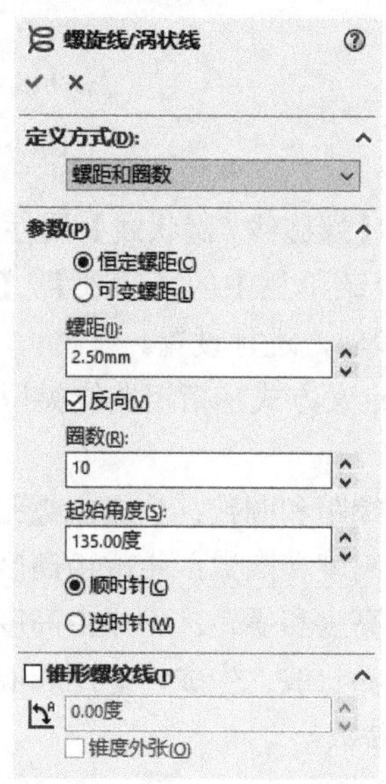

图 3-85　设置螺纹

2. 创建扫描切除

① 打开【切除 - 扫描】属性管理器，选中【圆形轮廓】单选按钮，如图 3-86 所示，在草图上选择螺旋线。

② 对扫描切除的属性进行设定（扫描切除的属性与扫描基体的属性相同），选择螺旋线进行切除，如图 3-87 所示。

③ 然后单击【切除 - 扫描】属性管理器左上角的“确定”按钮 ✔，完成扫描切除，如图 3-88 所示。

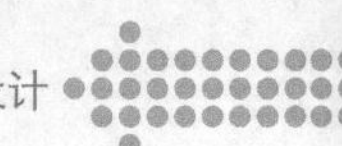

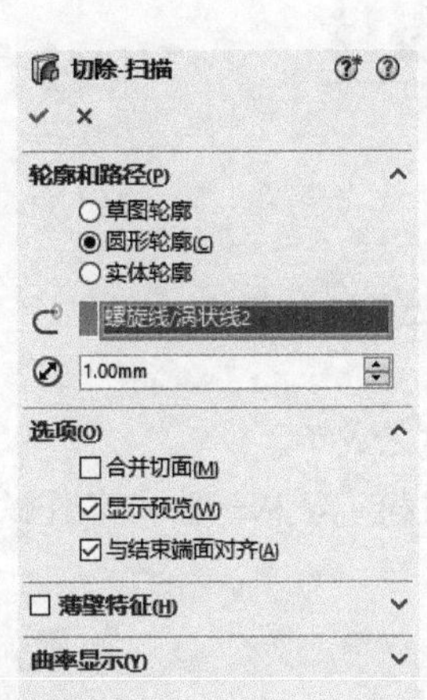

图 3-86 【切除 - 扫描】属性管理器

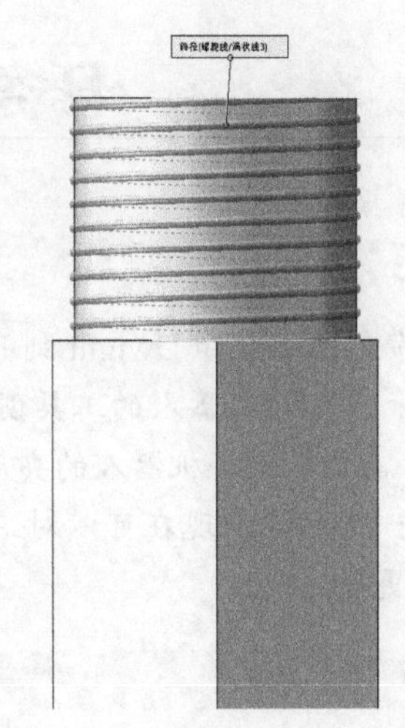

图 3-87　选择螺旋线进行切除

④ 完成笔芯工具，如图 3-89 所示。

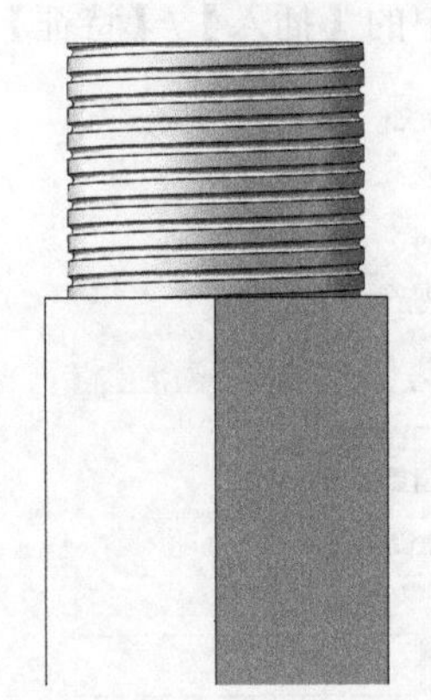

图 3-88　完成扫描切除

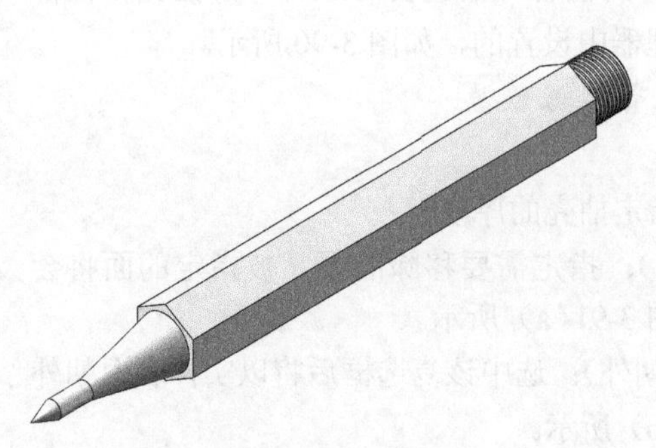

图 3-89　完成笔芯工具

【任务回顾】

一、知识点总结

1. 扫描特征是某一轮廓沿着一条路径进行移动，生成基体、凸台、曲面的一种特征。

2. 扫描切除特征与扫描特征属于切割特征，它的创建方法和选项的意义与扫描特征相同，扫描切除分为轮廓扫描切除和实体扫描切除。

二、思考与练习

1. 在扫描特征中一共有（　　）轮廓。

A. 3 种　　B. 2 种　　C. 1 种

2. 进行扫描切除时，在（　　）打开螺旋线。

A.【特征】工具栏　　B.【草图】工具栏　　C.【菜单】工具栏

任务三　笔盖设计

【任务描述】

Aaron 带着 Taylor 和 Dwight 到 Herbert 的办公室进行工作汇报。

Herbert：你们对机器人的工具创建得怎么样了？

Aaron：我们已经将机器人的夹爪工具零部件创建完成了。

Herbert：嗯，你们现在可以对工作站进行部分建模了，从一些小零件做起，我觉得进步应该会更快。

【知识学习】

一、笔盖抽壳特征

1. 打开抽壳特征

单击【特征】工具栏中的“抽壳”工具按钮，或选择在菜单栏中的【插入】/【特征】命令，打开抽壳特征时属性管理器也会随之打开，抽壳特征都是在【抽壳】属性管理器中设置的，如图 3-90 所示。

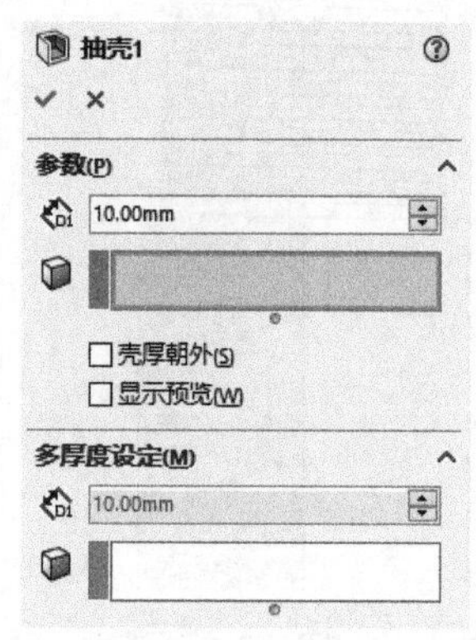

图 3-90 【抽壳】属性管理器

2.【抽壳】属性管理器设置

（1）参数

①（厚度）：指定抽壳的厚度。

②（移除的面）：指定需要移除的面，被指定的面将会成为抽壳的开口，如图 3-91（a）所示。

③ ☑壳厚朝外（壳厚朝外）：选中该复选框后将以实体表面朝外增加厚度，如图 3-91（b）所示。

④ ☑显示预览（显示预览）：可在图形区域中预览抽壳效果，如图 3-91（c）所示。

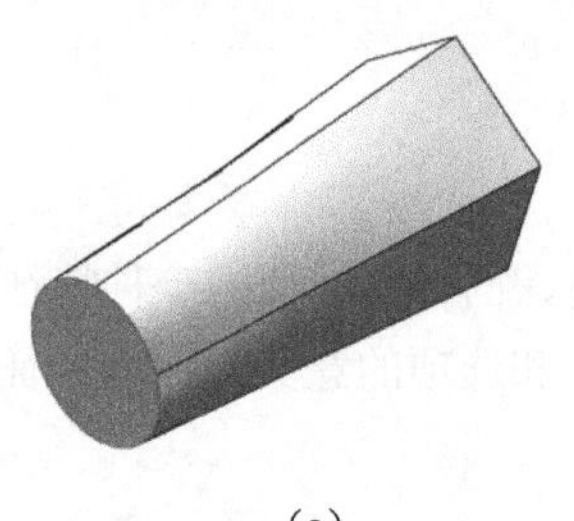

（a）

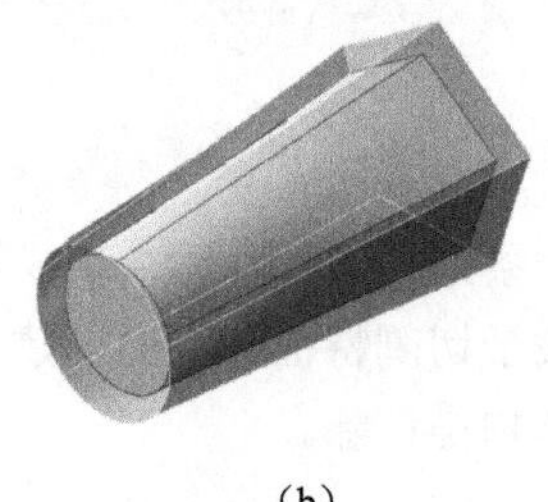

（b）

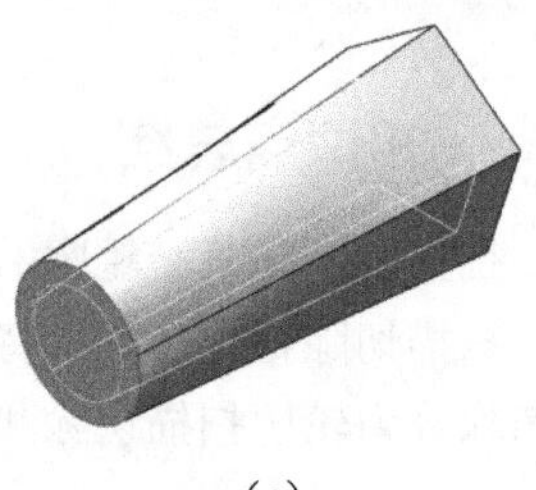

（c）

图 3-91　抽壳特征参数设定

（2）多厚度设定

（多厚度）：指定每个多厚度面的壁厚。

（多厚度面）：指定需要设定不同厚度的面。

二、笔盖相关工具

1. 等距实体

等距实体工具就是按照设定的距离，选择一个或多个草图实体、一个模型面或一条模型边线进行等距的。

（1）打开等距实体

在草图状态下单击【草图】工具栏中的“等距实体”工具按钮，或选择菜单栏中的【工具】/【草图工具】/【等距实体】命令。

在打开等距实体的同时，系统会在图形区域左侧打开【等距实体】属性管理器，等距实体工具的属性都是在【等距实体】属性管理器中进行设置的，如图 3-92 所示。

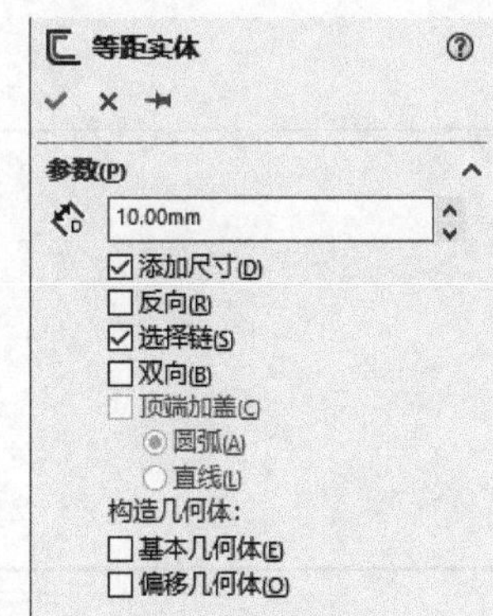

图 3-92 【等距实体】属性管理器

（2）【等距实体】属性管理器设置

（等距距离）：设定数值以特定距离来等距草图实体，若想观看动态预览，按住鼠标左键并在图形区域中拖动指针，释放鼠标左键时，草图实体完成。

添加尺寸：包括草图中的等距距离，这不会影响到包括在原有草图实体中的任何尺寸。

反向：更改单向等距的方向。

选择链：生成所有连续草图实体的等距。

双向：在双向生成等距实体。

构造几何体：使用基本几何体、偏移几何体或两者将原始草图实体转换为构造线。

（3）等距实体实例（见表 3-1）

表 3-1　等距实体实例

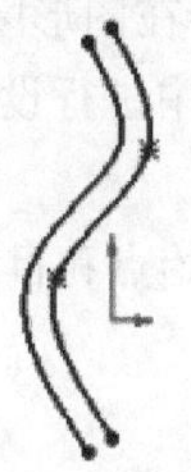 基本几何体已选中	
顶端加盖-双向	通过选中【双向】复选框并添加一顶盖来延伸原有非相交草图实体。可生成圆弧或直线作为延伸顶盖
顶端加盖 - 圆弧	顶端加盖 - 直线

续表

顶端加盖-单向	通过取消选中【双向】复选框并添加一顶盖来延伸原有非相交草图实体
 顶端加盖 - 基本几何体	
 顶端加盖 - 基本几何体和偏移几何体（圆弧）	

在【等距实体】属性管理器中，对等距实体设置完成后，单击属性管理器左上角的“确定”按钮✔，或在图形区域中单击即可完成等距实体。

2. *移动实体*

移动实体工具可以将一个或多个草图实体进行移动，还能以实体上一点为基准，将实体移动至已有的草图上。

（1）打开移动实体

在草图状态下单击【草图】工具栏中的“移动实体”工具按钮，或选择菜单栏中的【工具】/【草图工具】/【移动实体】命令，同时系统会在图形区域左侧打开【移动】属性管理器，移动实体工具的属性都是在【移动】属性管理器中进行设置的，如图 3-93 所示。

（2）【移动】属性管理器设置

◉从/到：添加基准点（ ▪ ）以设置开始点和目标，如图 3-94 所示。

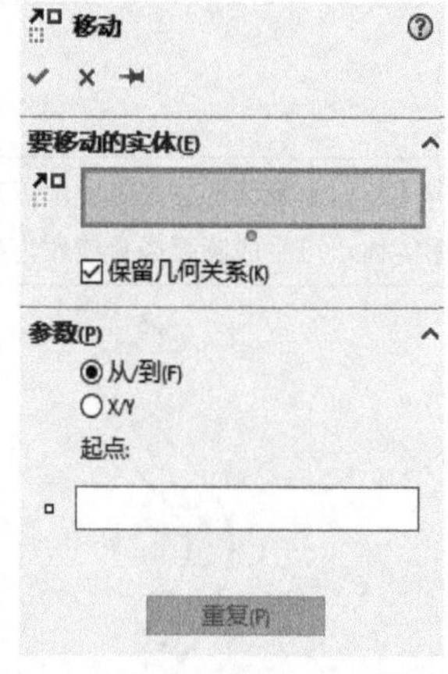

图 3-93 【移动】属性管理器

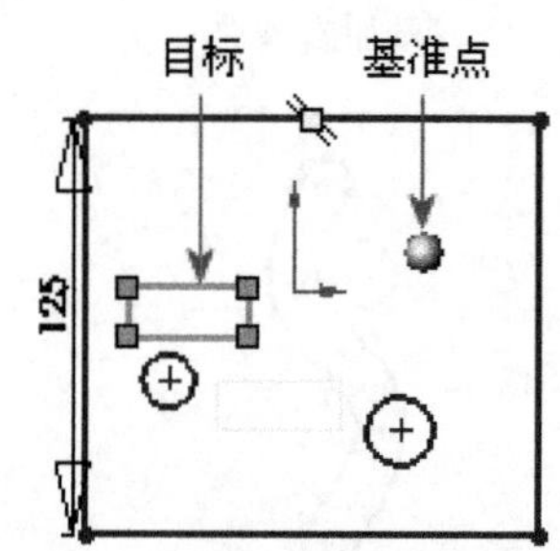

图 3-94 设置基准点和目标

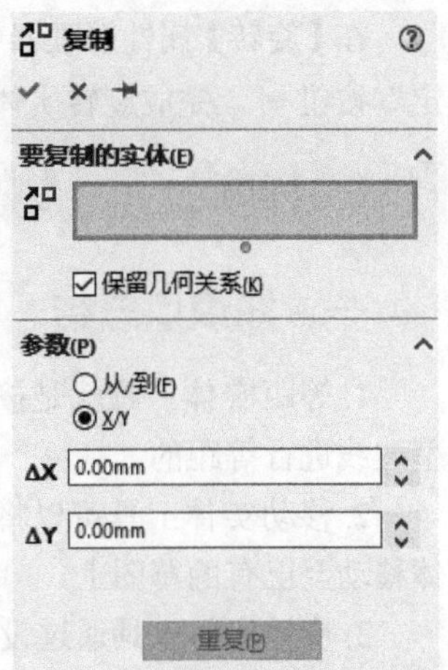

图 3-95 【复制】属性管理器

◉X/Y：设定 x 坐标 /y 坐标，以生成目标。

在【移动】属性管理器中，对移动实体设置完成后，单击【移动】属性管理器左上角的“确定”按钮✔，完成移动实体。

3. 复制实体

通过复制实体工具可以复制草图上的实体，创建出一个新的实体。

（1）打开复制实体

在草图状态下单击【草图】工具栏中“移动实体”工具按钮右侧的下拉按钮，选择【复制实体】选项，或选择菜单栏中的【工具】/【草图工具】/【复制实体】命令，同时系统会在图形区域左侧打开【复制】属性管理器，复制实体工具的属性都是在【复制】属性管理器中进行设置的，如图 3-95 所示。

（2）【复制】属性管理器设置

◉从/到：添加基准点（▪）以设置开始点和目标，如图 3-96 所示。

◉X/Y：设定 x 坐标 /y 坐标，以生成目标。

在【复制】属性管理器中，对复制实体设置完成后，单击【复制】属性管理器左上角的“确定”按钮✔，完成复制实体。

4. 旋转实体

旋转实体工具通过设置旋转中心及旋转度数来旋转草图中的实体。

（1）打开旋转实体

在草图状态下单击【草图】工具栏中的“移动实体”工具按钮右侧的下拉按钮，选择【旋转实体】选项，或选择菜单栏中的【工具】/【草图工具】/【旋转实体】命令，同时系统会在图形区域左侧打开【旋转】属性管理器，旋转实体工具的属性都是在【旋转】属性管理器中进行设置的，如图 3-97 所示。

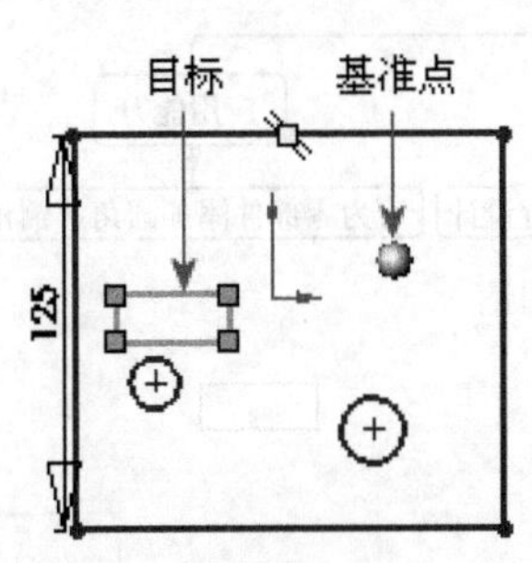

图 3-96　设置基准点和目标

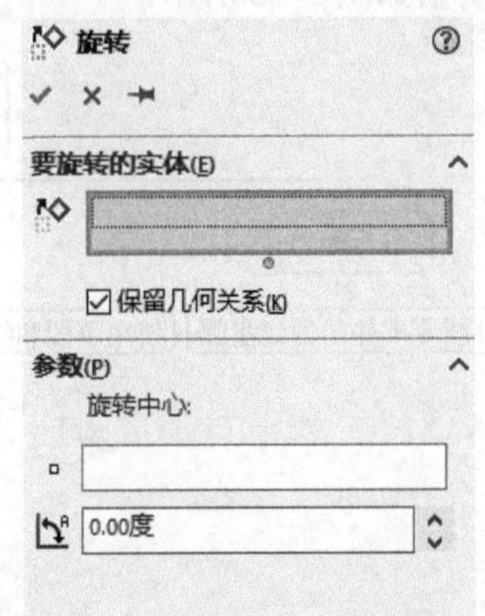

图 3-97 【旋转】属性管理器

（2）【旋转】属性管理器设置

▫（基准点）：单击已定义的旋转点来设定基准点，然后单击图形区域来设定旋转中心。

（角度）：为角度设定一数值。

在【旋转】属性管理器中，对旋转实体设置完成后，单击【旋转】属性管理器左上角的“确定”按钮✔，完成旋转实体。

【任务回顾】

一、知识点总结

1. 等距实体工具就是按照设定的距离，选择一个或多个草图实体、一个模型面或一条模型边线进行等距的。

2. 移动实体工具可以将一个或多个草图实体进行移动，还能以实体上一点为基准，将实体移动至已有的草图上。

3. 旋转实体工具通过设置旋转中心及旋转度数来旋转草图中的实体。

二、思考与练习

1. 如何在【抽壳】属性管理器中显示预览？

2. 等距实体设置中【选择链】复选框的功能是（ ）

A. 生成连续草图实体　　B. 生成草图实体　　C. 生成间断草图实体

3. 在【抽壳】属性管理器中选中【壳厚朝外】复选框后将以________增加厚度。

项目总结

本项目进一步讲述了 SolidWorks 软件的草图以及特征，能够使读者对 SolidWork 软件更加熟悉，学完本项目后应学会创建草图椭圆与多边形，对基体可以进行镜像、放样、圆角以及倒角等特征的创建，学会扫描以及扫描切除，并可以初步地对 SolidWorks 软件进行建模。项目三技能图谱如图 3-98 所示。

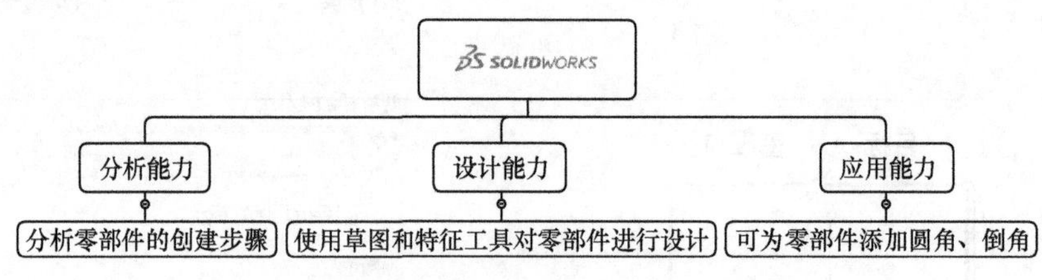

图 3-98　项目三技能图谱

拓展训练

项目名称：笔壳工具绘制。

工作流程：按照给出的步骤进行绘制。

1．首先绘制一个直径为 48mm 的圆形，进行 12mm 的拉伸，完成圆柱的绘制，如图 3-99 所示。

2．在下面再绘制一个相同的圆柱，但不进行合并，如图 3-100 所示。

3．单击“倒角特征”按钮，设置距离为 2mm，如图 3-101 所示。

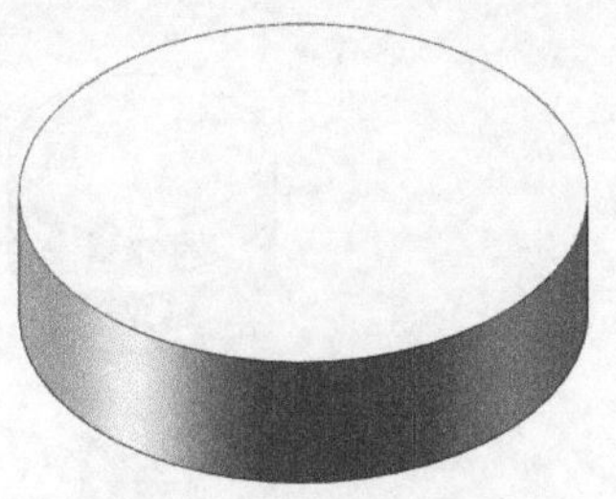
图 3-99　绘制圆柱

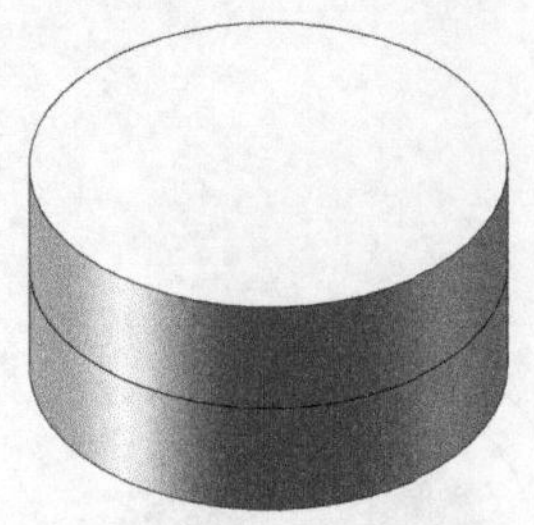
图 3-100　创建基体

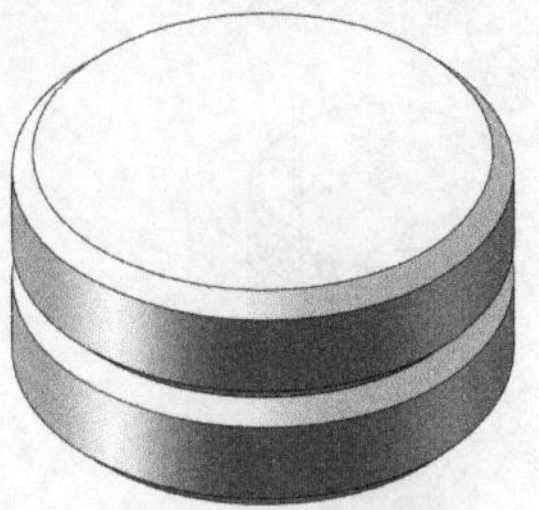
图 3-101　绘制倒角

4．在圆柱的下面添加一个基准面，单击【草图】工具栏中的“等距实体”工具按钮，设置距离为 11mm，方向向内，如图 3-102 所示。

5．单击“拉伸凸台”按钮，距离设为 100mm，不进行合并，如图 3-103 所示。

6．单击“抽壳”按钮，设置向内抽壳 2mm，如图 3-104 所示。

7．在抽壳口处创建基准面，再绘制一个与圆柱直径相同、长 15mm 的圆柱，不进行合并，如图 3-105 所示。

图 3-102　等距实体

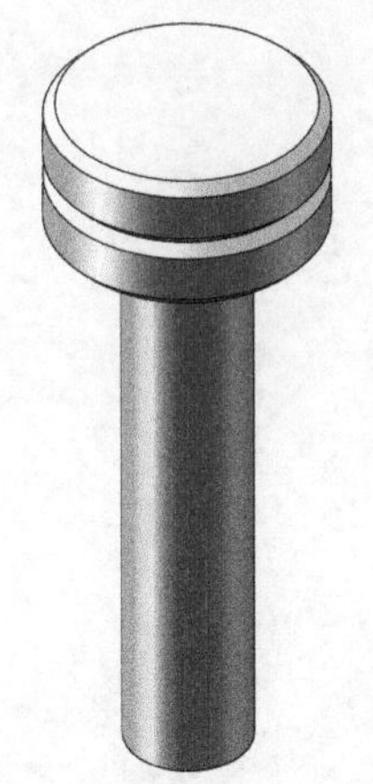
图 3-103　拉伸凸台

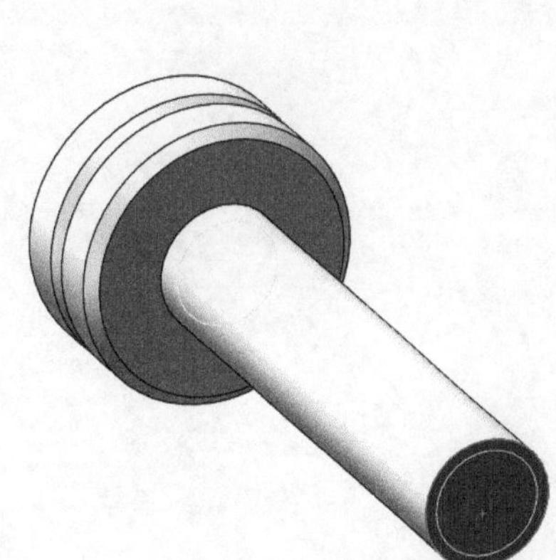
图 3-104　抽壳特征

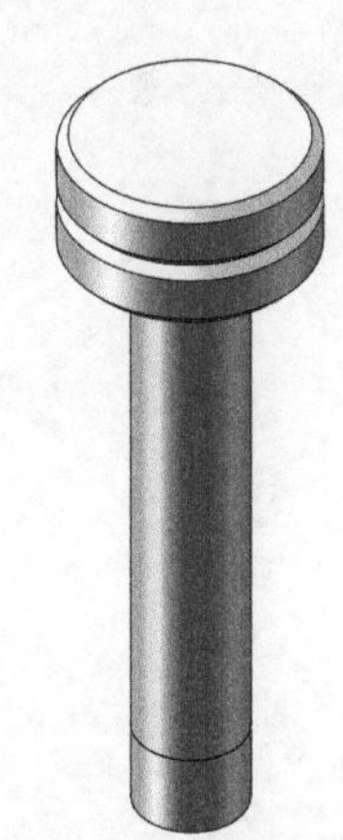
图 3-105　创建圆柱

8. 在圆柱的下方创建基准面，绘制一个与圆柱相同的圆，单击“拉伸基体”按钮，距离设置为 15mm，单击“拔模”按钮，角度设为 10°，进行合并，如图 3-106 所示。

9．再次单击“抽壳”按钮，距离依然设为 2mm，如图 3-107 所示。

10．完成之前的步骤后，会出现图 3-108 所示的笔壳工具。

考核方式：学生录制完整视频，对零部件进行保存，一同交予老师，老师进行打分。

评估标准：1．学生的操作熟练程度；
2．学生的操作步骤是否正确；
3．零部件的尺寸是否正确。

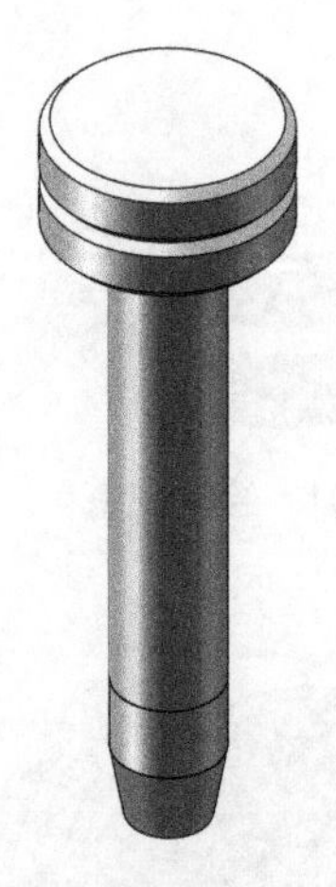

图 3-106　拔模

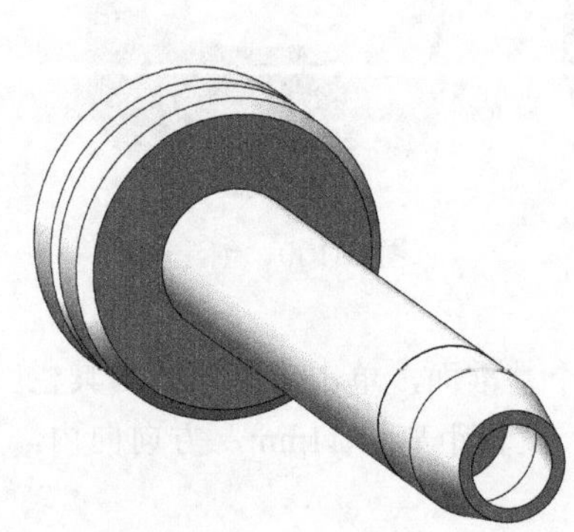

图 3-107　抽壳特征

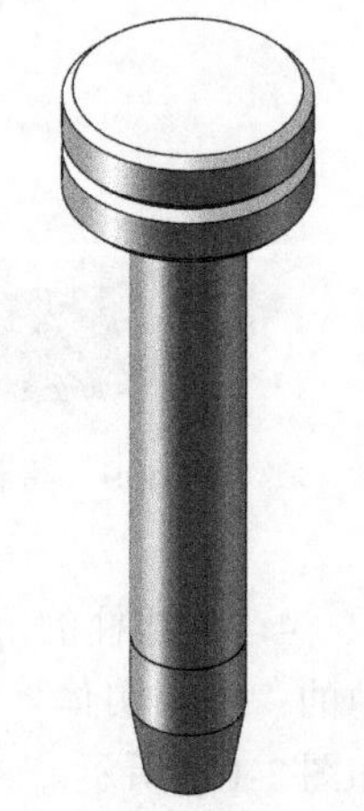

图 3-108　完成笔壳工具

曲面绘制篇

项目四 工业机器人示教器设计

项目引入

Herbert：简单说一下你们下一步的工作安排吧。

Aaron：我们下一步的计划主要是通过学习曲面和三维曲线的绘制方法来完成示教器的三维建模。

Dwight：我熟悉一些特征的使用方法，就由我来学习曲面的绘制方法吧。

Aaron：可以，那么 Taylor 你来学习三维曲线的绘制方法，有问题互相商量，最后你们两个合作完成示教器的三维建模。

Taylor：嗯，我们一定努力完成这项任务。

Herbert：好的，那就按照 Aaron 的安排去做吧，我期待看到你们的进步。

在经过短暂的交谈之后，Dwight 和 Taylor 又明确了下一步的工作计划，就是要进一步熟悉 SolidWorks 软件，学习曲面和三维曲线的绘制方法，最后完成示教器的三维建模。

知识图谱

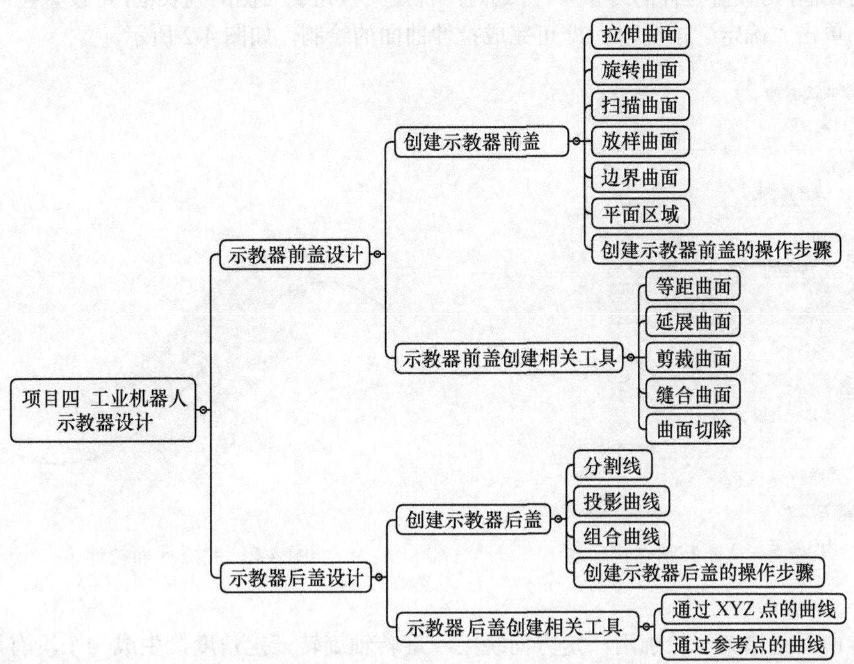

任务一　示教器前盖设计

【任务描述】

Aaron：我们这一阶段的任务是创建机器人的示教器，首先就是要完成示教器前盖的设计，主要用到曲面拉伸、剪裁、缝合、生成平面区域等特征。

Dwight：好的，那我和 Taylor 先通过使用 SolidWorks 软件绘制一些简单的三维图去熟悉这些特征吧。

【知识学习】

一、创建示教器前盖

1. 拉伸曲面

拉伸曲面是对开环或闭环轮廓草图进行拉伸的一种操作，相对于拉伸特征而言，曲面拉伸后生成的是没有厚度的曲面实体，拉伸曲面的具体操作步骤如下。

（1）在特征管理器中选择某一基准面，单击工具栏中的“草图绘制”按钮，进入草图绘制状态，绘制一个需要拉伸的曲面轮廓。

（2）单击工具栏中的“拉伸曲面”按钮，或选择菜单栏中的【插入】/【曲面】/【拉伸曲面】

命令，此时会出现图 4-1 所示的【曲面 - 拉伸】属性管理器。

（3）在【曲面 - 拉伸】属性管理器中设置拉伸要求。在【从】选项组的列表中可设置拉伸的起始位置，单击【方向 1】选项组中的“反向”按钮，可设置拉伸方向，单击“反向”按钮右侧列表框，可设置拉伸的终止条件，通过“深度”按钮右侧的列表框，可设置拉伸的长度。

（4）单击“确定”按钮，即可完成拉伸曲面的绘制，如图 4-2 所示。

图 4-1 【曲面 - 拉伸】属性管理器

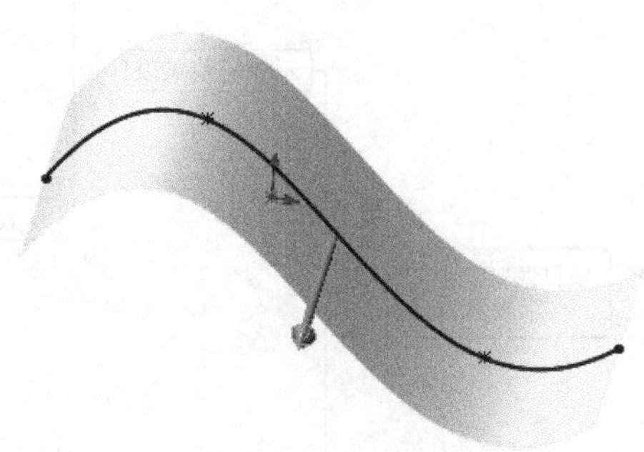

图 4-2 完成曲面拉伸

2. 旋转曲面

旋转曲面是指某一轮廓沿一定方向绕某一旋转轴旋转一定角度，生成一个没有厚度的曲面实体模型的操作过程，与旋转特征不同的是，旋转曲面的曲面轮廓可以是开环的，生成的曲面没有厚度。具体操作步骤如下。

（1）在特征管理器中选择某一基准面，单击“正视于”按钮，单击工具栏中的“草图绘制”按钮，绘制一个草图模型。

（2）单击工具栏中的“旋转曲面”按钮，或选择菜单栏中的【插入】/【曲面】/【旋转曲面】命令，然后会出现图 4-3 所示的【曲面 - 旋转】属性管理器，并显示出预览的三维模型图。

（3）在【曲面 - 旋转】属性管理器中，单击【旋转轴】选项组中的列表框（），在图形区域选择旋转轴，单击【方向 1】选项组中的“旋转方向”按钮，选择旋转方向，单击右侧【旋转类型】列表框，选择旋转类型，在【方向 1 角度】列表框（）中设置旋转角度。

（4）单击“确定”按钮，即可完成旋转曲面的绘制，如图 4-4 所示。

图 4-3 【曲面 - 旋转】属性管理器

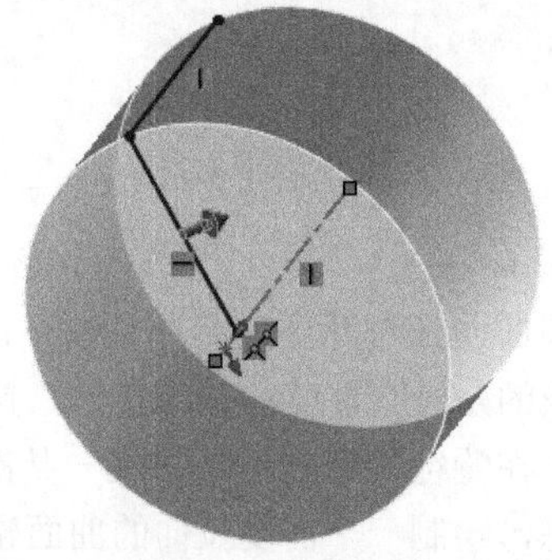

图 4-4 完成曲面旋转

3. *扫描曲面*

扫描曲面就是某一开环或闭环轮廓沿着一条路径移动生成曲面的操作，要生成扫描曲面，具体操作步骤如下。

（1）在特征管理器中选择某一基准面，单击“正视于”按钮，单击工具栏中的“草图绘制”按钮，绘制一条曲线作为扫描的轮廓，轮廓曲线可以是开环的也可以是闭环的，扫描路径和扫描轮廓不能在同一草图里，绘制完成后单击“确定”按钮退出草图绘制。

（2）再选择另一基准面，在该基准面上绘制一条贯穿轮廓草图的曲线作为路径，路径曲线和轮廓曲线一样，可以是开环的，也可以是闭环的。

（3）完成后单击工具栏中的“扫描曲面”按钮，或者选择菜单栏中的【插入】/【曲面】/【扫描曲面】命令，然后出现图 4-5 所示【曲面 - 扫描】属性管理器。

（4）在【曲面 - 扫描】属性管理器中，有【草图轮廓】和【圆形轮廓】两个单选按钮，下面分别说明选择不同曲线作为轮廓时的操作。

① 草图轮廓：当选中【草图轮廓】单选按钮时，如图 4-5 所示，单击【轮廓】列表框（），在图形区域选择轮廓曲线，然后单击【路径】列表框（），在图形区域选择路径曲线，此时在图形区域显示预览生成图，如图 4-6 所示。如果路径延伸通过轮廓，在【轮廓和路径】选项组中会出现 3 个按钮，“方向一”，“双向”，“方向二”，可根据要求进行选择。

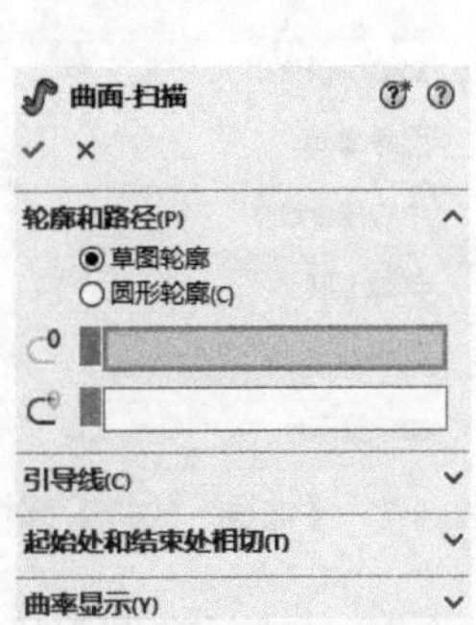

图 4-5 【曲面 - 扫描】属性管理器（一）

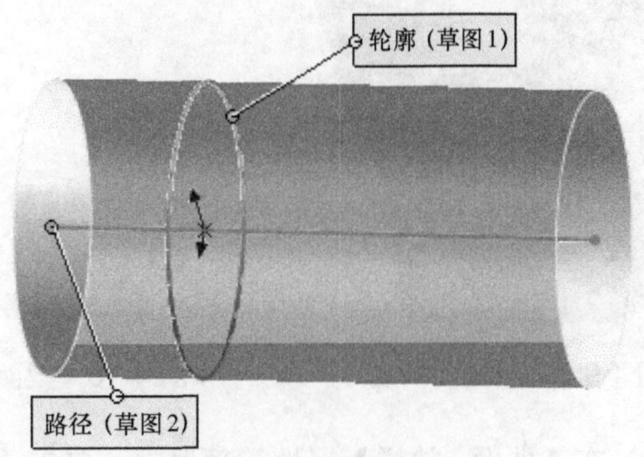

图 4-6 草图轮廓曲面扫描

② 圆形轮廓：选中【圆形轮廓】单选按钮时，会出现图 4-7 所示【曲面 - 扫描】属性管理器，仅需在【路径】列表框（）选择路径曲线，在【直径】列表框设置直径，无须设置方向，即可在图形区域显示预览生成图，如图 4-8 所示。

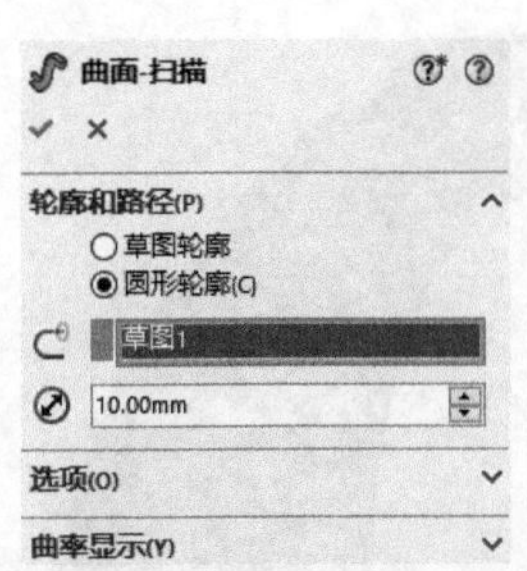

图 4-7 【曲面 - 扫描】属性管理器（二）

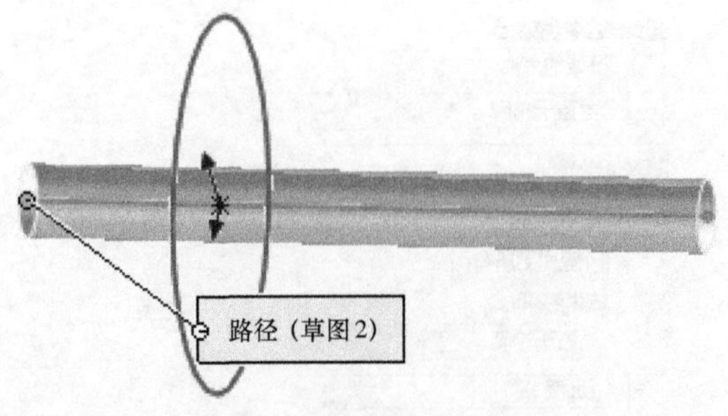

图 4-8 圆形轮廓曲面扫描

（5）如果要使曲面外形按照引导线指示变化，根据要求在图形区域绘制一条或者多条引导线，当沿引导线进行扫描时，草图轮廓不可完全定义，这里以两条引导线为例生成扫描曲面。路径曲线的起点必须在轮廓曲线所围成的平面上，绘制两条引导线，且引导线和轮廓曲线所围成的面相交，单击“扫描曲面”按钮，依次单击选取轮廓、路径、引导线，然后在图形区域显示预览生成的图形，如图 4-9 所示。

（6）单击“确定”按钮，即可完成扫描曲面的绘制。

4. *放样曲面*

（1）在图形区域建立两个基准面，两个基准面无位置要求。

（2）选择某一基准面，单击“正视于”按钮，然后单击工具栏中的“草图绘制”按钮，在基准面内绘制一个截面草图，同理在另一个基准面内绘制一个截面草图，如图 4-10 所示。

（3）单击【曲面】工具栏上的“放样曲面”按钮，或者选择菜单栏中的【插入】/【曲面】/【放样曲面】命令，出现图 4-11 所示的【曲面 - 放样】属性管理器。

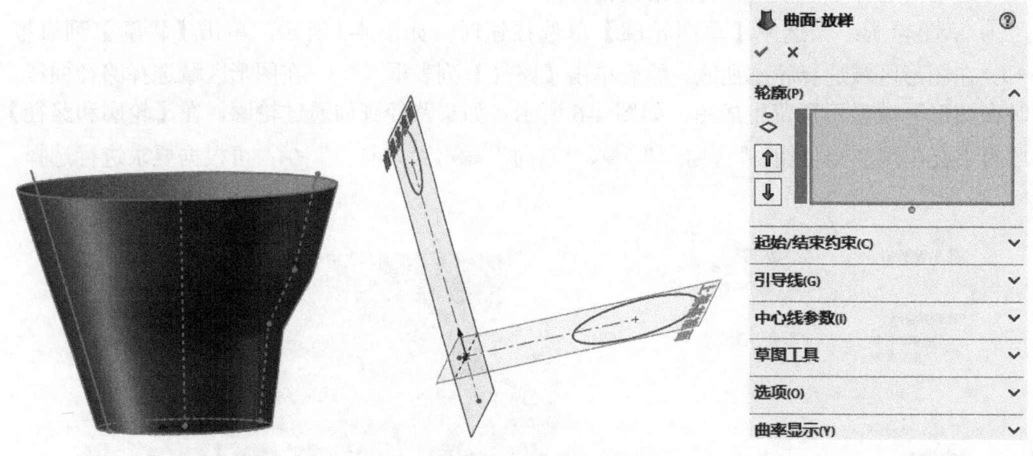

图 4-9　完成曲面扫描　　图 4-10　截面草图绘制　　图 4-11　【曲面 - 放样】属性管理器

（4）在【曲面 - 放样】属性管理器中，单击【轮廓】列表框（），然后在图形区域选中要进行放样的轮廓曲线，在【起始 / 结束约束】选项组中单击【开始约束】列表框，设置起始处相切类型为【垂直于轮廓】，然后单击【结束约束】列表框，设置结束处相切类型为【垂直于轮廓】，如图 4-12 所示。

（5）单击“确定”按钮，即可完成放样曲面的绘制，如图 4-13 所示。

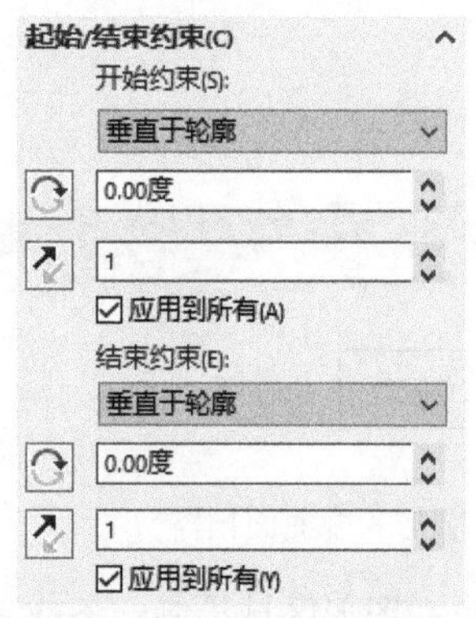

图 4-12　起始 / 结束约束

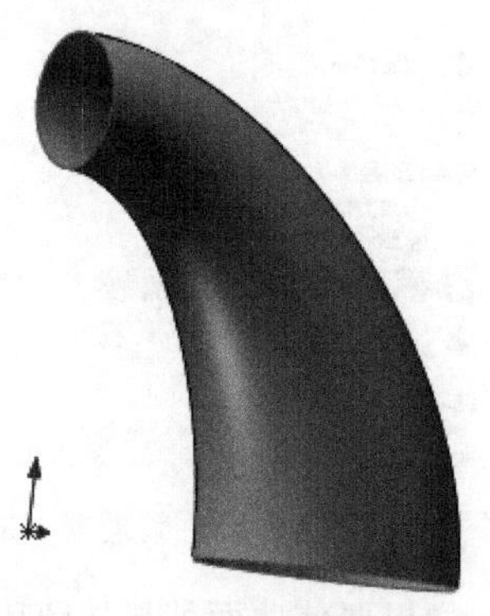

图 4-13　完成曲面放样

5. 边界曲面

边界曲面特征可用于生成在两个方向上相切或曲率连续的曲面。

（1）在图形区域建立两个相互平行的基准面，选中其中某一基准面，单击“正视于”按钮，然后单击工具栏上的“草图绘制”按钮，绘制一条轮廓曲线，同理在另一个基准面内绘制一条轮廓曲线，如图 4-14 所示。

（2）单击【曲面】工具栏中的“边界曲面”按钮，或选择菜单栏中的【插入】/【曲面】/【边界曲面】命令，出现图 4-15 所示的【边界 - 曲面】属性管理器。

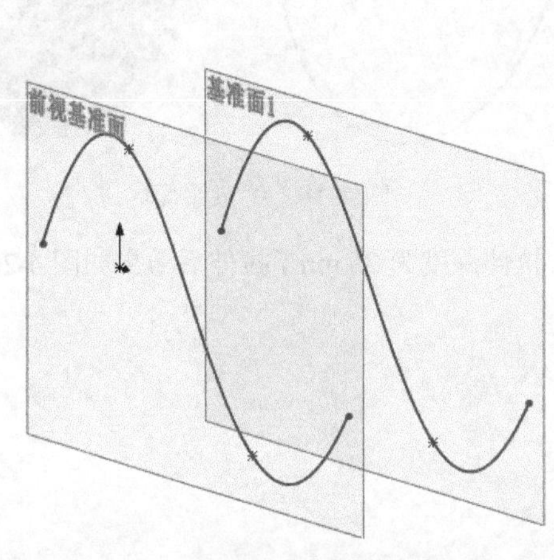

图 4-14　草图绘制

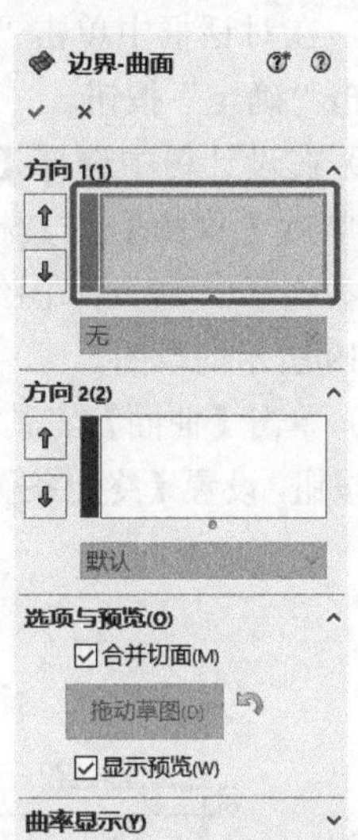

图 4-15 【边界 - 曲面】属性管理器

（3）在【边界 - 曲面】属性管理器中，单击【方向 1】选项组中的曲线列表框，然后在图形区域选择绘制的两条曲线，即可预览将要生成的曲面。

（4）单击“确定”按钮，即可完成边界曲面的绘制，如图 4-16 所示。

6. 平面区域

通过平面区域工具可以在草图曲线或者零件中生成一个平面，要生成平面区域，具体操作步骤如下。

（1）在特征管理器中选择某一基准面，单击工具栏中的“草图绘制”按钮，进入草图绘制状态，绘制一个需要生成平面区域的闭环、非相交草图轮廓。

（2）单击【曲面】工具栏中的“平面区域”按钮，或者选择菜单栏中的【插入】/【曲面】/【平面区域】命令，生成图 4-17 所示的【平面】属性管理器。

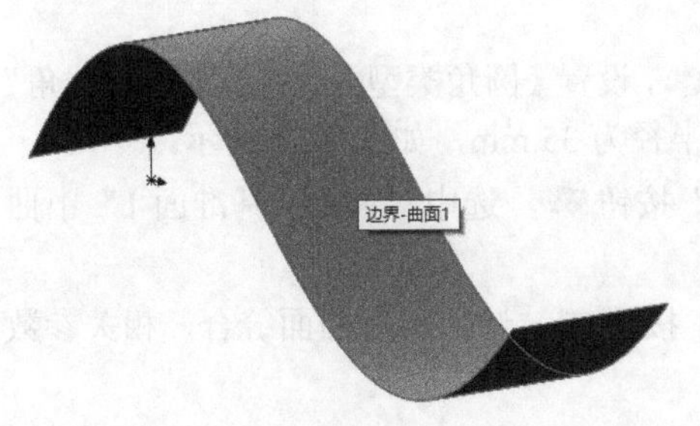

图 4-16　完成边界曲面绘制

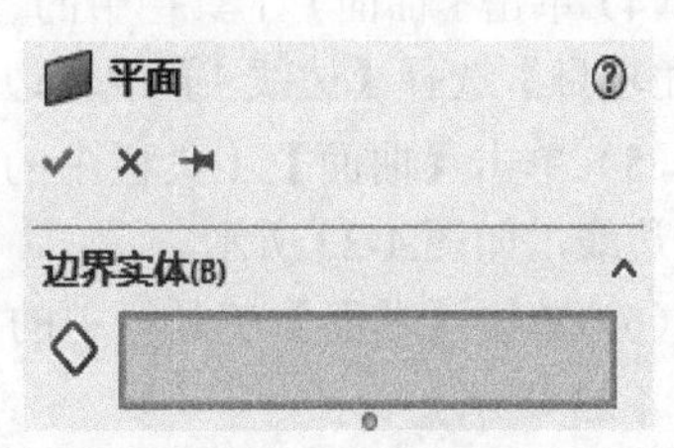

图 4-17 【平面】属性管理器

（3）在【平面】属性管理器中，单击【边界实体】选项组中的列表框（◇），在图形区域选择草图轮廓即可预览将要生成的平面。

（4）单击“确定”按钮即可生成平面区域，如图4-18所示。

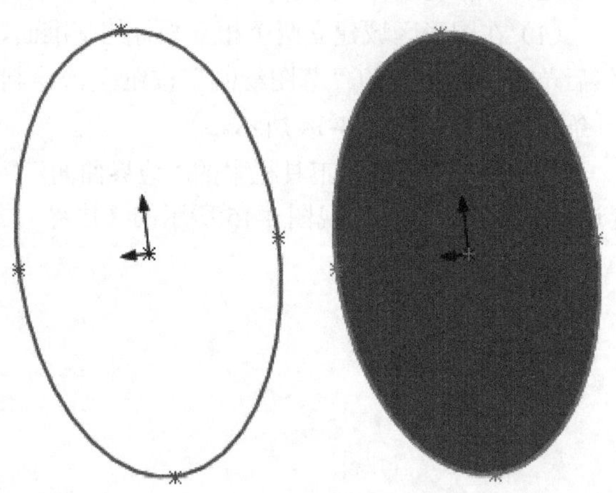

图4-18　生成平面区域

7. 创建示教器前盖的操作步骤

（1）选择菜单栏中的【文件】/【新建】命令，弹出【新建 SolidWorks 文件】对话框，在对话框中单击“零件”按钮，然后单击“确定”按钮。

（2）在设计树中选择【前视基准面】选项，单击【草图】工具栏中的“草图绘制”按钮，进入草图绘制状态，绘制图4-19所示的草图。

（3）单击【曲面】工具栏中的“拉伸曲面”按钮，设置【终止条件】为【给定深度】，拉伸深度为25 mm，拉伸后效果如图4-20所示。

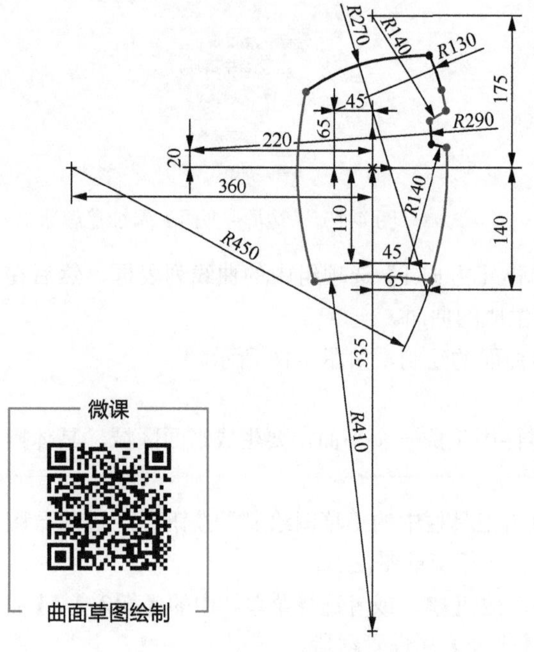

图4-19　草图1

图4-20　拉伸曲线

（4）单击【曲面】工具栏中的“圆角”按钮，设置【圆角类型】为“恒定大小圆角”，【圆角项目】选择【边线1】或【边线2】，圆角半径为35 mm，如图4-21所示。

（5）单击【曲面】工具栏中的“平面区域”按钮，选中“曲面-基准面1”中曲面的所有边线，如图4-22所示。

（6）单击【曲面】工具栏中的“缝合曲面”按钮，选择所有曲面缝合，相关参数设置如图4-23所示。

（7）单击【曲面】工具栏中的“圆角”按钮，【圆角类型】选择“恒定大小圆角”，圆角半径为 10 mm，如图 4-24 所示。

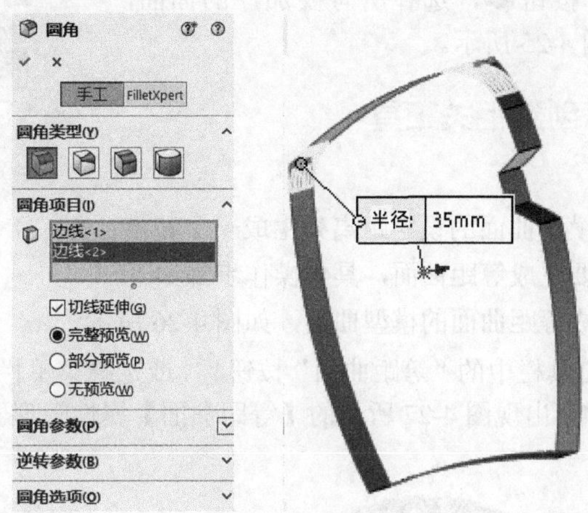

图 4-21　圆角 1

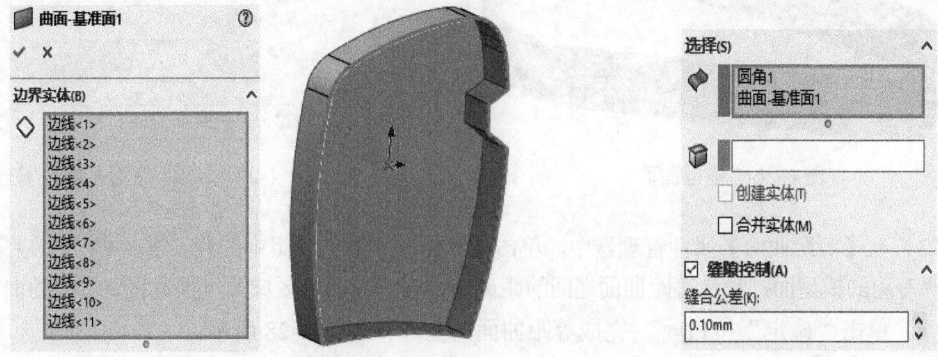

图 4-22　平面区域　　　　图 4-23　缝合曲面参数设置

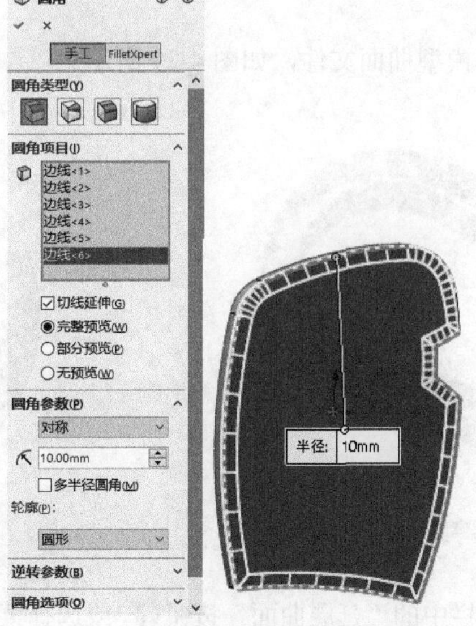

图 4-24　圆角 2

（8）选择菜单栏中的【插入】/【凸台 / 基体】/【加厚】命令，或单击“加厚”按钮，选择所有要加厚的曲面，厚度设置为 2 mm，如图 4-25 所示。

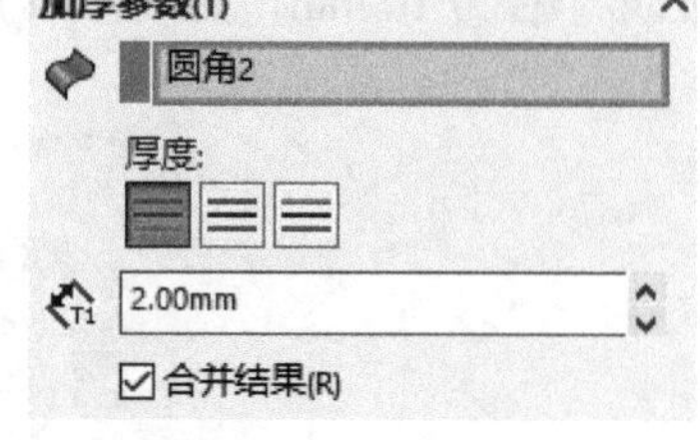

图 4-25 加厚

二、示教器前盖创建相关工具

1. 等距曲面

通过等距曲面可在模型曲面的设定距离处生成一个和模型曲面相似的曲面。如要生成等距曲面，具体操作步骤如下。

（1）打开一个要生成等距曲面的模型曲面，如图 4-26 所示。

（2）单击【曲面】工具栏中的“等距曲面”按钮，或选择菜单栏中的【插入】/【曲面】/【等距曲面】命令，此时会出现图 4-27 所示的【等距曲面】属性管理器。

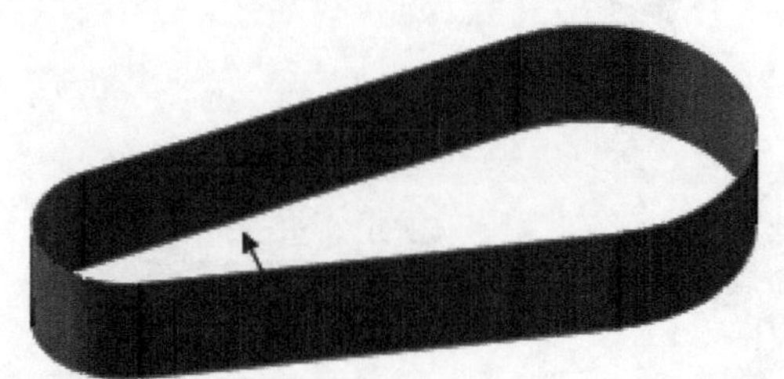
图 4-26 模型曲面

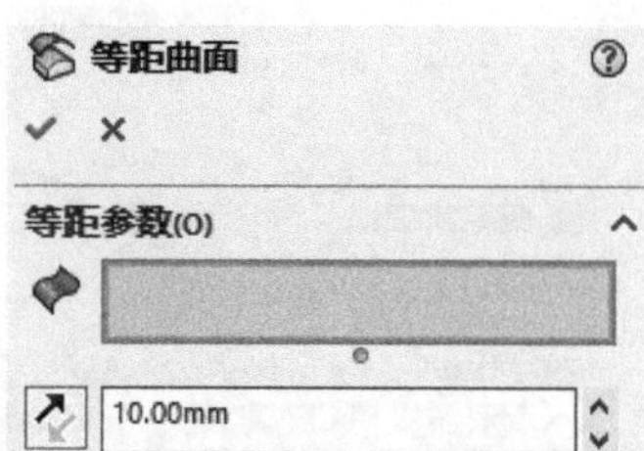

图 4-27 【等距曲面】属性管理器

（3）在【等距曲面】属性管理器中，单击【等距参数】选项组中的列表框（），在图形区域选择等距的模型面，设定等距曲面之间的距离和方向，在图形区域即可预览将要生成的曲面。

（4）单击“确定”按钮，完成等距曲面的生成，如图 4-28 所示。

2. 延展曲面

延展曲面工具通过沿所选平面方向延展实体或曲面的边线来生成曲面。欲生成延展曲面，具体操作步骤如下。

（1）打开一个要延展的模型曲面文件，如图 4-29 所示。

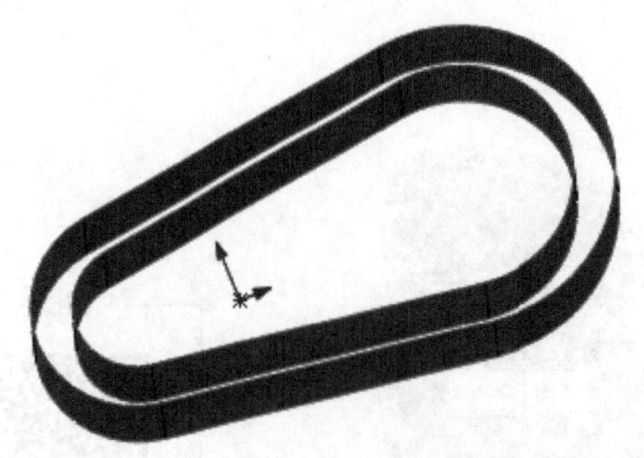
图 4-28 生成等距曲面

图 4-29 模型曲面

（2）单击【曲面】工具栏中的“延展曲面”按钮，或选择菜单栏中的【插入】/【曲面】/【延展曲面】命令，此时会出现图 4-30 所示的【延展曲面】属性管理器。

（3）单击【延展参数】选项组中的第一个列表框（），在图形区域中选择一个与曲面延展方向平行的面或基准面，单击第二个列表框（），在图形区域中选择要延展的一条边线或一组边线。

（4）注意图形区域中的箭头方向，如果与预期方向相反，单击“反转延展方向”按钮，以相反方向延展曲面，如果曲面沿模型的切面延展，选中【沿切面延伸】复选框。

（5）单击“确定”按钮，即可完成延展曲面的绘制，如图 4-31 所示。

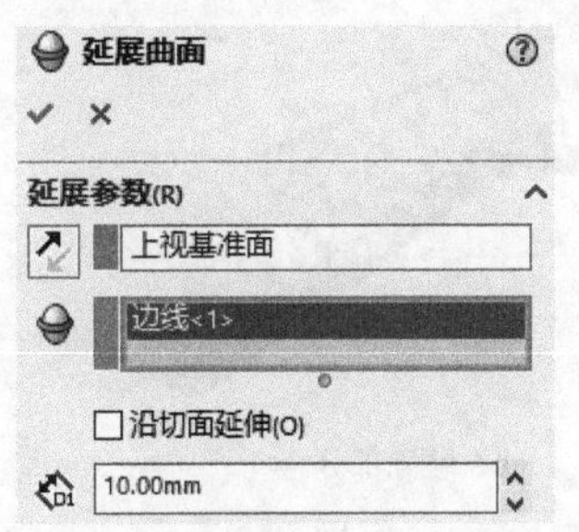

图 4-30　【延展曲面】属性管理器

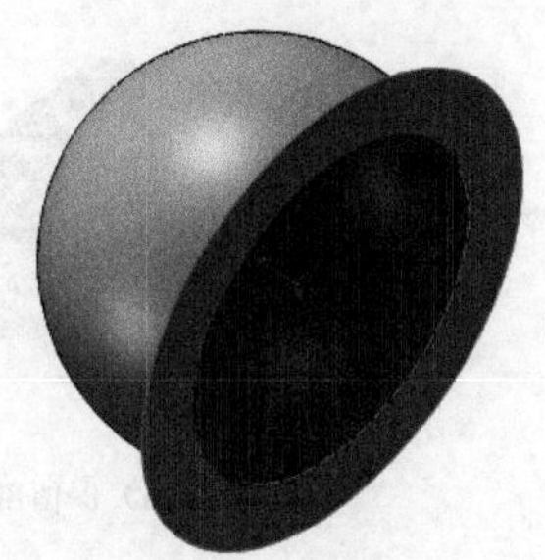

图 4-31　生成延展曲面

3. 剪裁曲面

剪裁曲面工具是对两个相交曲面或者平面进行剪裁，可以使用曲面、基准面或草图作为剪裁工具来剪裁相交曲面，也可以将曲面和其他曲面联合使用作为相互的剪裁工具。欲生成剪裁曲面，具体操作步骤如下。

（1）生成一个点或多个点相交的两个或多个曲面，如图 4-32 所示。

（2）单击【曲面】工具栏中的“剪裁曲面”按钮，或选择菜单栏中的【插入】/【曲面】/【剪裁曲面】命令，此时会出现图 4-33 所示的【剪裁曲面】属性管理器。

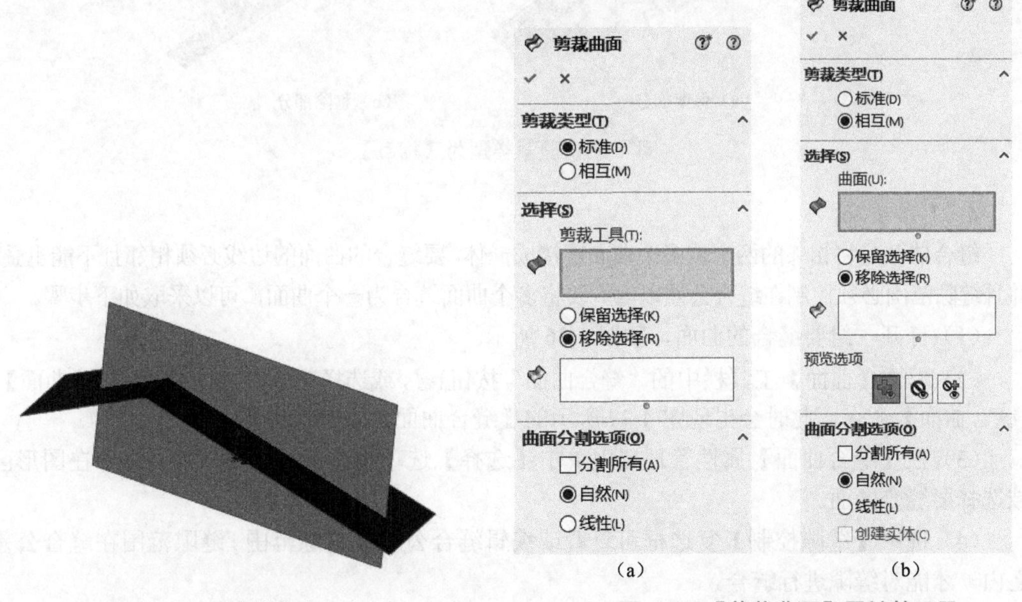

图 4-32　模型曲面　　　　图 4-33　【剪裁曲面】属性管理器

（3）在【剪裁类型】选项组中选择剪裁类型。

① 标准：使用其中一个曲面作为剪裁工具，在曲面相交处对另一个曲面进行剪裁。

② 相互：两个曲面都作为修剪工具对另一个曲面进行剪裁。

（4）如果选择【标准】剪裁类型，在【选择】选项组中单击【剪裁工具】下方列表框（）（图 4-34 中未显示），在图形区域选中某一曲面作为剪裁工具，然后根据要求选中【保留选择】或者【移除选择】单选按钮，最后在图形区域选择保留或移除的部分，单击“确定”按钮完成曲面的剪裁，如图 4-34 所示。

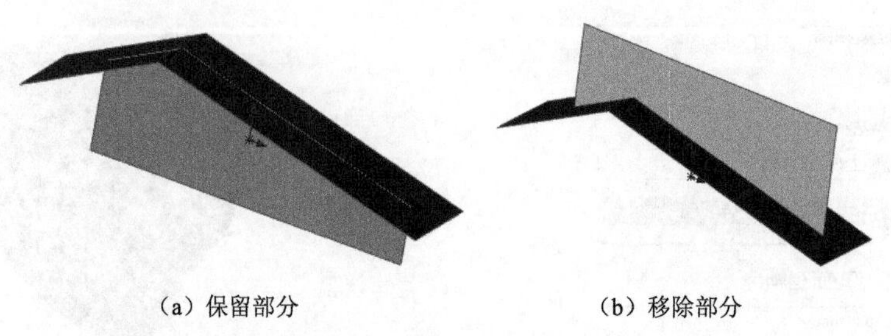

（a）保留部分　　（b）移除部分

图 4-34　剪裁类型为【标准】

（5）如果选择【相互】类型，在【选择】选项组中单击【曲面】下方列表框（），在图形区域将两个曲面都选中作为剪裁工具，然后根据要求选中【保留选择】或【移除选择】单选按钮，最后在图形区域选择保留或移除的部分，单击“确定”按钮完成曲面的剪裁，如图 4-35 所示。

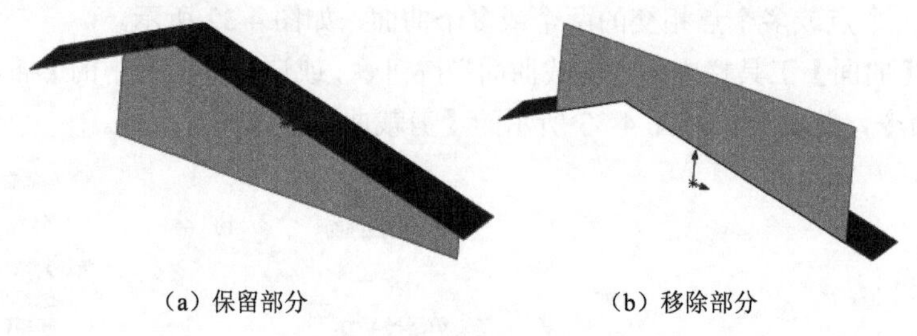

（a）保留部分　　（b）移除部分

图 4-35　剪裁类型为【相互】

4. 缝合曲面

缝合曲面是将相邻的两个或多个曲面连接成一体，要缝合的曲面的边线必须相邻且不能重叠，并且缝隙范围必须控制在缝合公差以内。要将多个曲面缝合为一个曲面，可以采取如下步骤。

（1）打开一组要缝合的曲面，如图 4-36 所示。

（2）单击【曲面】工具栏中的“缝合曲面”按钮，或选择菜单栏中的【插入】/【曲面】/【缝合曲面】命令，此时会出现图 4-37 所示的【缝合曲面】属性管理器。

（3）在【缝合曲面】属性管理器中单击【选择】选项组中的列表框（），并在图形区域选择要缝合的面。

（4）选中【缝隙控制】复选框可查看或编辑缝合公差或缝隙范围，缝隙范围在缝合公差之内，才能对缝隙进行缝合。

（5）单击“确定”按钮，完成曲面的缝合工作。

缝合后的曲面外观没有任何变化，但是多个曲面已经可以作为一个实体来选择和操作。

图 4-36　要缝合的曲面

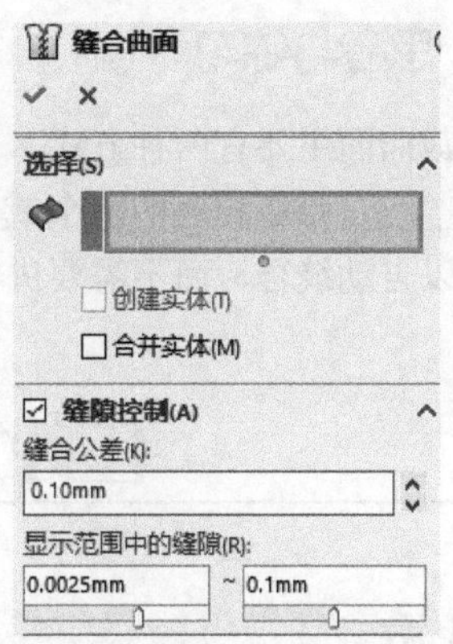

图 4-37　【缝合曲面】属性管理器

5. *曲面切除*

曲面切除工具通过使用曲面或者基准面对实体模型进行切除，具体操作步骤如下。

（1）打开一组需要进行切除的曲面和实体，如图 4-38 所示。

（2）选择菜单栏中的【插入】/【切除】/【使用曲面】命令，此时出现图 4-39 所示的【使用曲面切除】属性管理器。

（3）单击【曲面切除参数】选项组中的列表框，在图形区域选择切除要使用的曲面。

（4）如果切除方向和所需方向不同，单击“反转切除”按钮。

（5）单击“确定”按钮，即可完成曲面切除，如图 4-40 所示。

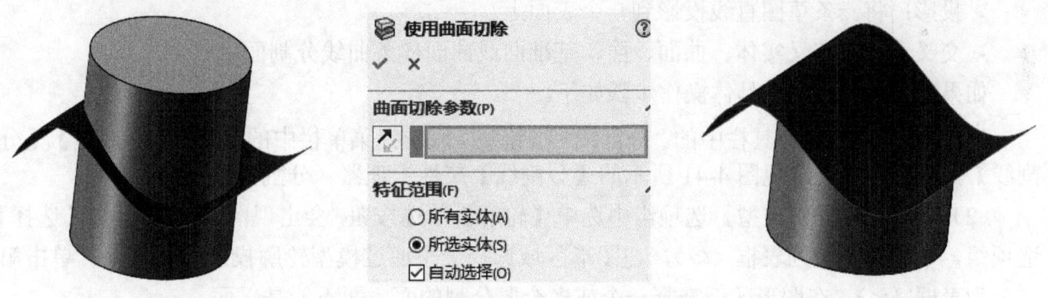

图 4-38　曲面实体模型　图 4-39　【使用曲面切除】属性管理器　图 4-40　曲面切除

【任务回顾】

一、知识点总结

1. 要对曲面进行特征操作时，可以单击【曲面】工具栏上相应的按钮，也可以通过选择菜单栏中的【插入】/【曲面】命令，再选择相应的图标。

2. 将一组曲面进行缝合时，要把该组曲面的缝隙控制在公差范围之内，缝隙过大，曲面将不能缝合。

3. 拉伸曲面时，轮廓可以是开环的，也可以是闭环的，但生成平面区域时，轮廓草图必须是闭环的。

二、思考与练习

1. 剪裁曲面主要有两种方式，一种是以线性图元修剪曲面，另一种是________。

2. ________是将相连的两个或多个曲面连接成一体，________经过剪裁、拉伸和圆角等操作后，可以自动缝合，而不需要进行缝合曲面的操作。

任务二　示教器后盖设计

【任务描述】

Dwight：通过学习曲面的绘制方法，我们已经可以大概绘制示教器前盖三维模型了。

Aaron：很好，接下来我们再学习一些三维曲线的绘制方法，完成示教器后盖的设计。

【知识学习】

一、创建示教器后盖

1. 分割线

分割线工具是将实体投影到表面、曲面或平面，它可将所选的面分割为多个分离的面，也可将草图投影到实体。可以通过下述 3 种方式来生成分割线。

➢ 轮廓：在一个圆柱形零件上生成一条分割线。

➢ 投影：将一条草图直线投影到一个表面上。

➢ 交叉点：以交叉实体、曲面、面、基准面或曲面样条曲线分割面。

如果要生成分割线，具体操作步骤如下。

（1）单击【曲线】工具栏中的“分割线”按钮，或选择菜单栏中的【插入】/【曲线】/【分割线】命令，此时会出现图 4-41 所示的【分割线】属性管理器，分割类型一共有 3 种。

（2）如果在【分割类型】选项组中选中【轮廓】单选按钮，会出现图 4-42 所示的【选择】选项组，单击第一个列表框（），在图形区域选择一个通过模型轮廓投影的基准面，单击第二个列表框（），在图形区域选择一个或多个要分割的面，面不能是平面。

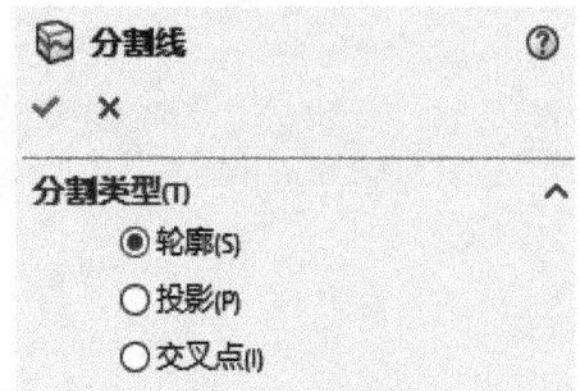

图 4-41 【分割线】属性管理器

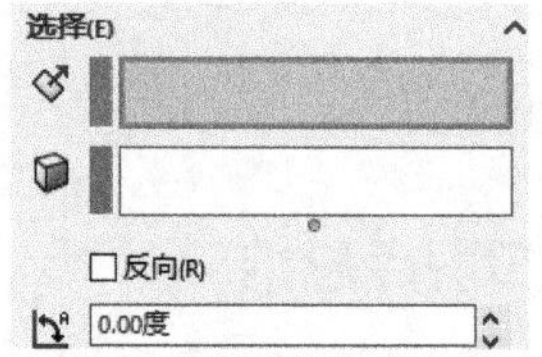

图 4-42 “轮廓”【选择】选项组

（3）选中【反向】复选框，可以反转拔模方向，单击“确定”按钮，即可生成图 4-43 所示的分割线。

（4）如果在【分割类型】选项组中选中【投影】单选按钮，需先绘制一条投影为分割线的线，然后在图 4-44 所示的【选择】选项组中，单击第一个列表框（），在图形区域选择要投影的草图，再单击第二个列表框（），在图形区域选择要分割的面。

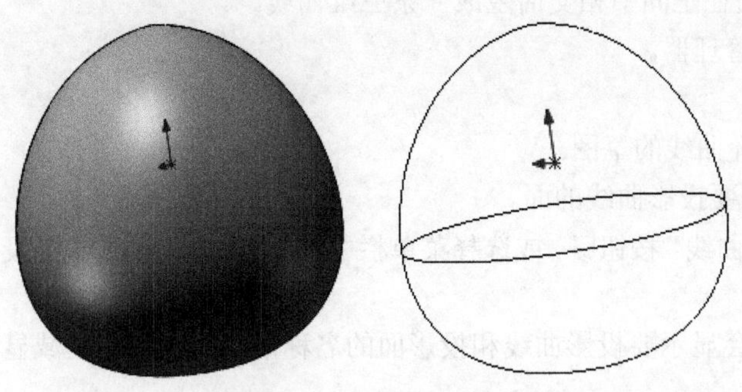

图 4-43 生成轮廓分割线

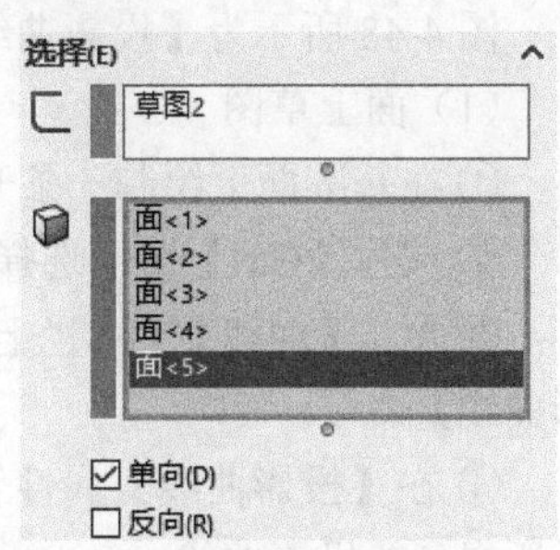

图 4-44 “投影”【选择】选项组

（5）选中【单向】复选框，只以一个方向投影分割线。如果需要，可选中【反向】复选框，反向投影分割线。单击“确定”按钮，即可生成图 4-45 所示的投影分割线。

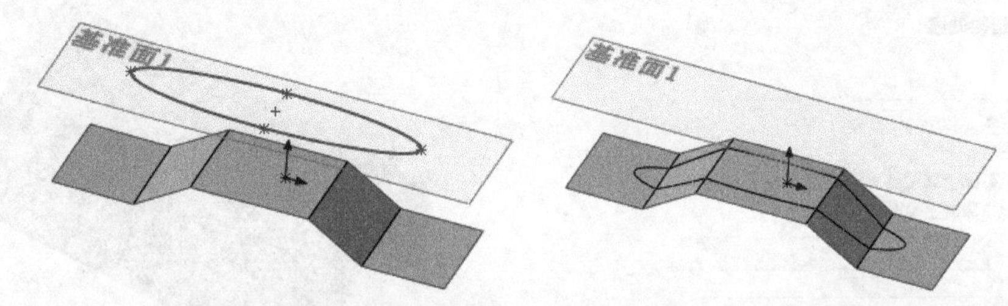

图 4-45 生成投影分割线

（6）如果在【分割类型】选项组中选中【交叉点】单选按钮，会出现图 4-46 所示的【选择】选项组与【曲面分割选项】选项组，单击第一个列表框（），选择分割工具，再单击第二个列表框（），选择要分割的实体。

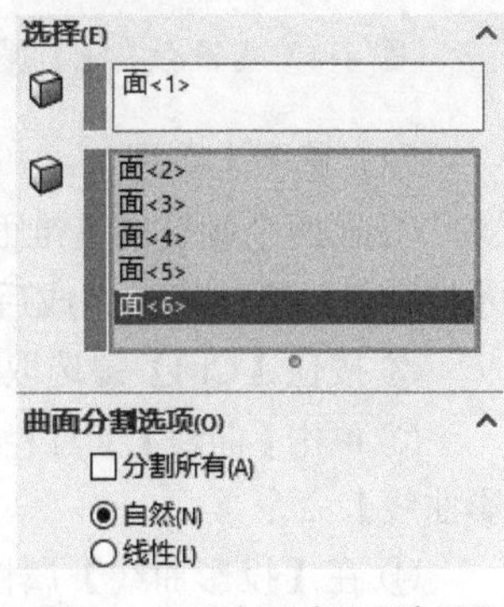

图 4-46 “交叉点”【选择】选项组

（7）单击“确定”按钮，即可生成图 4-47 所示的分割线。

2. 投影曲线

投影曲线是将曲线投影到模型面上的工具，根据投影类型，它可分为面上草图、草图上草图两种投影方式。

➢ 面上草图：将绘制的草图曲线投影到模型面上生成一条三维曲线。

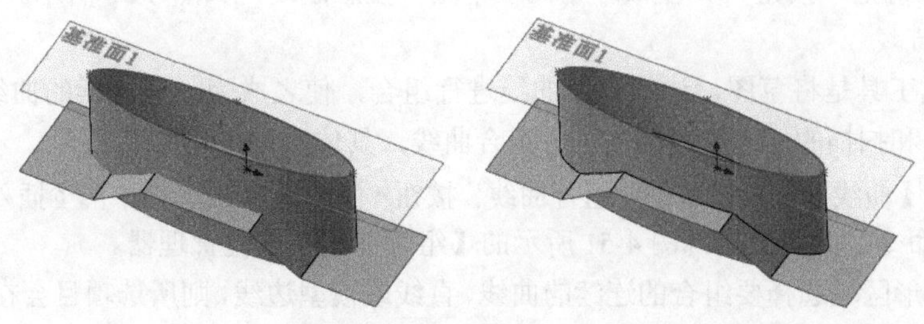

图 4-47 生成交叉点分割线

➢ 草图上草图：在两个相交的基准面上分别绘制草图，每一个草图沿所在平面的垂直方向投影得到一个曲面，最后这两个曲面在空间中相交而生成一条三维曲线。

图 4-48 所示为【投影曲线】属性管理器。

（1）面上草图

① 在基准面上绘制一条开环或闭环曲线的草图。

② 按住【Ctrl】键，选择草图和所要投影曲线的面。

③ 单击【曲线】工具栏上的“投影曲线”按钮，或选择菜单栏中的【插入】/【曲线】/【投影曲线】命令。

④ 在【投影曲线】属性管理器中会显示要投影曲线和投影面的名称，同时在图形区域显示所得到的投影曲线。

⑤ 如果投影得到的方向错误，选中【反转投影】复选框改变投影方向。

⑥ 单击“确定”按钮，即可生成“面上草图 ”投影曲线，如图 4-49 所示。

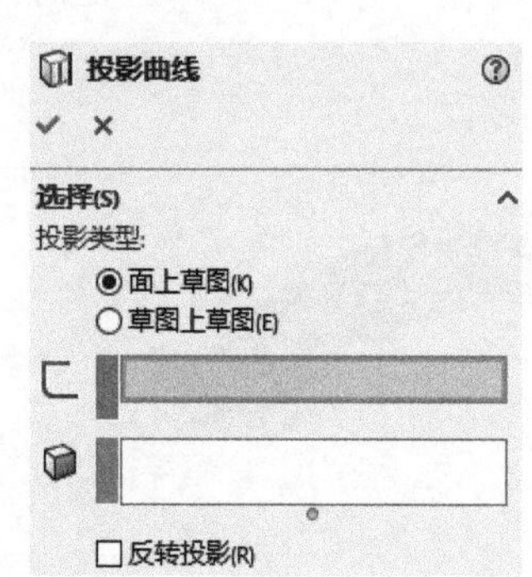

图 4-48 【投影曲线】属性管理器

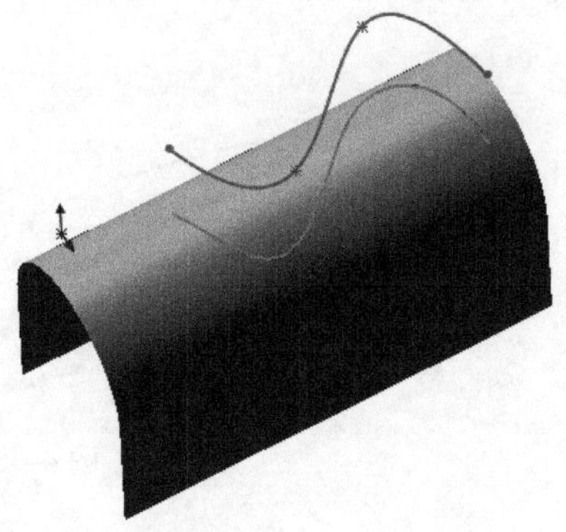

图 4-49 生成“面上草图”投影曲线

（2）草图上草图

① 在两个相交的基准面上各绘制一个草图，这两个草图轮廓所隐含的拉伸曲面必须相交，才能生成投影曲线，完成后关闭每个草图。

② 按住【Ctrl】键选取这两个草图。

③ 单击【曲线】工具栏中的“投影曲线”按钮，或选择菜单栏中的【插入】/【曲线】/【投影曲线】命令。

④ 在【投影曲线】属性管理器的列表框中显示要投影的两个草图名称，同时在图形区域显示所得到的投影曲线。

⑤ 单击“确定”按钮，生成“草图上草图”投影曲线，如图 4-50 所示。

3. 组合曲线

组合曲线工具是将草图、边线以及曲线进行组合，使之成为一条连续的曲线，组合曲线可以用作放样和扫描的引导线，想要生成组合曲线，具体操作步骤如下。

（1）单击【曲线】工具栏中的“组合曲线”按钮，或选择菜单栏中的【插入】/【曲线】/【组合曲线】命令，此时会出现图 4-51 所示的【组合曲线】属性管理器。

（2）在图形区域选择要组合的连续的曲线、直线或模型边线，则所选项目会在【组合曲线】属性管理器中的【要连接的实体】选项组中显示出来。

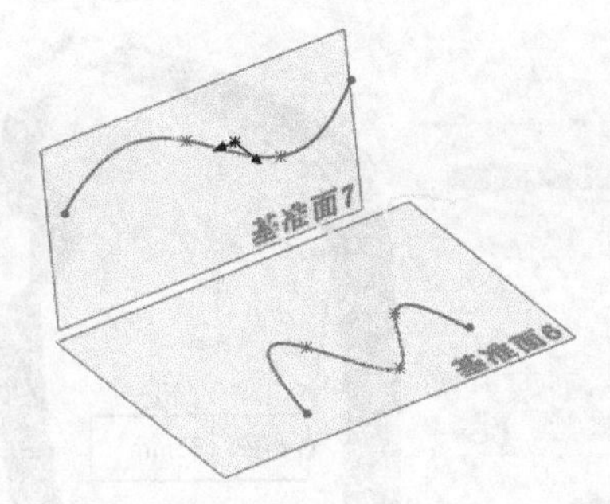

图 4-50　生成“草图上草图”投影曲线

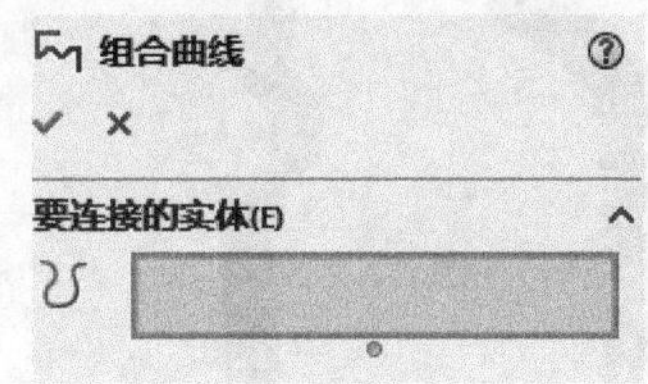

图 4-51　【组合曲线】属性管理器

（3）单击“确定”按钮，即可生成组合曲线。

图 4-52（a）所示为曲线在模型上选择边线，图 4-52（b）所示为生成的组合曲线，使用该曲线作为扫描切除路径，图 4-52（c）所示为完成扫描切除后的效果。

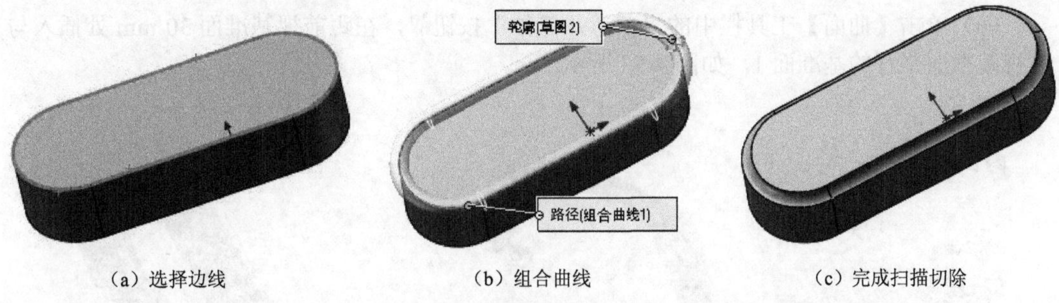

（a）选择边线　（b）组合曲线　（c）完成扫描切除

图 4-52　利用组合曲线生成扫描切除

4. 创建示教器后盖的操作步骤

（1）选择菜单栏中的【文件】/【新建】命令，弹出【新建 SolidWorks 文件】对话框，在对话框中单击“零件”按钮，然后单击“确定”按钮。

（2）在设计树中选择【前视基准面】选项，单击【草图】工具栏中的“草图绘制”按钮，进入草图绘制状态，绘制图 4-53 所示的草图。

（3）单击【曲面】工具栏中的“拉伸曲面”按钮，设置【终止条件】为【给定深度】，拉伸深度为 40 mm，拔模斜度为 3°，如图 4-54 所示。

（4）单击【曲面】工具栏中的“圆角”按钮，设置【圆角类型】为“恒定大小圆角”，【圆角项目】选择【边线 1】和【边线 2】，圆角半径为 35 mm，如图 4-55 所示。

（5）单击【曲面】工具栏中的“平面区域”按钮，选中“曲面 - 基准面 1”中曲面的所有边线，如图 4-56 所示。

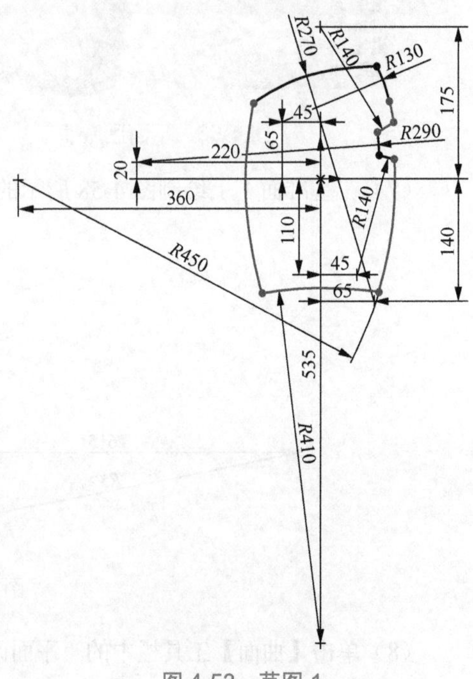

图 4-53　草图 1

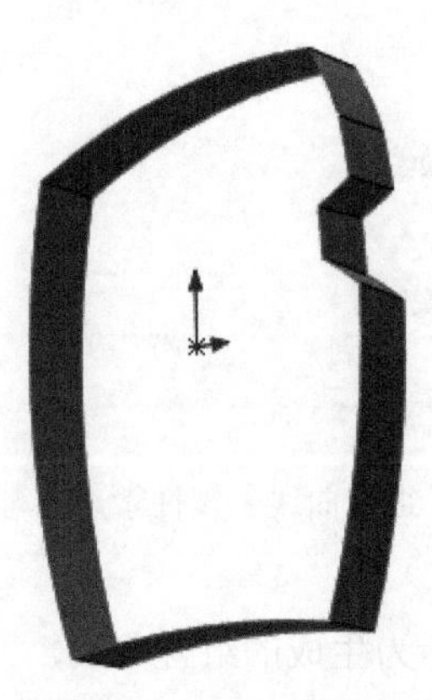
图 4-54　拉伸曲面

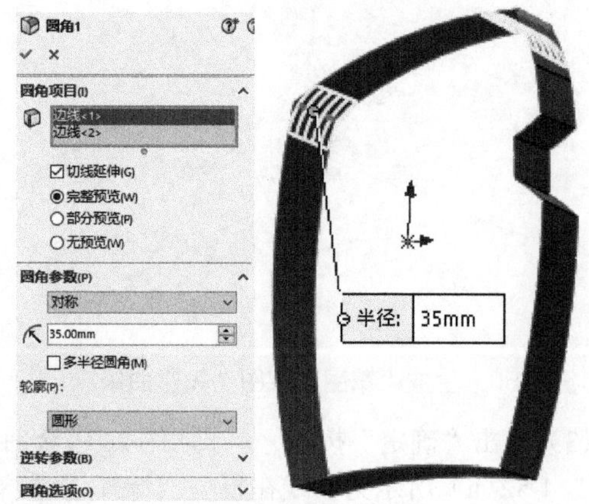

图 4-55　圆角 1

（6）单击【曲面】工具栏中的“参考几何体”按钮，在距前视基准面 30 mm 处插入与前视基准面平行的基准面 1，如图 4-57 所示。

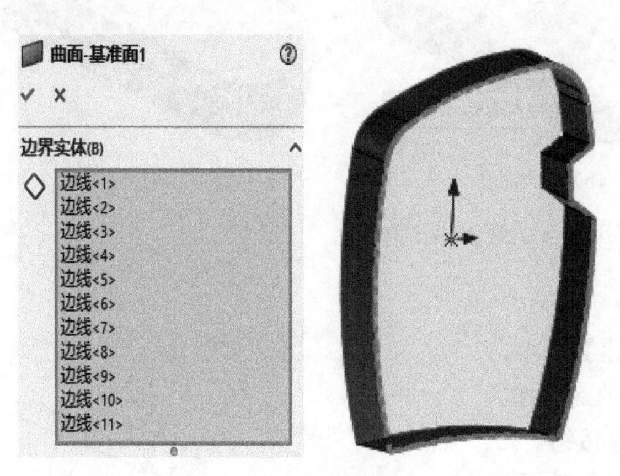

图 4-56　平面区域 1

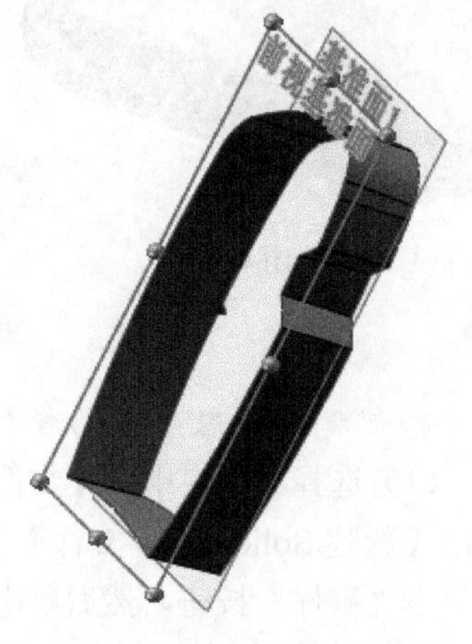

图 4-57　插入“基准面 1”

（7）在基准面 1 上绘制图 4-58 所示的草图 2。

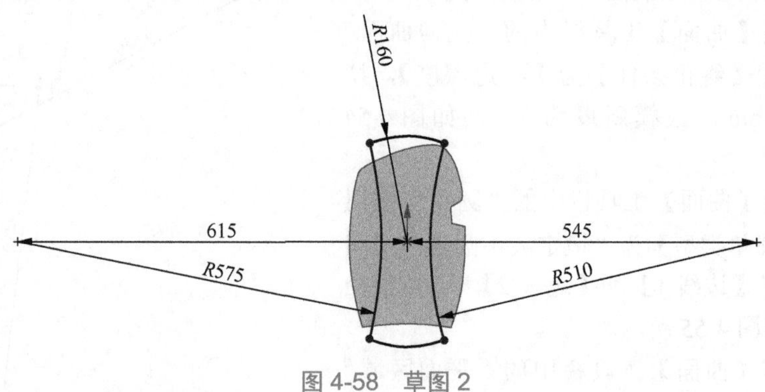

图 4-58　草图 2

（8）单击【曲面】工具栏中的“平面区域”按钮，选中【草图 2】中的所有边线，如图 4-59 所示。

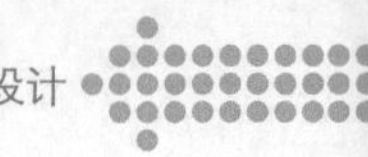

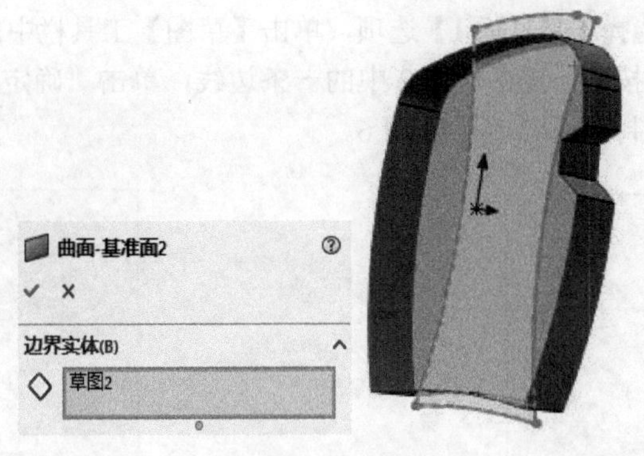

图 4-59　平面区域 2

（9）在设计树中选择【曲面 - 基准面 1】，单击【草图】工具栏中的“草图绘制”按钮，进入草图绘制状态，绘制图 4-60 和图 4-61 所示的草图 3 和草图 4。

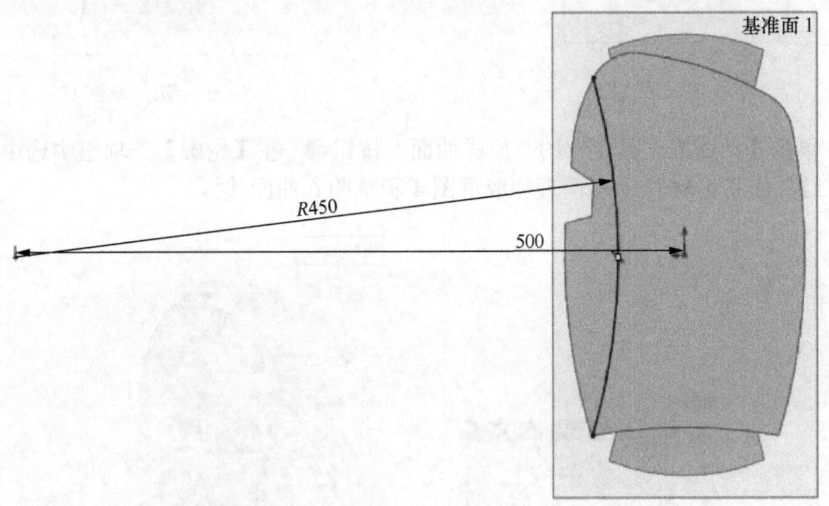

图 4-60　草图 3

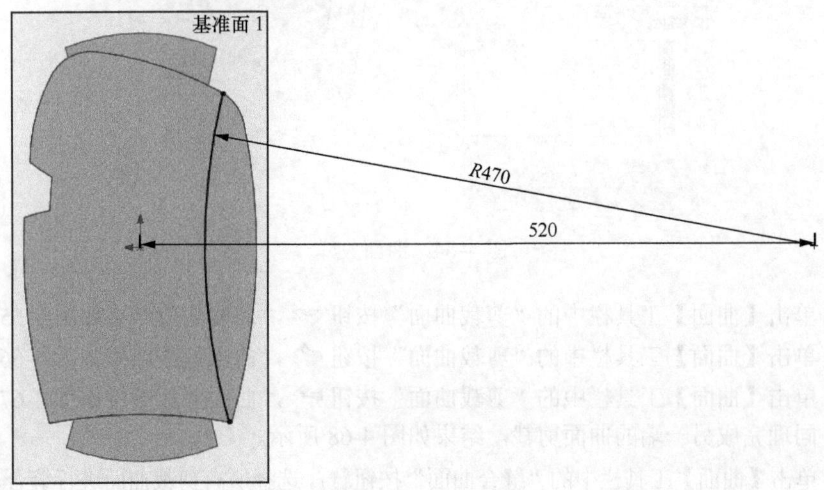

图 4-61　草图 4

（10）在设计树中选择【基准面 1】选项，单击【草图】工具栏中的“草图绘制”按钮，单击“转换实体引用”按钮，选中草图 2 中的一条边线，单击“确定”按钮，完成图 4-62 所示草图 5 绘制，同理绘制图 4-63 所示草图 6。

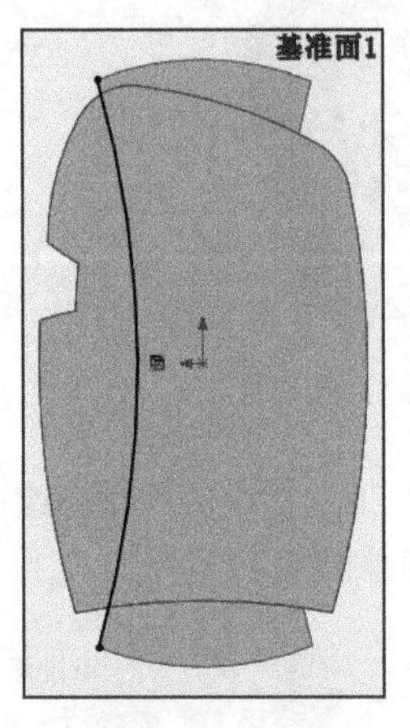

图 4-62　草图 5

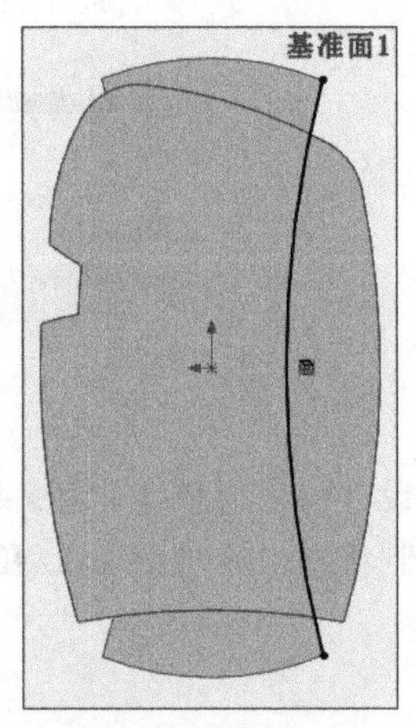

图 4-63　草图 6

（11）单击【曲面】工具栏中的“放样曲面”按钮，在【轮廓】选项组中选中【草图 3】和【草图 5】，如图 4-64 所示，同理完成草图 4 和草图 6 曲面放样。

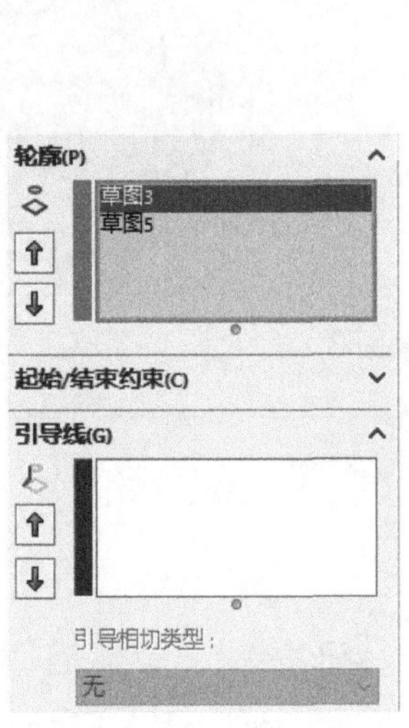

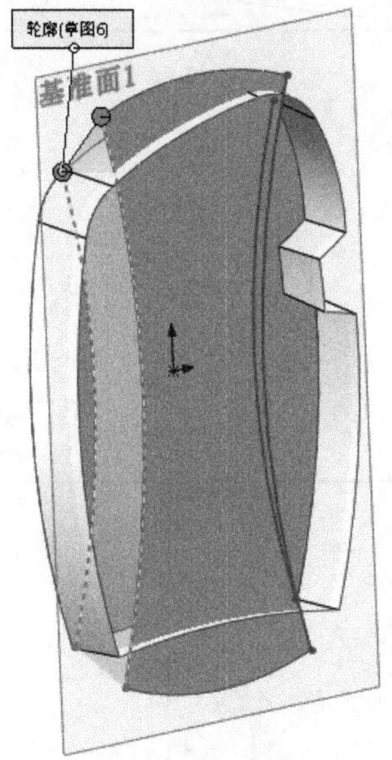

图 4-64　曲面放样

（12）单击【曲面】工具栏中的“剪裁曲面”按钮，曲面剪裁结果如图 4-65 所示。

（13）单击【曲面】工具栏中的“剪裁曲面”按钮，曲面剪裁结果如图 4-66 所示。

（14）单击【曲面】工具栏中的“剪裁曲面”按钮，曲面剪裁结果如图 4-67 所示。

（15）同理完成另一端的曲面剪裁，结果如图 4-68 所示。

（16）单击【曲面】工具栏中的“缝合曲面”按钮，选择所有剪裁曲面进行缝合，如图 4-69 所示。

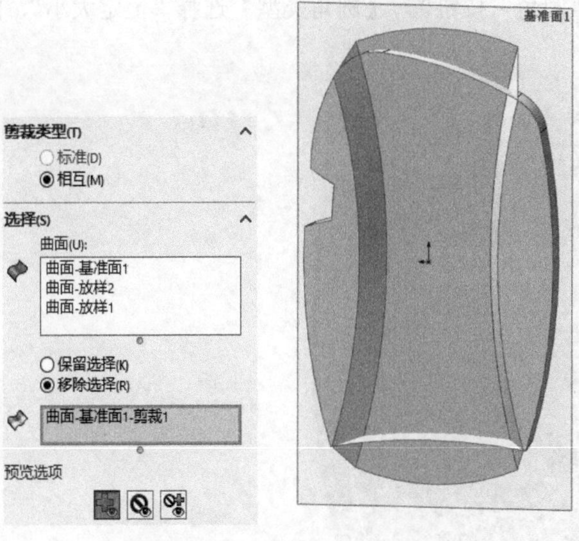

图 4-65　曲面剪裁 1

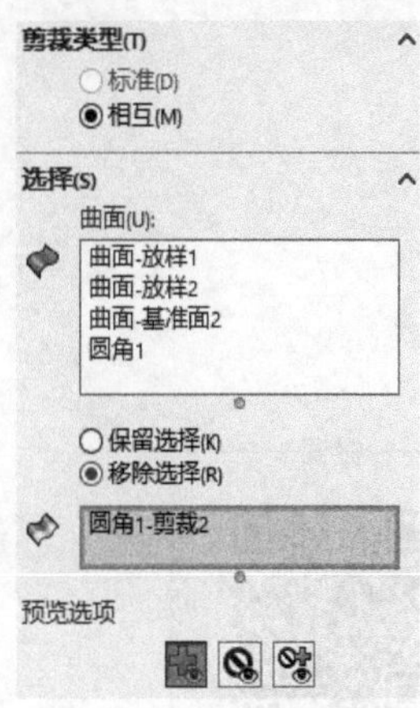

图 4-66　曲面剪裁 2

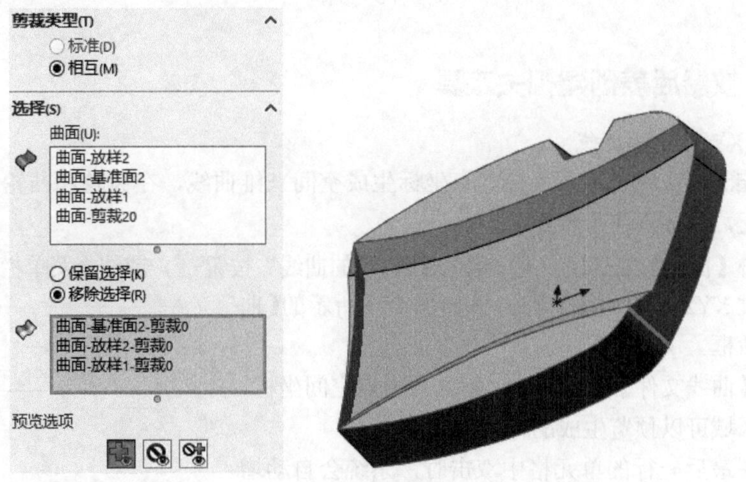

图 4-67　曲面剪裁 3

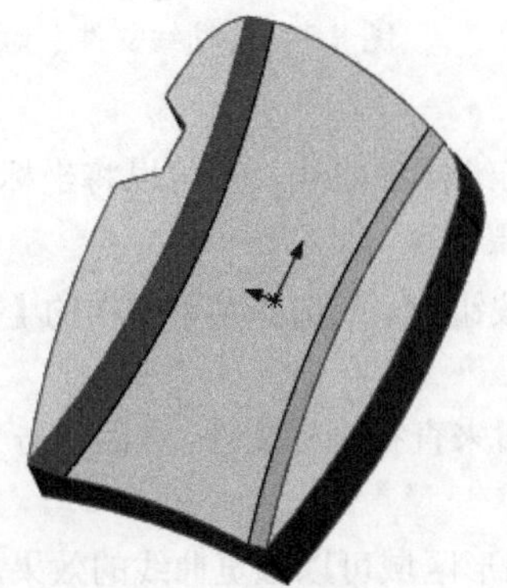

图 4-68　完成曲面剪裁

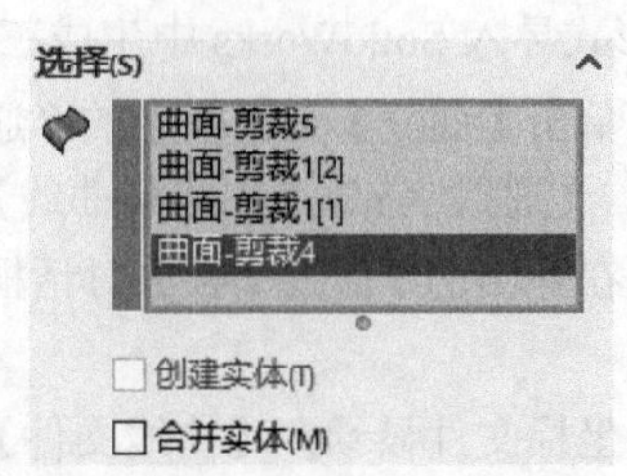

图 4-69　将剪裁曲面进行缝合

（17）单击【曲面】工具栏中的“圆角”按钮，【圆角类型】选择“恒定大小”，圆角半径为 10 mm，如图 4-70 所示。

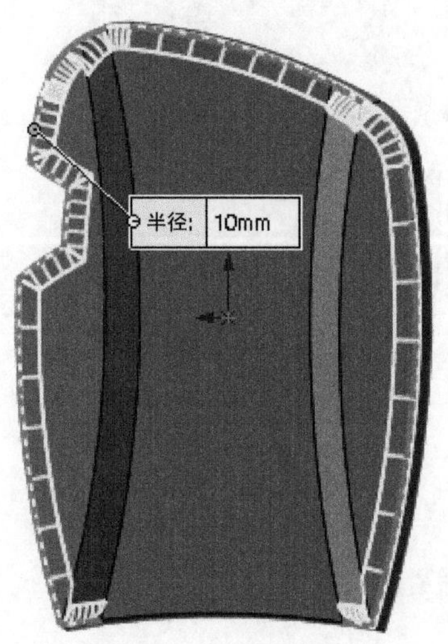

图 4-70　圆角 2

二、示教器后盖创建相关工具

1. 通过 XYZ 点的曲线

SolidWorks 可以通过输入具体的点坐标生成空间三维曲线，在齿轮和凸轮机构的设计中应用较为广泛，具体操作步骤如下。

（1）单击【曲线】工具栏中的“通过 XYZ 点的曲线”按钮，或选择菜单栏中的【插入】/【曲线】/【通过 XYZ 点的曲线】命令，弹出图 4-71 所示的【曲线文件】对话框。

（2）在【曲线文件】对话框中，输入自由点空间坐标，同时在图形区域可以预览生成的样条曲线。

（3）当在最后一行的单元格中双击时，系统会自动增加一行。如果要在一行的上面再插入一个新的行，只要单击该行，然后单击“插入”按钮即可。

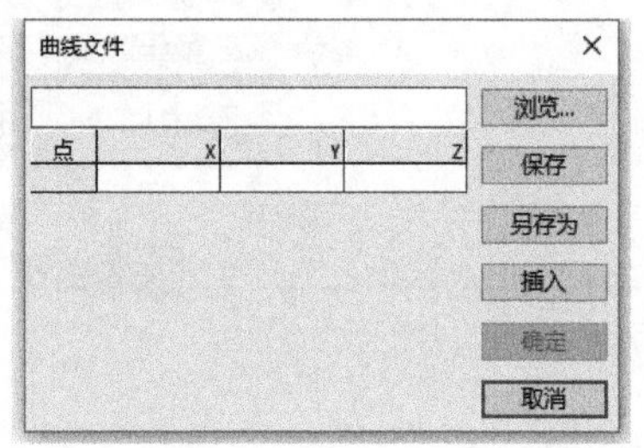

图 4-71　【曲线文件】对话框

（4）如果要保存曲线文件，单击“保存”或“另存为”按钮，然后指定文件的名称即可。

（5）单击“确定”按钮，即可按输入的坐标值生成三维样条曲线。还可以将坐标值通过 Excel 形式导入 SolidWorks 中生成三维曲线，具体操作步骤如下。

① 单击【曲线】工具栏中的“通过 XYZ 点的曲线”按钮，或选择菜单栏中的【插入】/【曲线】/【通过 XYZ 点的样条曲线】命令。

② 在弹出的【曲线文件】对话框中，单击“浏览”按钮来查找坐标文件，然后单击“打开”按钮。

③ 坐标文件显示在【曲线文件】对话框中，同时在图形区域可以预览曲线的效果。

④ 单击“确定”按钮，即可生成样条曲线。

2. 通过参考点的曲线

SolidWorks 还可以通过选择模型中的点来生成三维曲线，具体操作步骤如下。

（1）单击【曲线】工具栏中的“通过参考点的曲线”按钮，或选择菜单栏中的【插入】/【曲线】/【通过参考点的曲线】命令，会出现图 4-72 所示的【通过参考点的曲线】属性管理器。

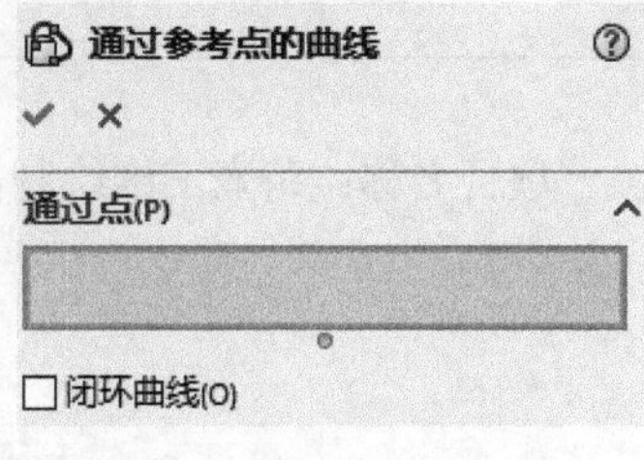

图 4-72 【通过参考点的曲线】属性管理器

（2）在【通过参考点的曲线】属性管理器中单击【通过点】选项组中的列表框，然后在图形区域按照要生成曲线的次序来选择通过点的模型，此时模型点在该列表框中显示。

（3）如果想要将曲线封闭，选中【闭环曲线】复选框。

（4）单击“确定”按钮✔，即可生成模型点的曲线。

【任务回顾】

一、知识点总结

1. 投影曲线可通过草图到面、草图到草图两种方式生成，草图到草图为在两个在相交的基准面上各绘制一个草图（隐含拉伸曲面必须相交），然后投影生成曲线。草图到面将草图曲线直接投影到模型面生成曲线。

2. 曲面切除时只需选取切除要使用的面和实体切除方向，注意剪裁曲面、删除曲面、曲面切除三者的区别。

3. 扫描曲面的方法同扫描特征类似，但是扫描曲面时，引导线的端点必须贯穿轮廓图元。

二、思考与练习

1. 放样曲面是通过________而生成曲面的方法，其造型方法和特征造型中的对应方法相似。

2. 如果要生成分割线，可通过________、________、________3 种工具生成。

3. 组合曲线就是将所绘制的曲线、模型边线或者草图几何进行重组，使之成为________的曲线，组合曲线可以用作生成________或________的引导曲线。

项目总结

本项目通过对示教器的设计，介绍了曲面及三维曲线的创建、修剪、切除等方面的知识，通过本项目的学习，读者应能根据图形创建任意曲面模型，能设计自己所需模型。项目四技能图谱如图 4-73 所示。

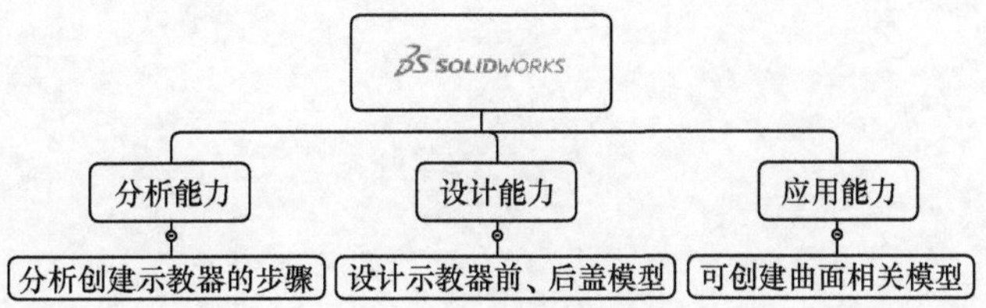

图 4-73　项目四技能图谱

拓展训练

项目名称：茶壶三维绘制，如图 4-74 所示。

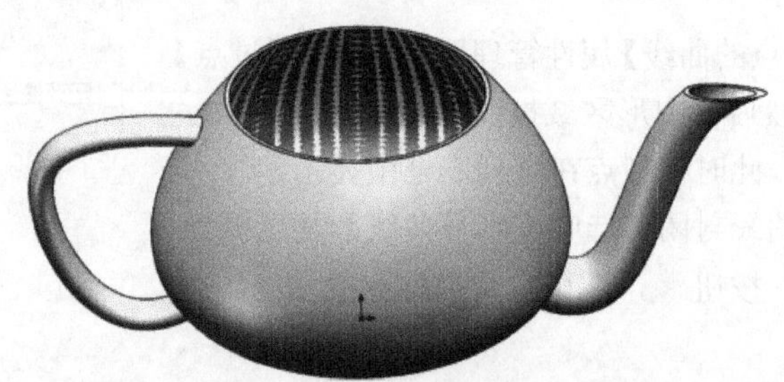

图 4-74 茶壶

设计要求：根据所学曲面和三维曲线知识，设计出三维图，然后根据具体特征进行剪裁、放样、选装等操作，尺寸可自行设定。

格式要求：直接上交画好的三维模型，以 SLDPRT 格式保存。

考核方式：作为上机课的课堂测试，时间 40min。

评估标准：评估表见表 4-1。

表 4-1 拓展训练评估表

项目名称： 茶壶三维绘制	项目承接人：	日期：
项目要求	评分标准	得分情况
总体要求（100分） 绘制时使用曲面相关知识，不能使用特征工具	1.使用旋转曲面20分 2.使用放样曲面20分 3.使用曲面扫描20分 4.绘制出三维模型40分	
评价人	评价说明	备注
老师		

装配仿真篇

项目五
装配与仿真

项目引入

SolidWorks 学习小组向 Herbert 汇报了关于曲面绘制的相关内容。

Herbert：通过之前的学习你们已经可以使用 SolidWorks 软件进行示教器的绘制了，接下来你们是不是应该对工作站进行建模了？

Dwight：以我们现在的水平是可以对工作站进行建模的，但是我们对装配体还是不够熟悉。

Aaron：我们可以一边对工作站建模，一边去学习装配体，这样的话可以大大提升效率。

（Herbert 点点头）

Aaron：这样吧，Taylor 和 Dwight，你们去学习装配体，我来进行工作站的建模，建模完成后，再由你们进行装配和仿真。

Herbert：好的，就按照你刚刚安排的做。

通过和 Herbert 的讨论，我们下一阶段的工作内容就是对 SolidWorks 软件装配体进行学习，并对工作站零部件进行装配与仿真。

知识图谱

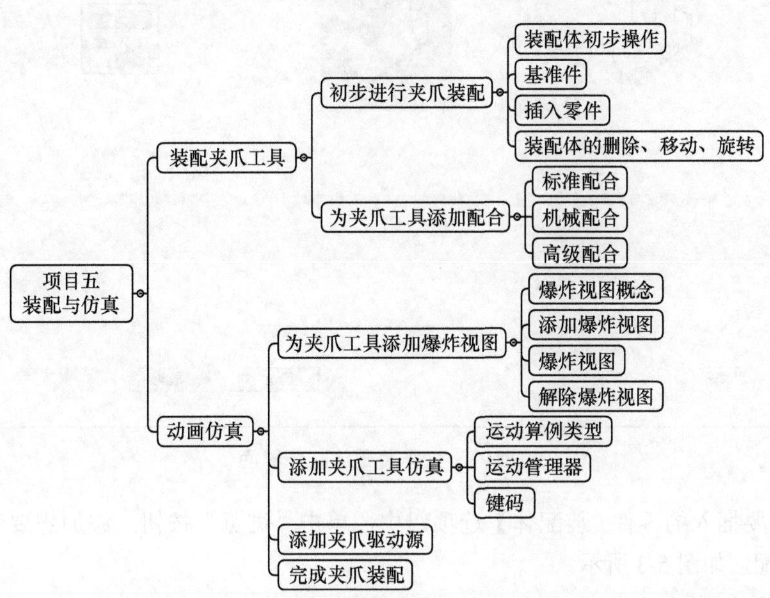

任务一　装配夹爪工具

【任务描述】

Taylor：Dwight，我认为可以使用之前创建的夹爪零部件进行装配，这样既可以学习如何装配，也可以把夹爪工具利用起来。

Dwight：是的，这样做省时又省力，我们就这样做。

【知识学习】

一、初步进行夹爪装配

1. 装配体初步操作

打开 SolidWorks 软件，单击菜单栏中的“新建”按钮 ，打开【新建 SolidWorks 文件】对话框，选择【装配体】设计模板，单击“确定”按钮，进入装配体制作界面，如图 5-1 所示。

（1）新建装配体文件

① 打开新建的装配体制作界面后，系统会自动弹出一个【开始装配体】属性管理器，如图 5-2 所示。

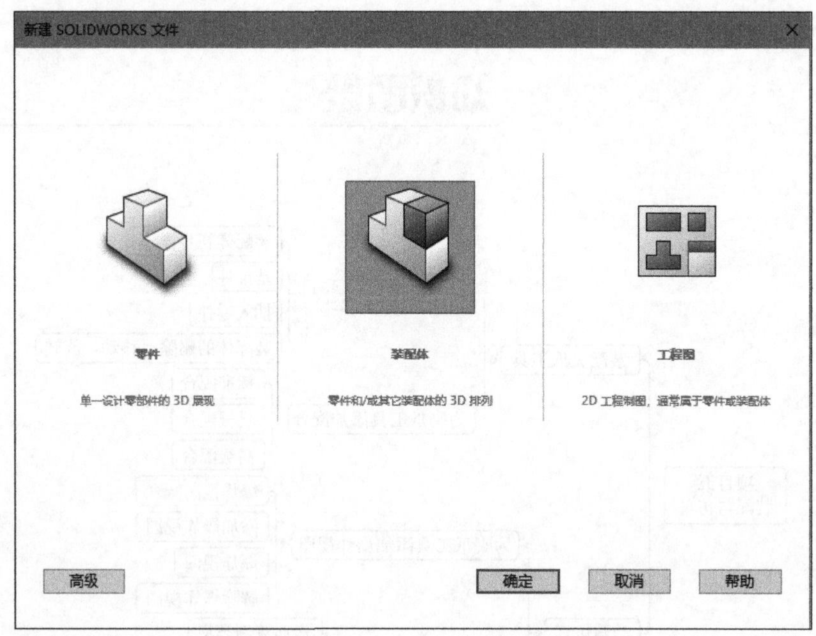

图 5-1　打开装配体制作界面

② 在【要插入的零件 / 装配体】选项组中，单击“浏览”按钮，添加想要装配的零件，开始进行装配，如图 5-3 所示。

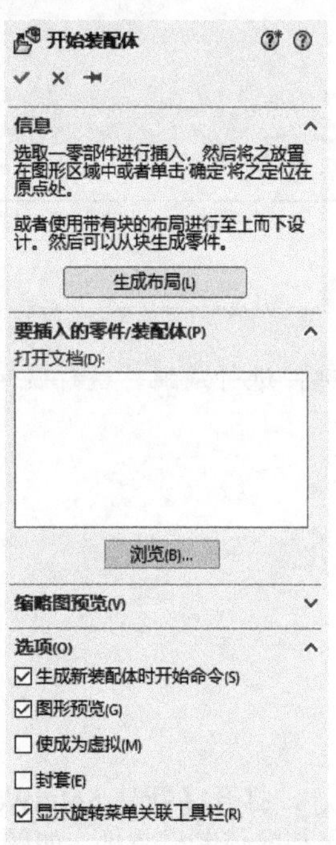

图 5-2 【开始装配体】属性管理器

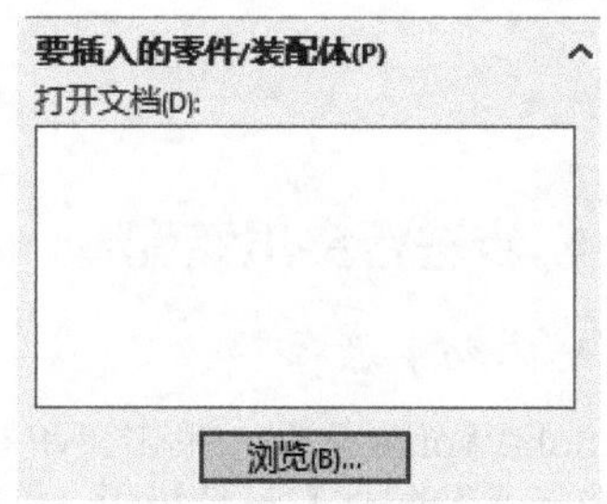

图 5-3　插入零件

在图形区域中使用鼠标拖动打开的零件，鼠标指针移动到指定位置，然后单击鼠标放置零件，如图 5-4 所示。

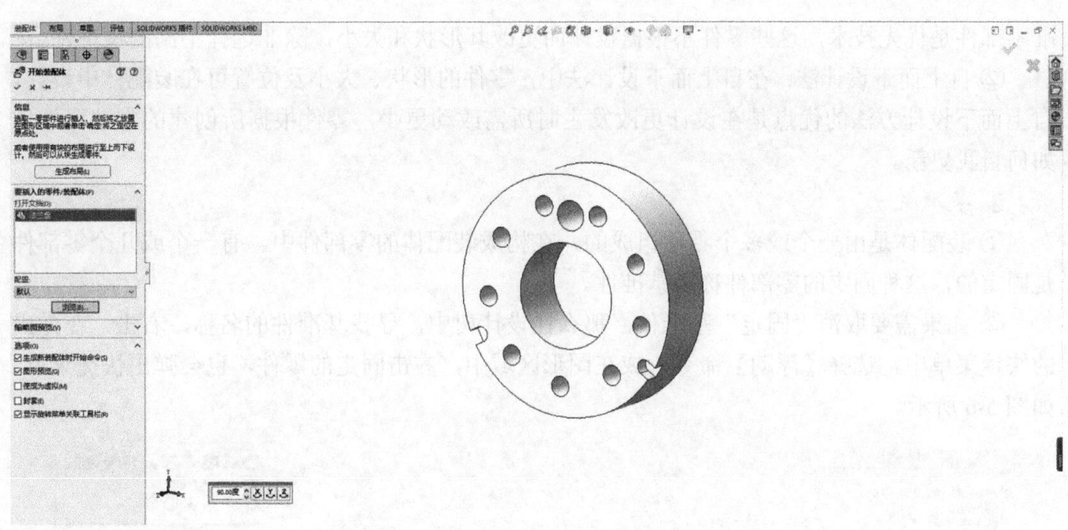

图 5-4　放置零件

③ 保存装配体文件，单击菜单栏中的“保存”按钮，保存的默认名称为“装配体 1”，文件的【保存类型】为“*.sldasm”，如图 5-5 所示。

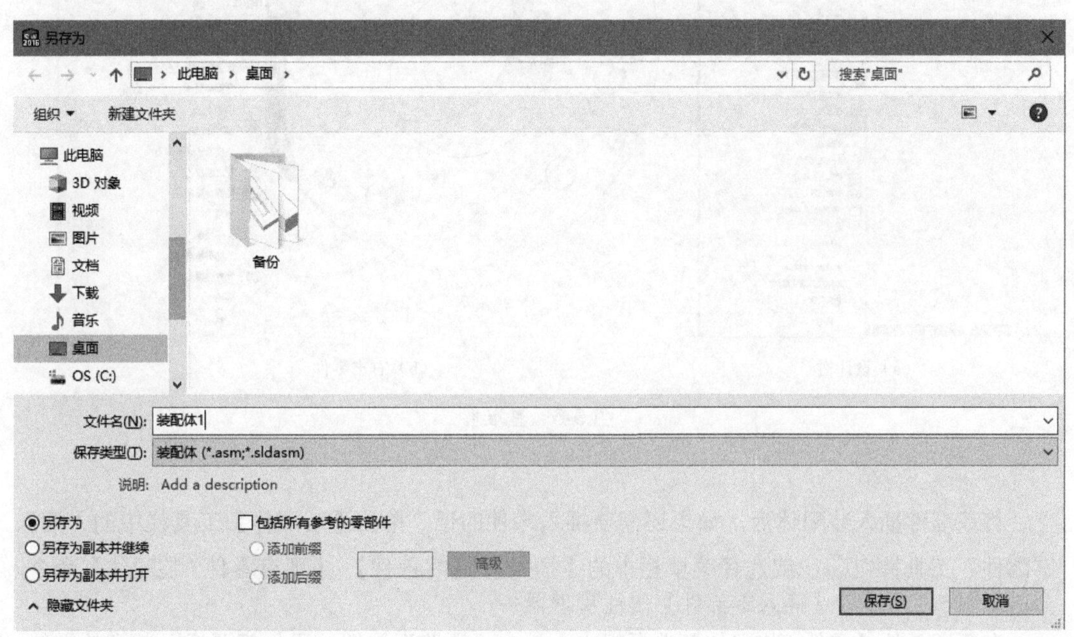

图 5-5　保存类型

（2）设计方法

在 SolidWorks 软件中，装配体有两种设计方法，分别是自下而上设计法和自上而下设计法。

①自下而上设计法：自下而上设计法是比较传统的方法，先设计并创建零件，然后将之插入装配体，接着使用配合来定位零件，若想更改零件，必须单独编辑零件，这些更改完成之后可在装配体中看见。

自下而上设计法对于先前建造、现售的零件，或者对于皮带轮、电机定转子等之类的标准零部件是优先技术，这些零件不根据设计而更改其形状和大小，除非选择不同的零部件。

② 自上而下设计法：在自上而下设计法中，零件的形状、大小及位置可在装配体中设计，自上而下设计方法的优点是在设计更改发生时所需改动更少，零件根据所创建的方法而知道如何自我更新。

2. 基准件

① 装配体是由一个或多个零件组成的，在构成装配体的零部件中，有一个或几个零部件是固定的，这种固定的零部件称为基准件。

② 如果需要取消“固定”基准件，那么在设计树中，寻找基准件的名称，右击，在弹出的快捷菜单中，选择【浮动】命令，或在图形区域中，右击固定的零件，也会弹出快捷菜单，如图 5-6 所示。

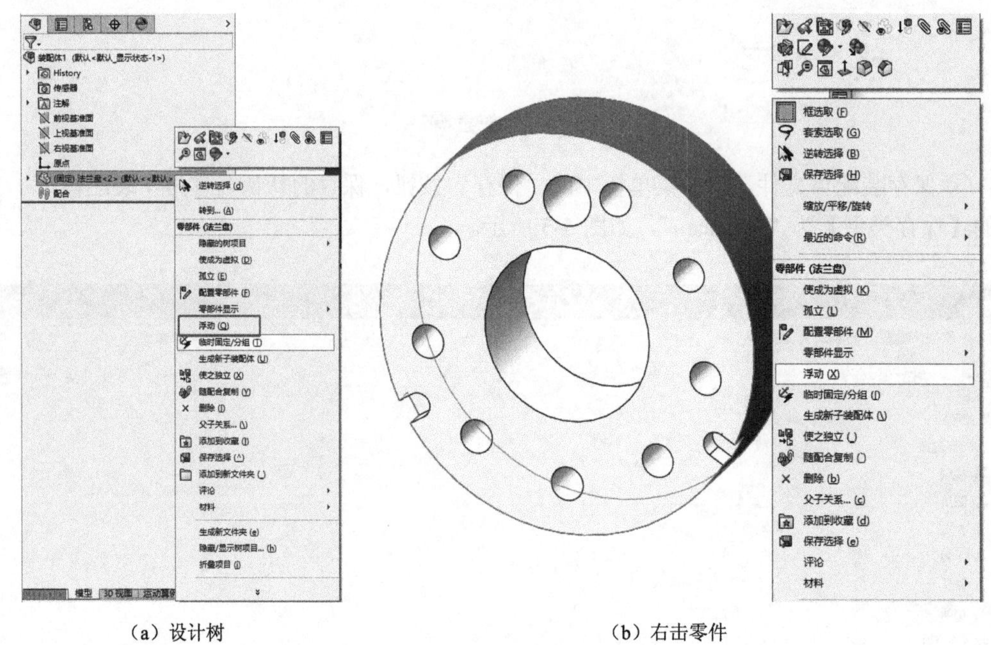

（a）设计树　　　　（b）右击零件

图 5-6　基准件

3. 插入零件

将基准件插入装配体后，如果还需要插入零件的话，单击【装配体】工具栏中的“插入零部件”工具按钮，或选择菜单栏中的【插入】/【零部件】/【现有零件 / 装配体】命令，会出现图 5-7 所示的【插入零部件】属性管理器。

在要插入的【零件 / 装配体】选项组中，单击“浏览”按钮，添加想要插入装配的零件，开始进行装配，插入的零件是浮动的，在设计树中零件名称前会显示出“(-)”，如图 5-8 所示。

浮动表示零件是自由的，可以在装配体中进行自由的旋转和移动，浮动的零件可以便于零件装配。

4. 装配体的删除、移动、旋转

（1）删除装配体零部件

如果想要在装配体中删除零件，可以进行以下操作。

① 在设计树中或在图形区域中单击想要删除的零部件。

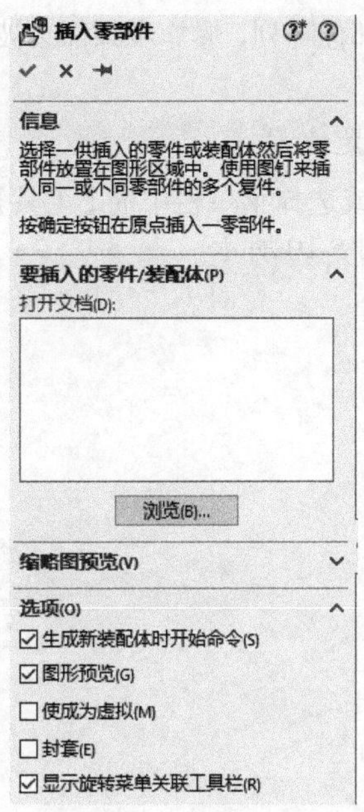

图 5-7 【插入零部件】属性管理器

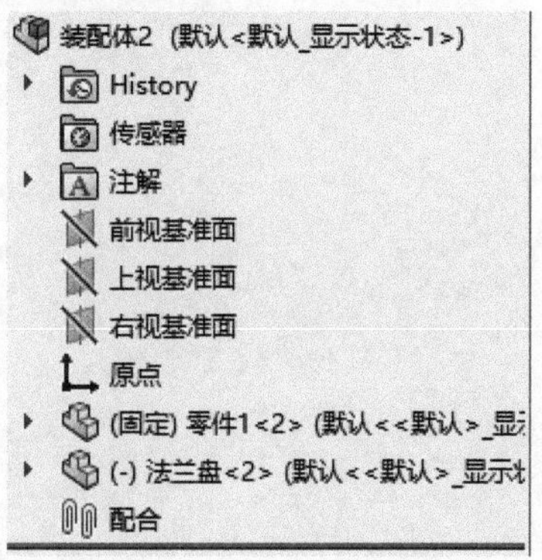

图 5-8　浮动图标

② 按【Delete】键进行删除，或在零部件上右击，在弹出的快捷菜单中选择【删除】命令，如图 5-9（a）所示。选择【删除】命令后，会出现【确定删除】对话框，单击“是”按钮，如图 5-9（b）所示。

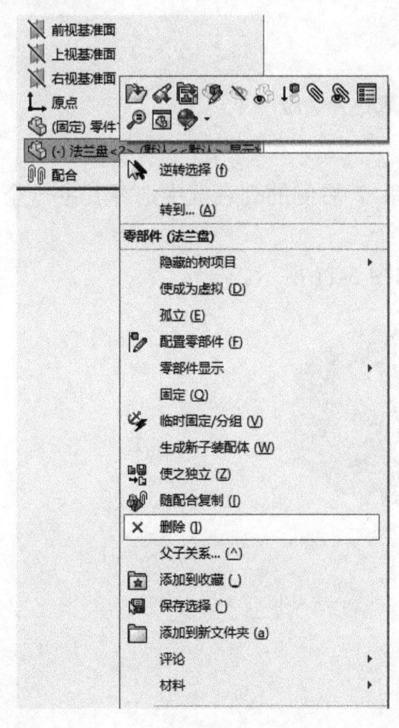

（a）

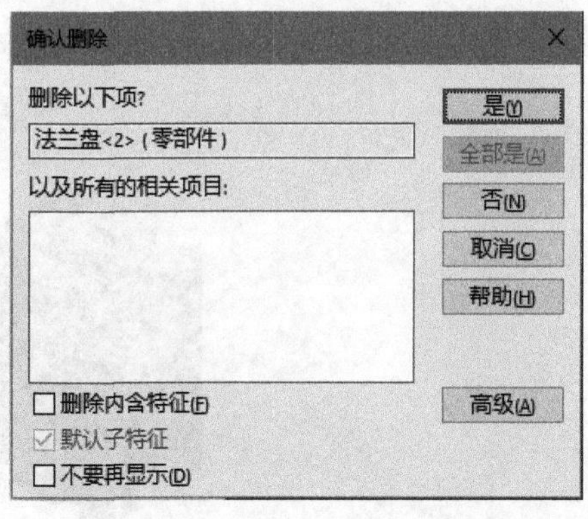

（b）

图 5-9　删除装配体零部件

③ 删除零部件后，此零部件的所有相关项目包括配合、零部件阵列、爆炸步骤都会被删除。

（2）移动装配体零部件

为了方便装配体装配，需要将零部件进行移动并放置到指定位置。

① 单击【装配体】工具栏中的“移动零部件”工具按钮或选择菜单栏中的【工具】/【零部件】/【移动】命令，打开【移动零部件】属性管理器，如图 5-10 所示。

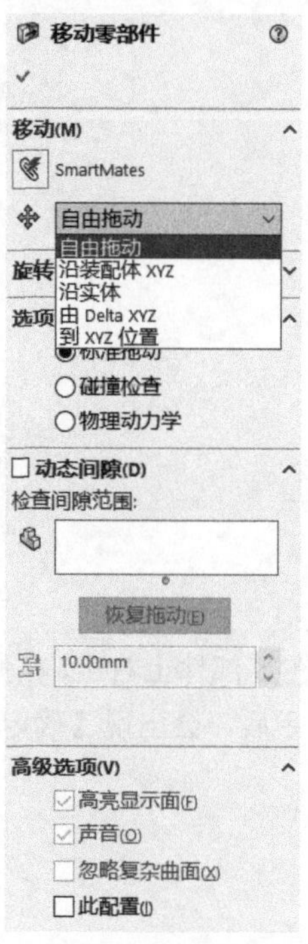

图 5-10 【移动零部件】属性管理器

② 在图形区域中选择一个或多个零部件，从按钮右侧的列表框中选择其中一个项目，来移动零部件。

➢ 自由拖动：选择零部件并沿任何方向拖动，如图 5-11 所示。

图 5-11　自由拖动

➢ 沿装配体 XYZ：选择零部件并沿装配体的 x、y 或 z 方向拖动，图形区域中显示坐标系以帮助确定方向，若要选择沿其拖动的轴，拖动前在轴附近单击，如图 5-12 所示。

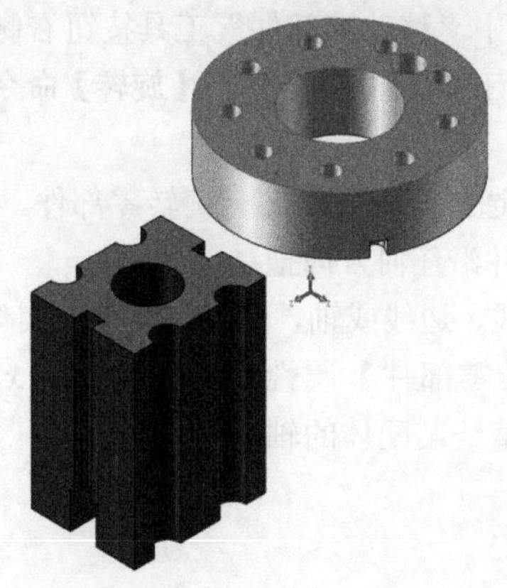

图 5-12 沿装配体 XYZ

➢ 沿实体：选择实体，然后选择零部件并沿该实体拖动，如果实体是一条直线、边线或轴，所移动的零部件具有一个自由度，如果实体是一个基准面或平面，所移动的零部件具有两个自由度，如图 5-13 所示。

图 5-13 沿实体

➢ 由 DeltaXYZ：在属性管理器中输入 x、y 或 z 值，然后单击“应用”按钮，零部件按照指定的数值移动，如图 5-14 所示。

图 5-14 由 DeltaXYZ

（3）旋转装配体零部件

为了方便零部件进行装配，可以旋转装配体零部件。

① 单击【装配体】工具栏中“移动零部件”工具按钮右侧的下拉按钮，选择【旋转零部件】选项，或选择菜单栏中的【工具】/【零部件】/【旋转】命令，系统自动打开【旋转零部件】属性管理器，如图 5-15 所示。

② 从【旋转】下拉列表中选择下列方法之一旋转零部件。

➢ 自由拖动：选择零部件并沿任何方向拖动。

➢ 对于实体：选择一条直线、边线或轴，然后围绕所选实体拖动零部件，如图 5-16 所示。

➢ 由 DeltaXYZ：在【旋转零部件】属性管理器中输入 x、y 或 z 值，然后单击“确定”按钮✓，零部件按照指定角度值绕装配体的轴旋转。

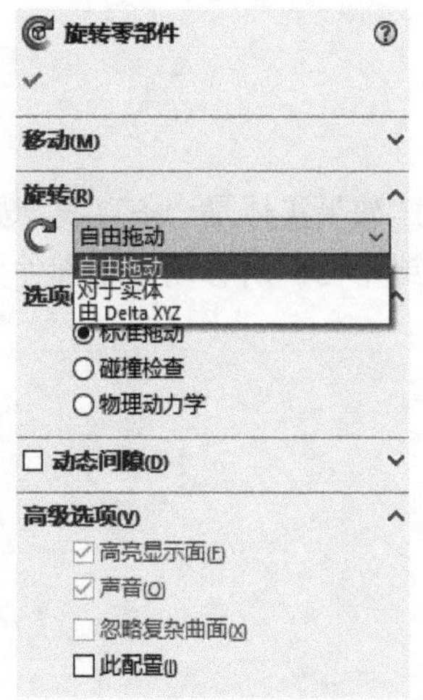

图 5-15 【旋转零部件】属性管理器

图 5-16 对于实体

二、为夹爪工具添加配合

1. 标准配合

在装配体中，标准配合包括平行、垂直、重合、相切、同轴心、锁定、距离和角度配合等。

（1）打开【配合】属性管理器

在【装配体】工具栏中单击“配合”按钮，或选择菜单栏中的【插入】/【配合】命令，同时系统会自动弹出【配合】属性管理器，如图 5-17 所示。

（2）【配合】属性管理器设置

① 配合选择。

（要配合的实体）：选择想配合在一起的面、边线、基准面等。

（多配合模式）：通过单一操作将多个零部件与普通参考配合。

②标准配合。所有配合类型会始终显示在【配合】属性管理器中，但只有适用于当前选择的配合才可供使用。

（重合）：将所选面、边线及基准面定位（相互组合或与单一顶点组合），如图 5-18 所示。

（平行）：所选的项目（边线或面）相对于面或边线保持相同的距离，如图 5-19 所示。

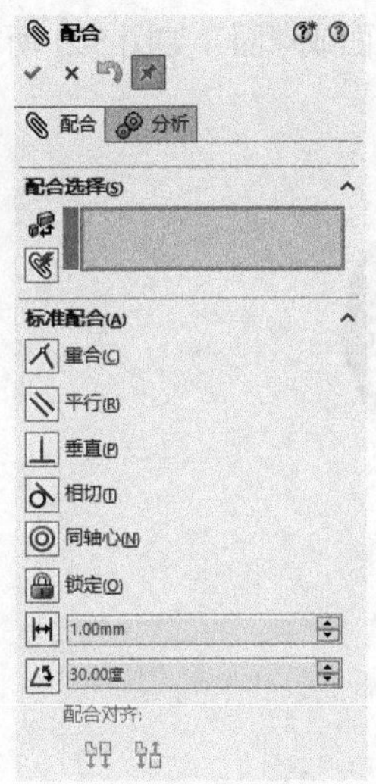

图 5-17　【配合】属性管理器

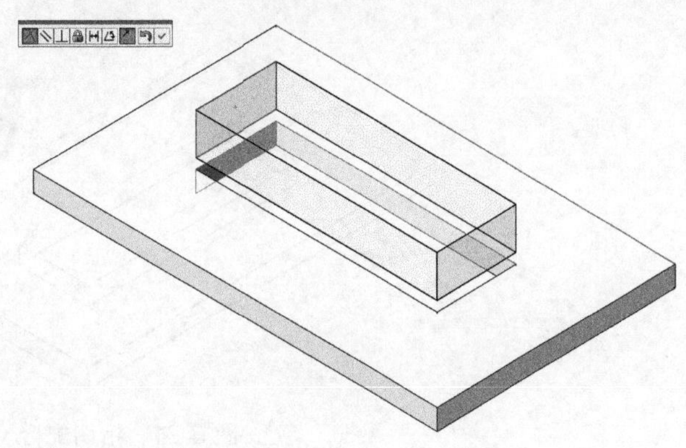

图 5-18　重合配合

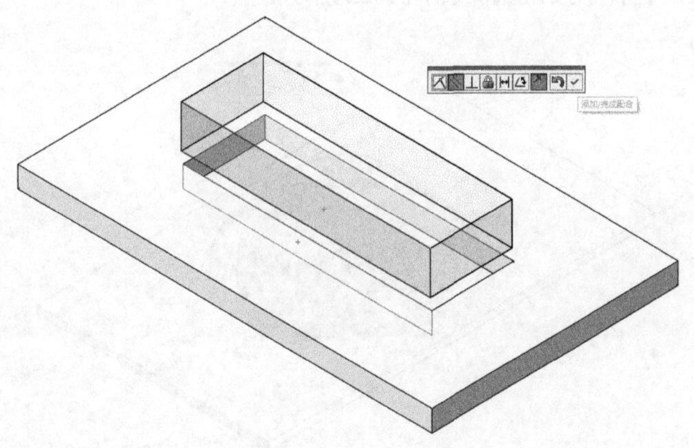

图 5-19　平行配合

⊥（垂直）：将所选项彼此间成 90° 放置，如图 5-20 所示。

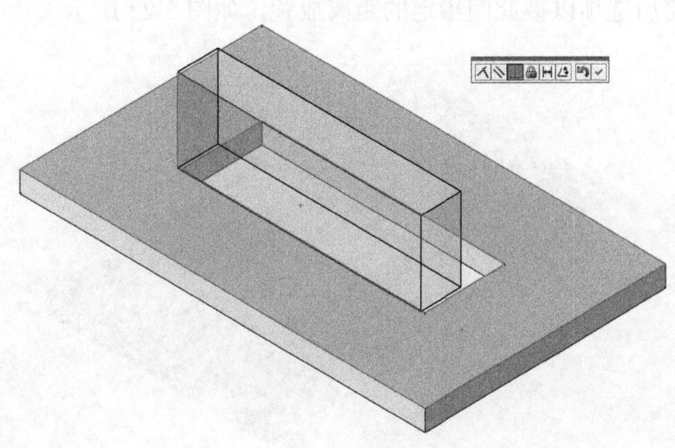

图 5-20　垂直配合

（相切）：将所选项彼此间相切放置（至少有一选项为圆柱面、圆锥面或球面），如图 5-21 所示。

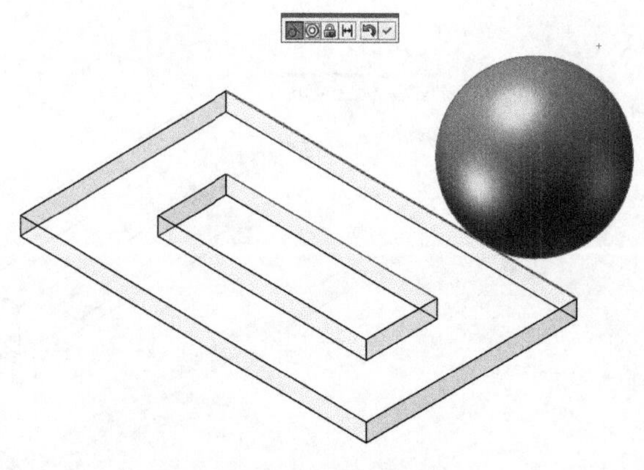

图 5-21 相切配合

（同轴心）：使所选项共享同一中心线。要防止轴心配合中出现旋转，在选择配合几何体后，单击“锁定旋转”按钮，如图 5-22 所示。

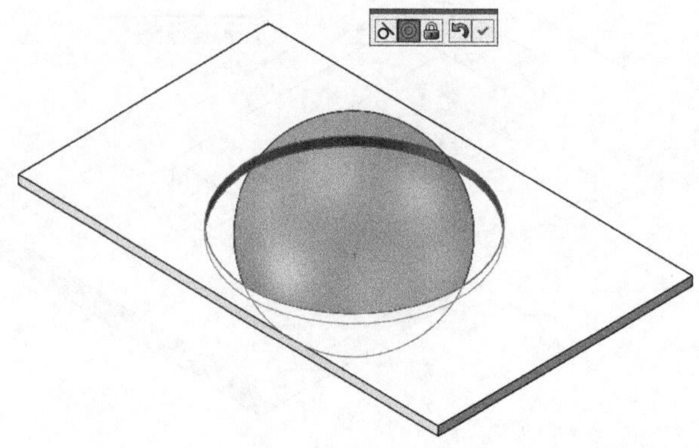

图 5-22 同轴心配合

（锁定）：保持两个零部件之间的相对位置和方向。

（距离）：将所选项以彼此间指定的距离放置，如图 5-23 所示。

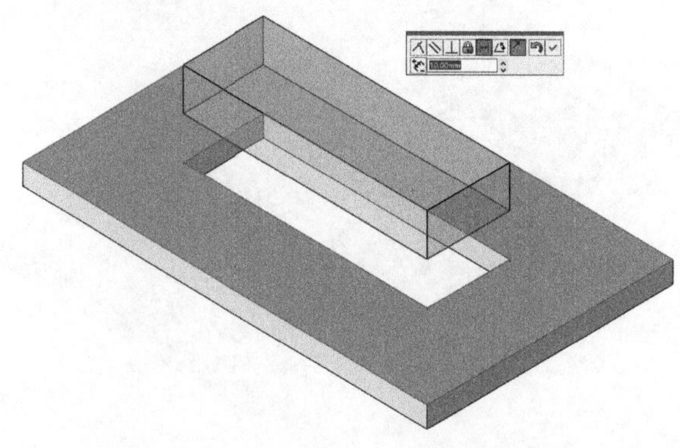

图 5-23 距离配合

（角度）：将所选项以彼此间指定的角度放置，如图 5-24 所示。

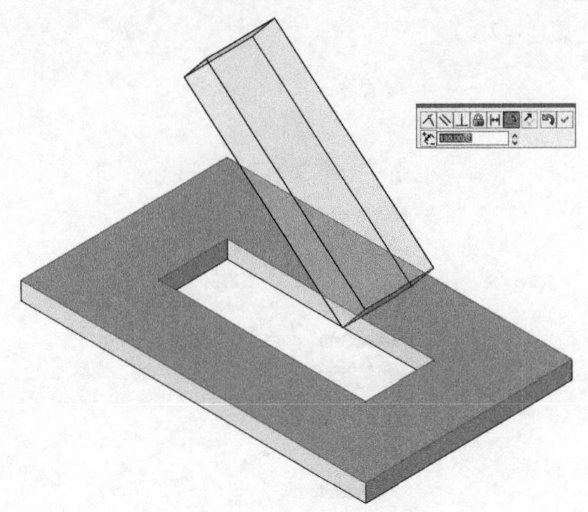

图 5-24　角度配合

③ 配合对齐：根据需要切换配合对齐方式。

（同向对齐）：与所选面正交的向量指向同一方向。

（反向对齐）：与所选面正交的向量指向相反方向。

2. 机械配合

机械配合包括凸轮、齿轮、铰链、齿条小齿轮、螺旋、万向节配合等，如图 5-25 所示。

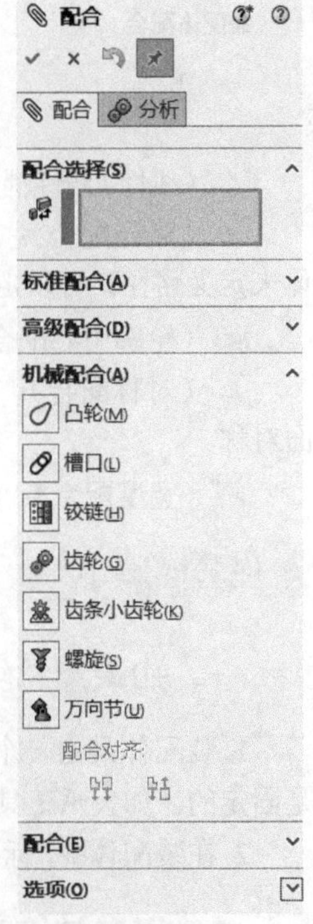

图 5-25　机械【配合】属性管理器

（凸轮配合）：为一相切或重合配合类型。它可允许将圆柱、基准面或点与一系列相切的拉伸曲面相配合，如同在凸轮上可看到的。

（齿轮配合）：会强迫两个零部件绕所选轴相对旋转。齿轮配合的有效旋转轴包括圆柱面、圆锥面、轴和线性边线。

（铰链配合）：将两个零部件之间的移动限制在一定的旋转范围内。其效果相当于同时添加同心配合和重合配合。此外还可以限制两个零部件之间的移动角度。

（齿条和小齿轮配合）：通过齿条和小齿轮配合，某个零部件（齿条）的线性平移会引起另一零部件（小齿轮）的圆周旋转，反之亦然。可以配合任何两个零部件以进行此类相对运动。这些零部件必须有轮齿。

（螺旋配合）：将两个零部件约束为同心，并在一个零部件的旋转和另一个零部件的平移之间添加纵倾几何关系。一零部件沿轴方向的平移会根据纵倾几何关系引起另一个零部件的旋转。同样，一个零部件的旋转可引起另一个零部件的平移。

（万向节配合）：在万向节配合中，一个零部件（输出轴）绕自身轴的旋转是由另一个零部件（输入轴）绕其轴的旋转驱动的。

（槽口配合）：可将螺栓配合到直通槽或圆弧槽，也可将槽配合到槽。可以选择轴、圆柱面或槽，以便创建槽口配合。

3. 高级配合（见图 5–26）

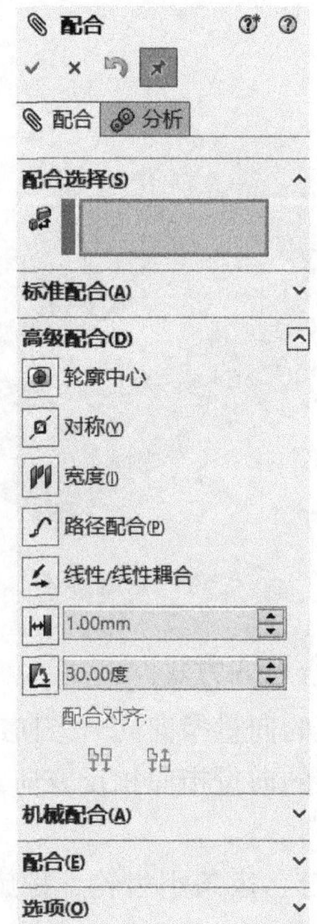

图 5-26　高级【配合】属性管理器

（线性 / 线性耦合配合）：在一个零部件的平移和另一个零部件的平移之间建立几何关系。

（路径配合）：将零部件上所选的点约束到路径。可以在装配体中选择一个或多个实体来定义路径。可以定义零部件在沿路径经过时的纵倾、偏转和摇摆。

（轮廓中心配合）：会自动将几何轮廓的中心相互对齐并完全定义零部件。

（对称配合）：强制使两个相似的实体相对于零部件的基准面或平面或装配体的基准面对称。

（宽度配合）：约束两个平面之间的标签。

【任务回顾】

一、知识点总结

1. 装配体是由一个或多个零件组成的，在构成装配体的零部件中，有一个或几个零部件是固定的。如夹爪工具的法兰盘是固定的，我们将这种固定的零件叫做基准件。

2. 在装配体中，标准配合包括平行、垂直、重合、相切、同轴心、锁定、距离和角度配合等。

二、思考与练习

1. 装配体有________和________两种设计方法。

2. 下面不属于标准配合的是（　　）。

A. 重合、平行配合　　B. 垂直、相切、同轴心配合　　C. 锁定、对称、角度配合

3. 装配体的文件类型为（　　）。

A.*.sldasm　　B.*.sldprt　　C.*.asm

任务二　动画仿真

【任务描述】

Dwight：Taylor，我在学习的过程中发现了一个有趣的功能。

Taylor：是什么功能啊？

Dwight：是爆炸视图，是不是听着就很有趣啊？

Taylor：爆炸视图？没见过，不过我发现了仿真工具。

Dwight：那这样吧，你去学习仿真工具，我去学习爆炸视图。

【知识学习】

一、为夹爪工具添加爆炸视图

1. 爆炸视图概念

装配体的爆炸视图可分离装配体零件，方便查看装配体的装配情况。在 SolidWorks 软件中，可以通过自动爆炸或一个一个爆炸来创建装配体的爆炸视图。一个爆炸视图包括一个或多个爆炸步骤，每一个爆炸视图保存在所生成的装配体配置中，每个配置都可有一个爆炸视图，装配体爆炸后，不可以给装配体添加配合。

2. 添加爆炸视图

① 打开想要生成爆炸视图的装配体，并另存为“××× 爆炸视图.sldasm”，如将“工业机器人夹爪工具装配体.sldasm”另存为“工业机器人夹爪工具爆炸视图.sldasm”。

② 单击【装配体】工具栏中的“爆炸视图”工具按钮，或选择菜单栏中的【插入】/【爆炸视图】命令，出现【爆炸】属性管理器，如图 5-27 所示。

③ 在弹出的【爆炸】属性管理器中选择一个想要爆炸的零件，此时操纵杆就会出现在选中的零件上，如图 5-28（a）所示。在【爆炸】属性管理器中，此零件就会出现在设定面板的（爆炸步骤零部件）列表框中，如图 5-28（b）所示。

④ 将鼠标指针移至零部件爆炸方向操纵杆控标上，指针形状变为移动箭头。拖动操纵杆控标来爆炸零部件，此时会出现标尺，可借助标尺确定移动距离，使零件脱离装配体位置，如

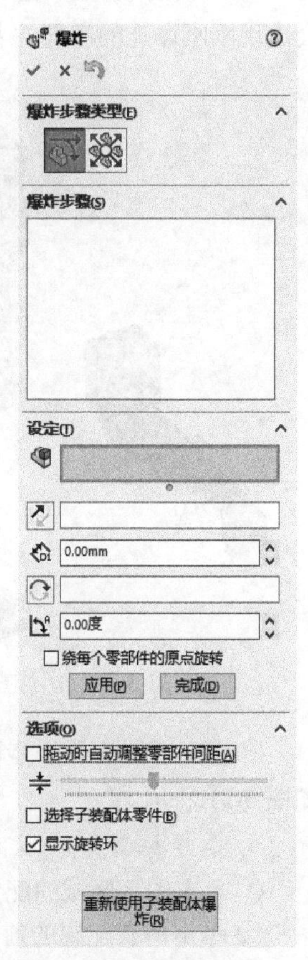

图 5-27 【爆炸】属性管理器

图 5-29 所示。

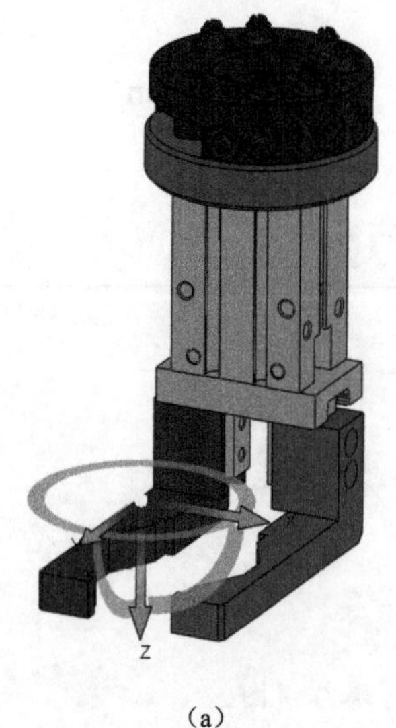

(a)

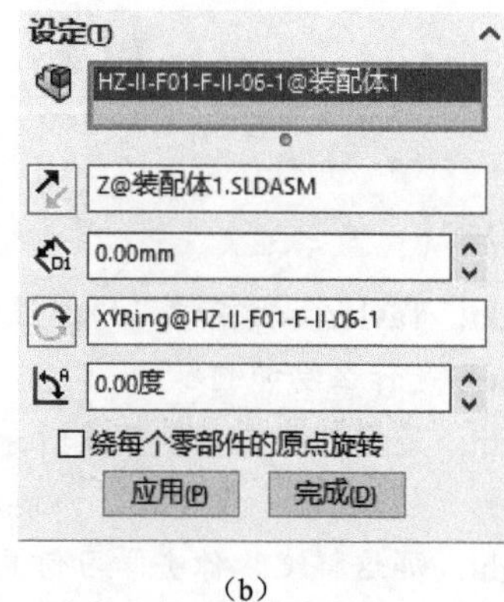

(b)

图 5-28　选中零件

⑤ 释放鼠标左键，在爆炸设定面板会出现“爆炸步骤 1”，单击“爆炸步骤 1”前面的“+”，会出现刚刚爆炸的零部件名称（“爆炸步骤 1”前的“+”变为“−”），如图 5-30 所示。

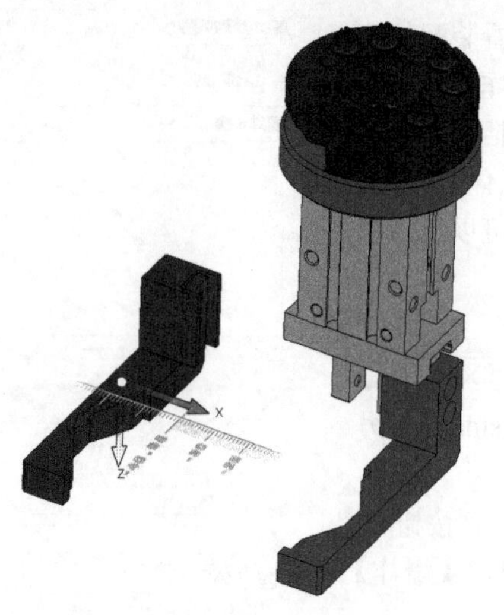

图 5-29　爆炸零部件

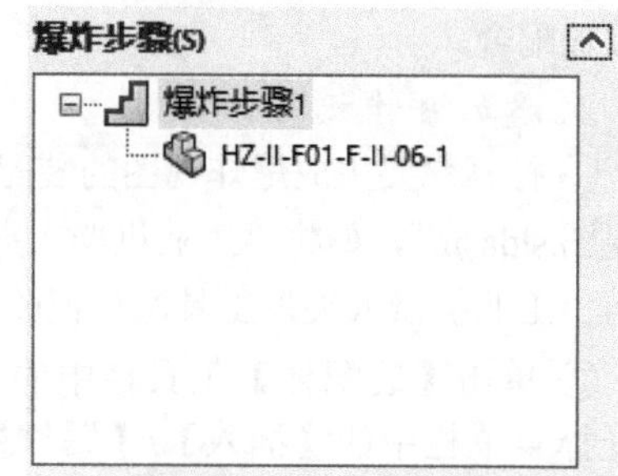

图 5-30　爆炸步骤

⑥重复之前的爆炸步骤，爆炸所有需要爆炸的零部件，爆炸步骤显示在配置管理器中，如图 5-31 所示。

3. 爆炸视图

① 单击图形区域的配置管理器图标 。

② 单击所有配置的前的 ▸ 图标，可查看所有爆炸步骤，还可以右击爆炸视图，编辑爆炸视图特征，如图 5-32 所示。

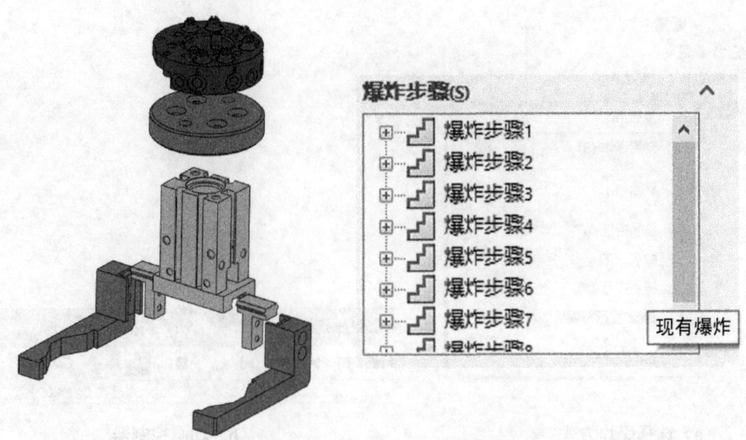

图 5-31　爆炸所有零部件

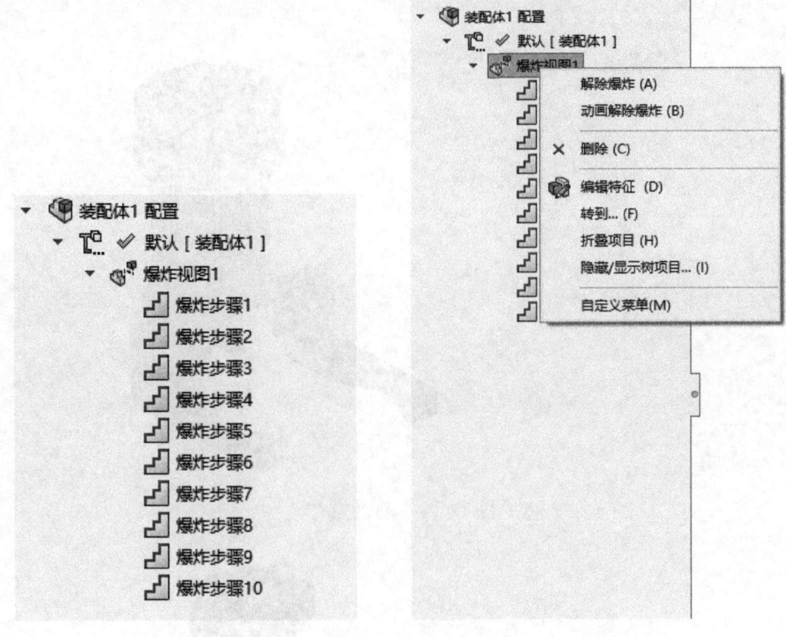

图 5-32　查看爆炸步骤

③ 双击爆炸视图特征，或者右击爆炸视图特征，在弹出的快捷菜单中，选择【爆炸】或【动画爆炸】命令，对零件进行爆炸，如图 5-33（a）所示。若选择【动画爆炸】命令，系统会弹出动画控制器，如图 5-33（b）所示。

④ 如果选择【爆炸】命令，零件会瞬间爆炸到指定位置，而【动画爆炸】命令会把爆炸化为一个小动画来进行，如图 5-34 所示。

4. 解除爆炸视图

如果想要解除爆炸视图，打开配置管理器，右击爆炸视图特征，在弹出的快捷菜单中选择【解除爆炸】或【动画解除爆炸】命令，如果选择【解除爆炸】命令，则零件会瞬间回复到指定位置，而【动画解除爆炸】命令会把解除爆炸化为一个小动画来进行，如图 5-35 所示。

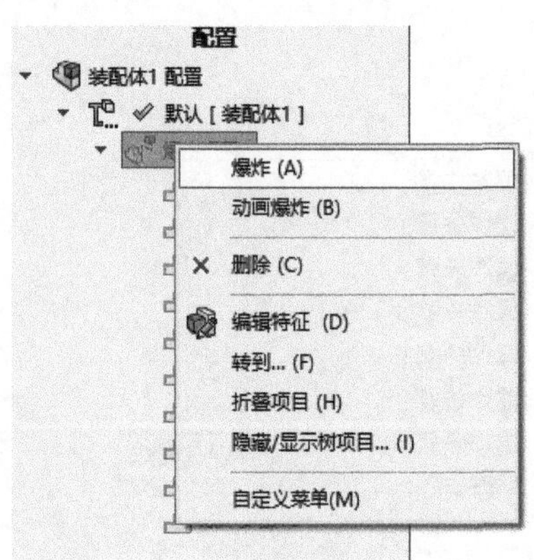

（a）选择爆炸方式

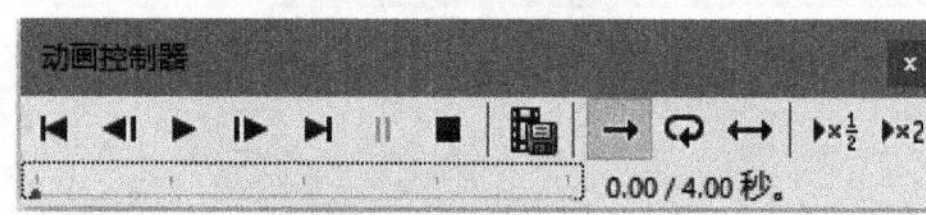

（b）动画控制器

图 5-33　爆炸视图

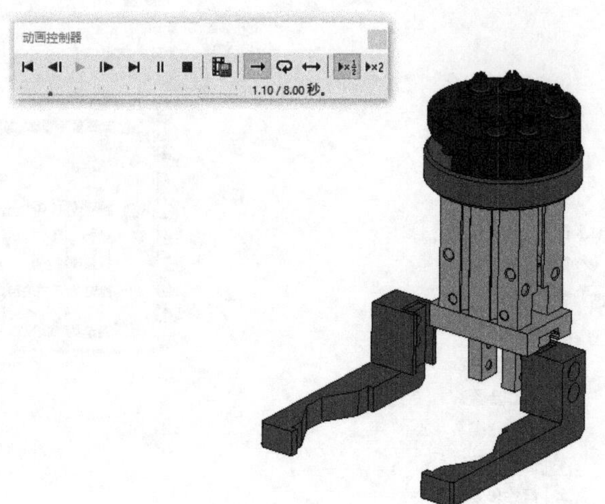

图 5-34　动画爆炸

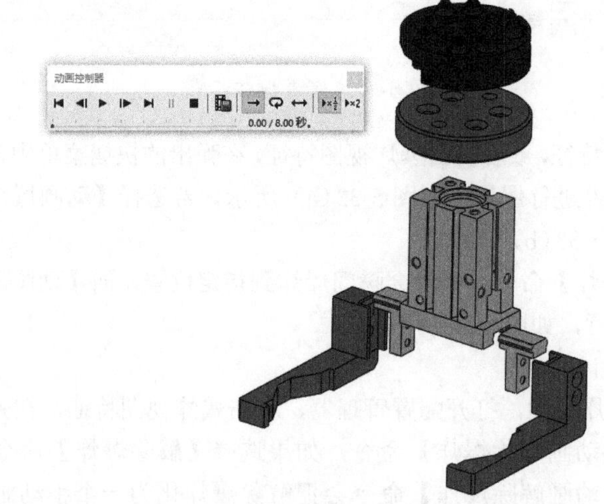

图 5-35　动画解除爆炸

二、添加夹爪工具仿真

1. 运动算例类型

（1）动画

① 可使用动画来动态模拟装配体的运动。

② 添加马达来驱动装配体一个或多个零件的运动。

③ 通过设定键码点在不同时间规定装配体零部件的位置。

④ 动画使用插值来定义键码点之间装配体零部件的运动。

（2）基本运动

使用基本运动在装配体上模仿马达、弹簧、接触以及引力，基本运动在计算时考虑到质量，其速度相当快，所以可将之用来生成基于物理模拟的演示性动画。

（3）运动分析

使用运动分析在装配体上精确模拟和分析运动单元的效果（包括力、弹簧、阻尼以及摩擦），运动分析使用计算能力强大的动力求解器，在计算中考虑到材料属性和质量及惯性。还可使用运动分析来标绘模拟结果，供进一步分析。

2. 运动管理器

（1）单击 SolidWorks 软件的左下角的【运动算例 1】标签，就会出现运动管理器，如图 5-36 所示。

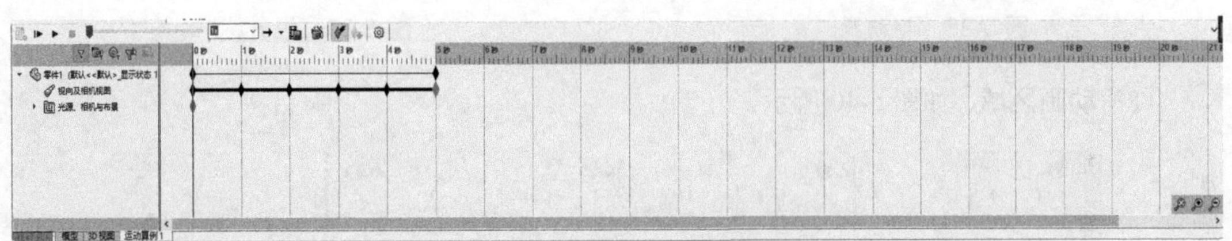

图 5-36　打开运动管理器

（2）播放控制：用于对动画进行播放控制的按钮如图 5-37 所示。

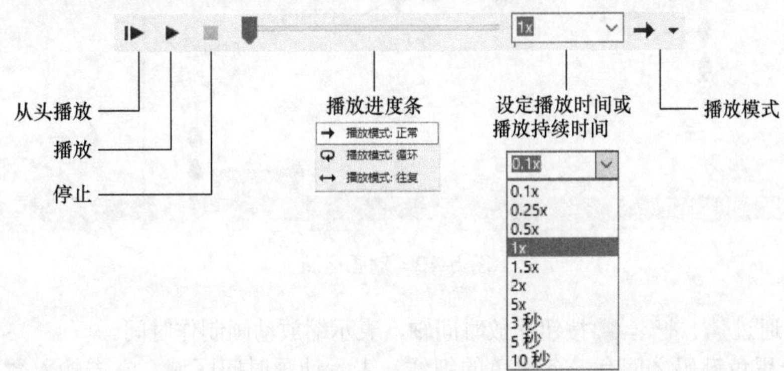

图 5-37　播放控制

（3）“保存动画”按钮：可将动画保存成 AVI 格式或是其他格式的文件。

（4）“动画向导”按钮：可利用“动画向导”按钮在当前时间栏插入视图旋转、爆炸或解除爆炸的动画。

（5）键码设置。

① 自动键码：自动为当前拖动的部件在时间栏添加键码。

② 添加 / 更新键码：选择一项特征，为其创建一个新键码，或更新现有键码。

（6）驱动源设置：可以真实地模拟物体之间的项目运动，如图 5-38 所示。

（7）设计树：设计树在运动管理器左下方，用于选定运动算例的对象，可以是零部件、配合或是光源、相机等，还可以选择过滤动画、过滤驱动或过滤选定，如图 5-39 所示。

添加马达
在两个部件中
添加弹簧
定义选定零部件
之间的引力
给算例添加引力

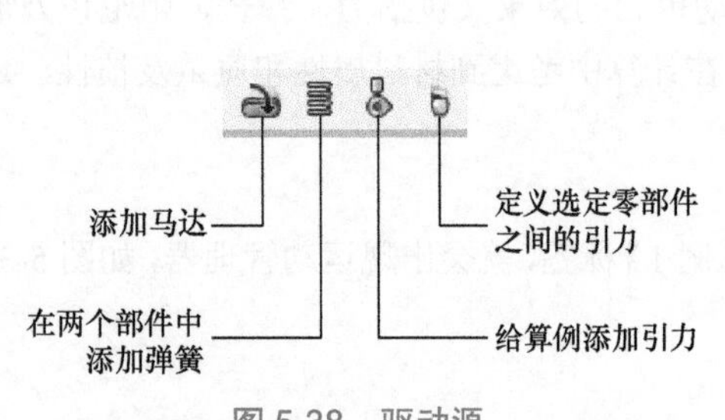

图 5-38　驱动源

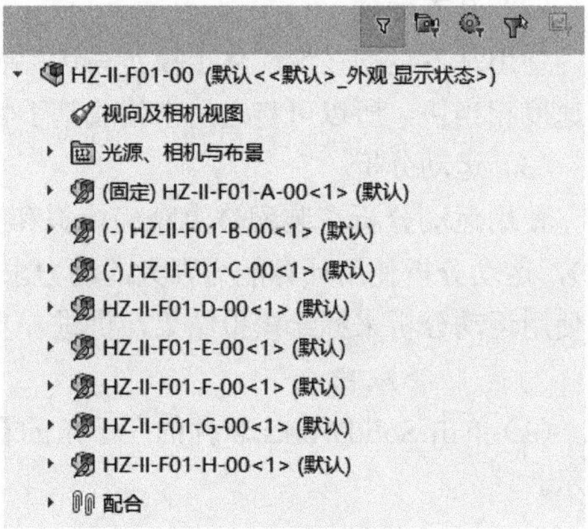

HZ-II-F01-00 (默认<<默认>_外观 显示状态>)
视向及相机视图
光源、相机与布景
(固定) HZ-II-F01-A-00<1> (默认)
(-) HZ-II-F01-B-00<1> (默认)
(-) HZ-II-F01-C-00<1> (默认)
HZ-II-F01-D-00<1> (默认)
HZ-II-F01-E-00<1> (默认)
HZ-II-F01-F-00<1> (默认)
HZ-II-F01-G-00<1> (默认)
HZ-II-F01-H-00<1> (默认)
配合

图 5-39　设计树

（8）动画区域，如图 5-40 所示。

0 秒
2 秒
4 秒
6 秒
8
时间轴
黑色键码
蓝色键码
时间栏

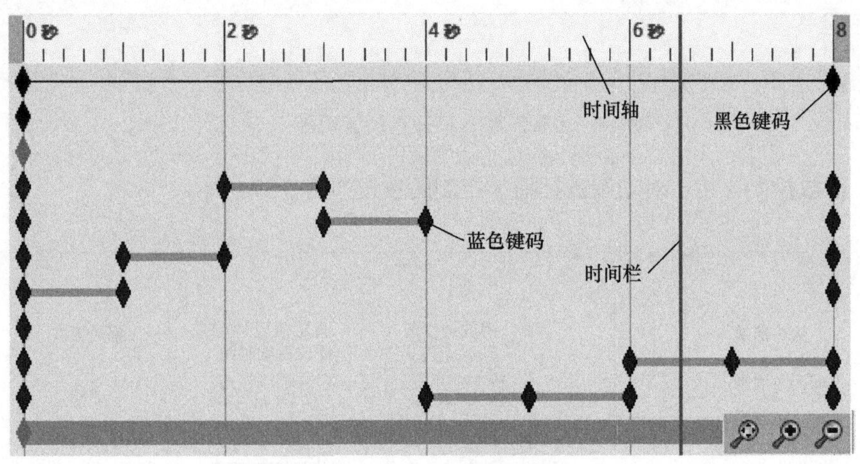

图 5-40　动画区域

① 可以通过、、按钮缩放时间轴，表示缩放动画制作时间。

② 两个黑色键码之间有一条黑色的细线，表示动画时间区域，右击输入数字或在按住【Alt】键的同时拖动右边的黑色键码，可以延长或缩短动画时间。

③ 通过自动或手动添加蓝色键码，在两蓝色键码之间产生一条直线，表示有动画效果产生。

④ 在动画区域的任意位置右击，会弹出一个快捷菜单，用于移动时间栏、在当前时间栏复制或粘贴键码、插入动画向导等，如图 5-41 所示。

3. 键码

（1）生成键码

生成键码前需要先选择零件，然后移动时间栏，生成键码有以下两种方式。

① 方法一：手动放置键码，先移动或转动零件，再单击“添加、更新键码”按钮放置键码。

② 方法二：自动放置键码，先按下“自动键码”按钮，再移动或转动零部件，此时自动在当前时间栏生成键码，在前一时间栏和当前时间栏出现一条绿色直线。

（2）替换键码

键码用于保存零件当前所在的位置或特性，当零件当前所在的位置或特性不符合要求时，需要替换键码。

其操作是将时间栏放在需要替换键码处，改变零件当前所在位置或特性后，在键码处右击，在弹出的快捷菜单中选择【替换键码】命令，如图 5-42 所示。

图 5-41 动画区域快捷菜单

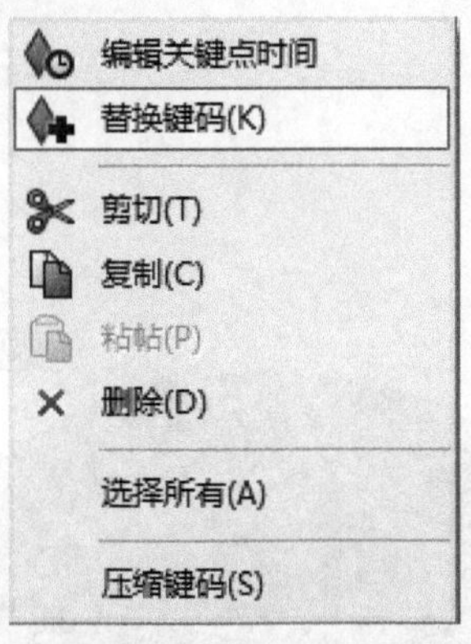

图 5-42 【替换键码】命令

三、添加夹爪驱动源

驱动源用于模仿物体之间的相互运动，包括马达、弹簧、接触、引力等。

（1）马达：马达分为旋转马达和线性马达，是使用物理动力围绕装配体移动零部件的模拟成分。

（2）弹簧：弹簧是模拟各种弹簧类型的效果而绕装配体移动零部件的模拟单元。

（3）接触：接触用于模拟物体碰撞时的相互接触，不能单独使用，需要与其他驱动源相配合。

微课

添加马达实例

（4）引力：引力用于模拟沿某一方向的万有引力，在零部件自由度之内逼真地移动零件。

四、完成夹爪装配

下面进行装配体的整体装配过程。

（1）打开 SolidWorks 软件，单击菜单栏中的“新建”按钮，打开【新建 SolidWorks 文件】对话框，选择【装配体】设计模板，单击“确定”按钮。

（2）在所打开的界面中单击“插入零部件”按钮，在【要插入的零件 / 装配体】对话框中，单击“浏览”按钮，添加想要插入装配的零件，开始进行装配。

（3）选择法兰盘零部件作为基准件，围绕着法兰盘进行装配。

（4）插入连接座。

① 在装配体中插入连接座，放入图形区域中。

② 单击装配体中的“配合”按钮，使气缸与法兰盘进行重合配合，如图 5-43 所示。

（5）插入气缸。

① 在装配体中插入气缸，放入图形区域中。

② 单击装配体中的“配合”按钮，使气缸与连接座进行配合，首先在【配合】属性管理器中选择【同轴心】选项，单击连接座下面和气缸上边彼此对应的孔 1（即图 5-44 中的蓝色圆圈处），如图 5-44 所示。

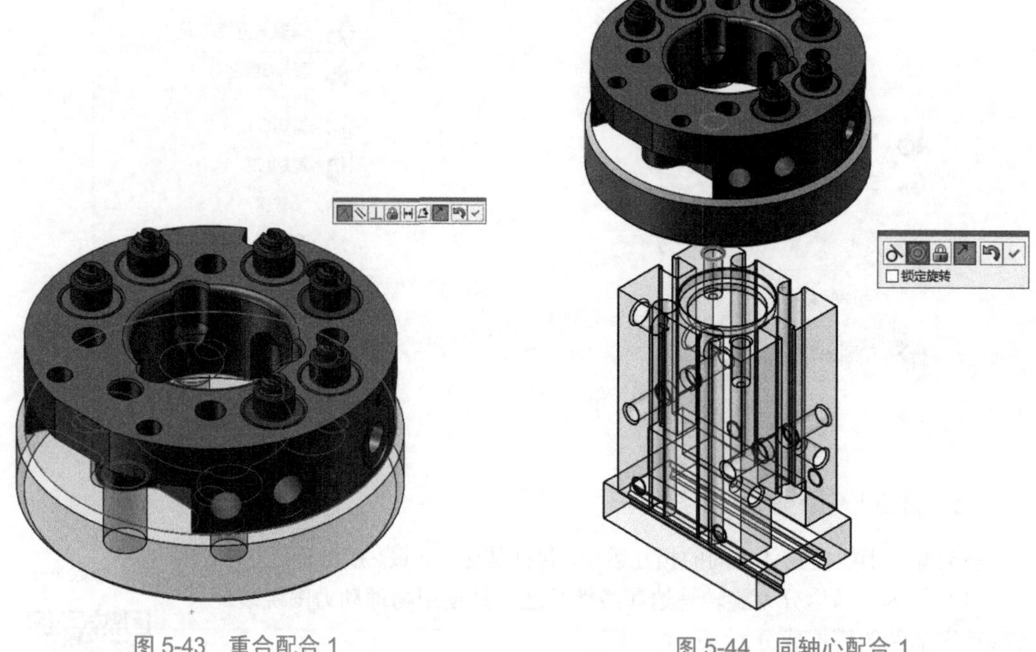

图 5-43　重合配合 1　　　　图 5-44　同轴心配合 1

③ 再次单击“配合”按钮，在【配合】属性管理器中选择【同轴心】选项，单击连接座下面和气缸上面彼此对应的孔 2（即图 5-45 中的蓝色圆圈处），如图 5-45 所示。

④ 同轴心的配合完毕后，进行气缸与连接座的最后一步配合，就是添加重合配合，如图 5-46 所示完成同轴心配合。

（6）插入连接爪。

① 在装配体中插入连接爪 1，放入图形区域中。

② 单击装配体中的“配合”按钮，使连接爪 1 与气缸进行配合，首先在【配合】属性管理器中选择【重合】选项，单击连接爪 1 与气缸相同的侧面，如图 5-47 所示。

单击【配合】属性管理器中的“距离”按钮，把间距设置为 1 mm，进行配合，如图 5-48 所示。

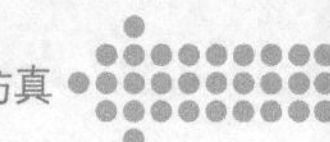

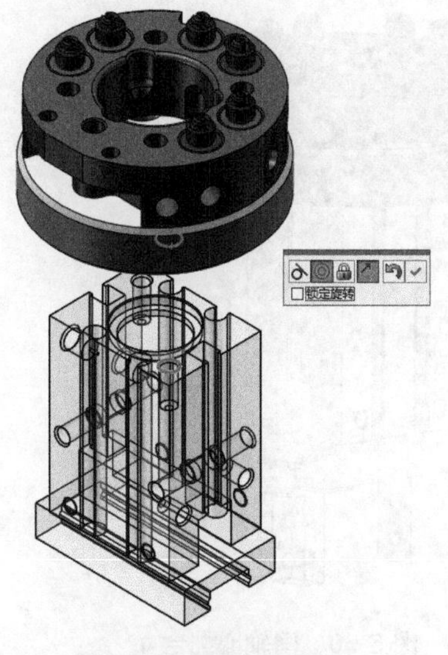

图 5-45　同轴心配合 2

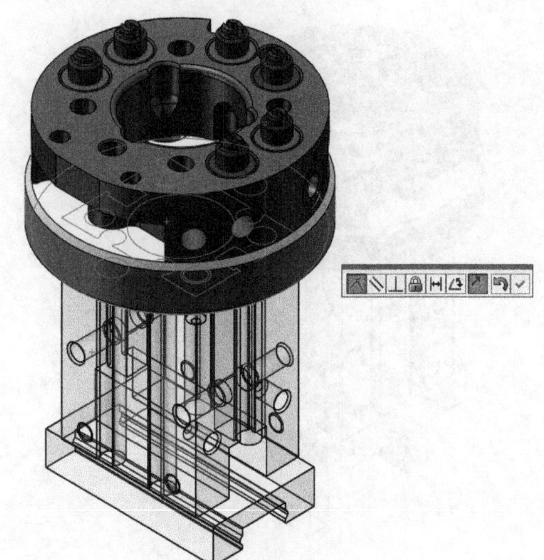

图 5-46　完成同轴心配合

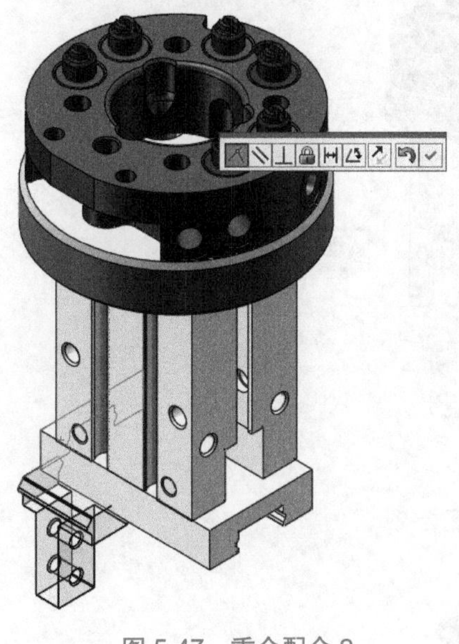

图 5-47　重合配合 2

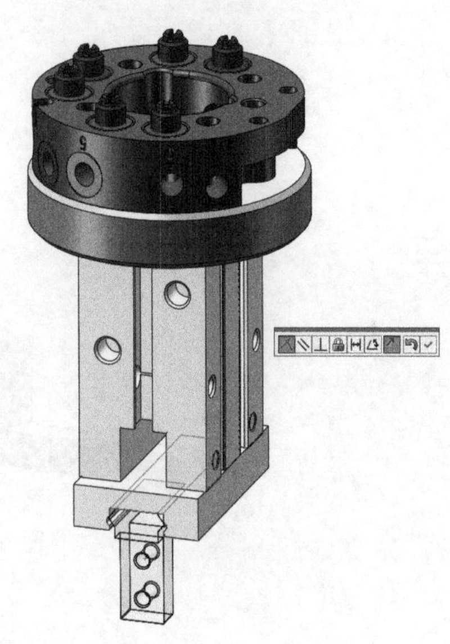

图 5-48　距离配合

③ 添加连接爪 2，单击装配体中的“配合”按钮，使连接爪 2 与气缸进行配合，首先在【配合】属性管理器中选择【重合】选项，单击连接爪 2 与气缸的相同的侧面，如图 5-49 所示。

④ 在【配合】属性管理器中选择【同轴心】选项，单击连接爪 1 和连接爪 2 的相同的孔，如图 5-50 所示。

（7）插入夹爪。

① 在装配体中插入夹爪，放入图形区域中。

② 单击装配体中的“配合”按钮，使夹爪 1 与连接爪 1 进行配合，首先在【配合】属性管理器中选择【同轴心】选项，单击夹爪 1 与连接爪 1 相同的孔，如图 5-51 所示。

在【配合】属性管理器中选择【重合】选项，单击夹爪 1 与连接爪 1 相邻的面，如图 5-52 所示。

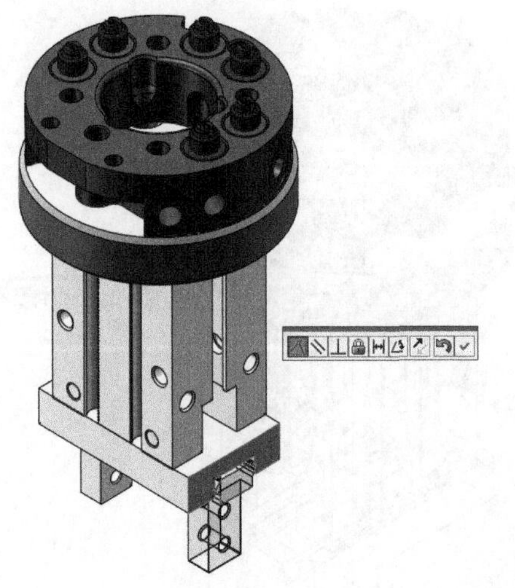

图 5-49 重合配合 1

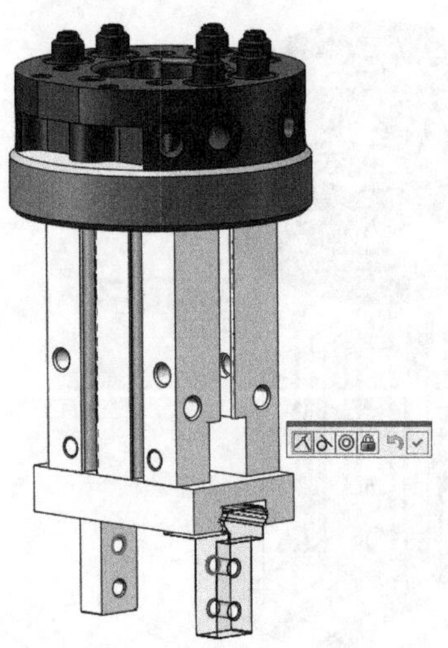

图 5-50 同轴心配合 1

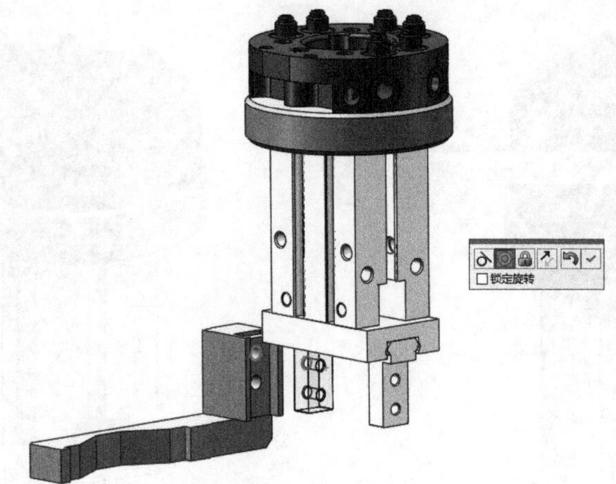

图 5-51 同轴心配合 2

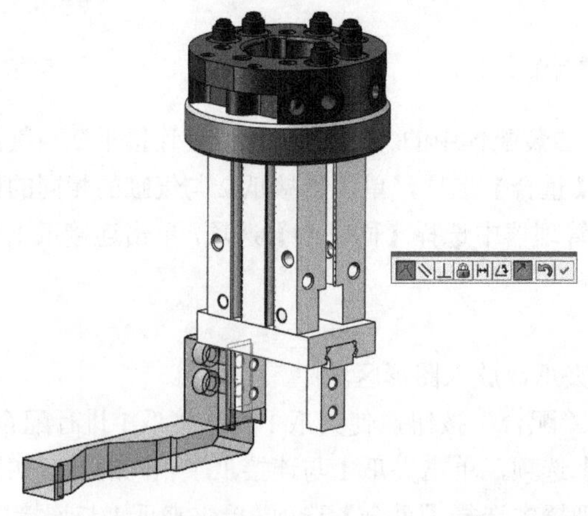

图 5-52 重合配合 2

③ 插入夹爪 2，单击装配体中的“配合”按钮，使夹爪 2 与连接爪 2 进行配合，首先在【配合】属性管理器中选择【同轴心】选项，单击夹爪 2 与连接爪 2 相同的孔，如图 5-53 所示。

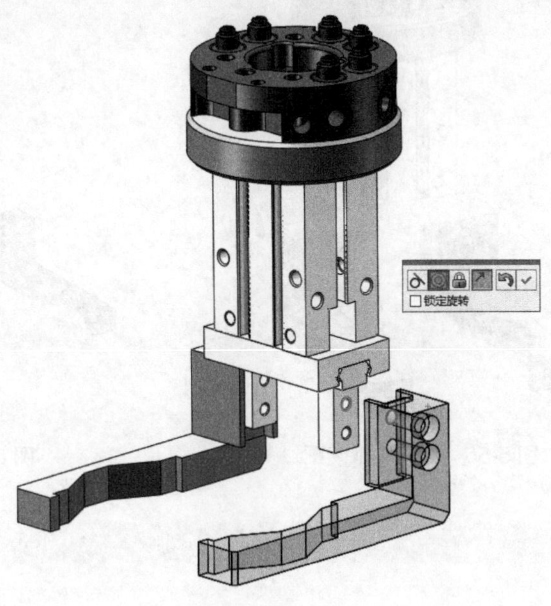

图 5-53　同轴心配合 3

④ 在【配合】属性管理器中选择【重合】选项，单击夹爪 2 与连接爪 2 相邻的面，如图 5-54 所示。

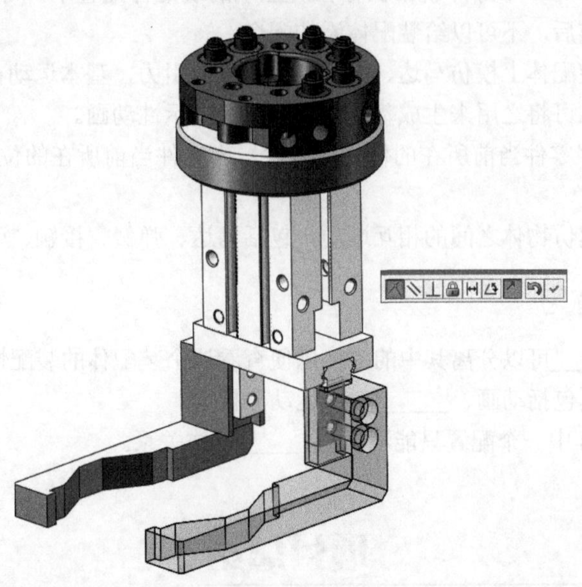

图 5-54　重合配合 3

⑤ 完成夹爪工具的装配，如图 5-55 所示。

（8）生成爆炸视图。对刚刚装配好的夹爪工具生成爆炸视图，如图 5-56 所示。

图 5-55　完成夹爪装配

图 5-56　爆炸视图

【任务回顾】

一、知识点总结

1. 装配体的爆炸视图可分离装配体零件，以方便查看装配体的装配情况。在 SolidWorks 软件中，可以通过自动爆炸或一个一个爆炸来创建装配体的爆炸视图。一个爆炸视图包括一个或多个爆炸步骤，每一个爆炸视图保存在所生成的装配体配置中，每个配置都可有一个爆炸视图。装配体爆炸后，不可以给装配体添加配合。

2. 基本运动在装配体上模仿马达、弹簧、接触以及引力，基本运动在计算时考虑到质量，其速度相当快，所以可将之用来生成基于物理模拟的演示性动画。

3. 键码用于保存零件当前所在的位置或特性，当零件当前所在的位置或特性不符合要求时，需要替换键码。

4. 驱动源用于模仿物体之间的相互运动，包括马达、弹簧、接触、引力等。

二、思考与练习

1. 装配体________可以分离其中的零件以便查看这个装配体的装配情况。

2. 运动算例工具包括动画、________和运动分析。

3. 在 SolidWorks 中一个配置只能添加________爆炸关系。

项目总结

本项目完整地讲述了 SolidWorks 软件中零部件的装配以及装配体的动画仿真，通过本项目的学习，读者应学会装配体的创建方法、零部件的配合以及生成爆炸视图的方法，还应学会进行动画的仿真、生成动画文件的相关知识。项目五技能图谱如图 5-57 所示。

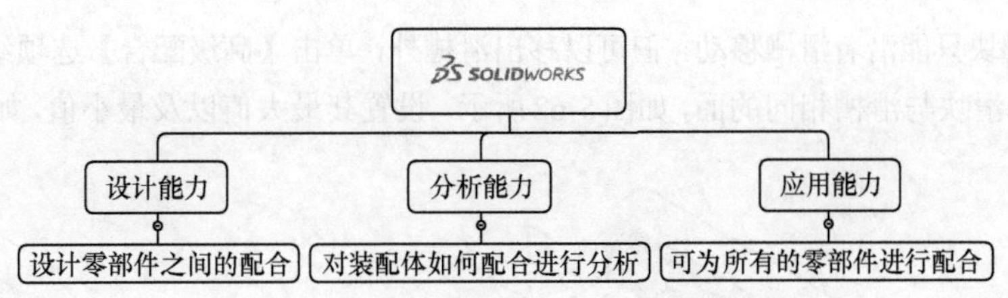

图 5-57　项目五技能图谱

拓展训练

项目名称：高级配合。

工作流程：1. 首先绘制一个可以相互配合的滑槽以及滑块，如图 5-58 所示。

2. 单击装配体中的“配合”按钮，在打开的【配合】属性管理器中的【标准配合】选项组中选择【重合】选项，单击滑槽的上表面以及滑块的下表面，进行配合，如图 5-59 所示。

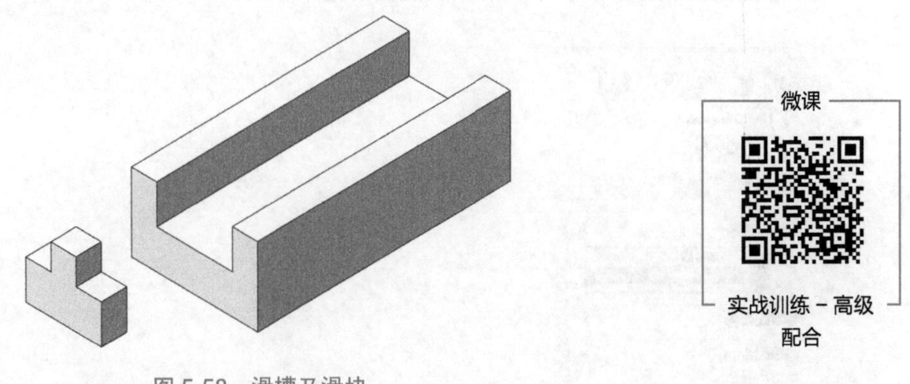

图 5-58　滑槽及滑块

3. 在滑槽的中间创建一个基准面，如图 5-60 所示。

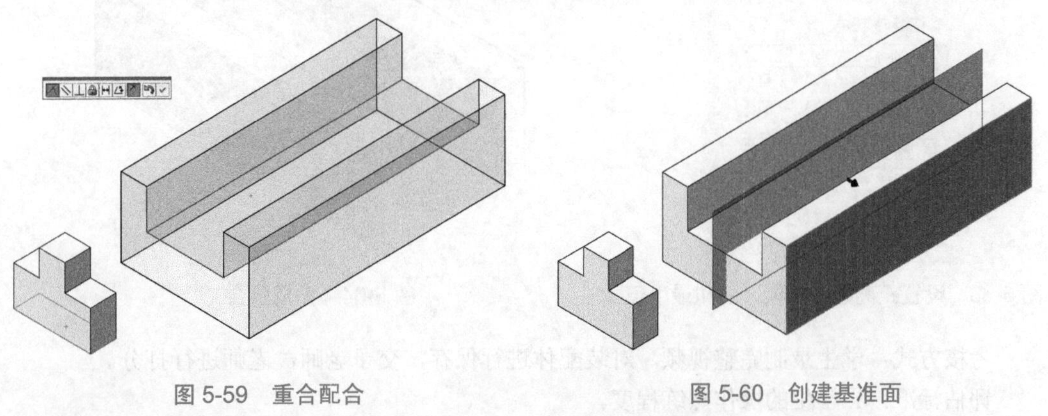

图 5-59　重合配合

图 5-60　创建基准面

4. 创建好基准面后，单击“配合”按钮，打开【高级配合】选项组，选择【对称】选项，对称基准面为刚刚建立的基准面，要配合的实体为滑块的左右两侧，如图 5-61 所示。

5. 此时滑块只能沿着滑槽移动，但可以移出滑槽外，单击【高级配合】选项组中的“距离”按钮，单击滑块与滑槽相同的面，如图 5-62 所示。设置其最大值以及最小值，如图 5-63 所示。

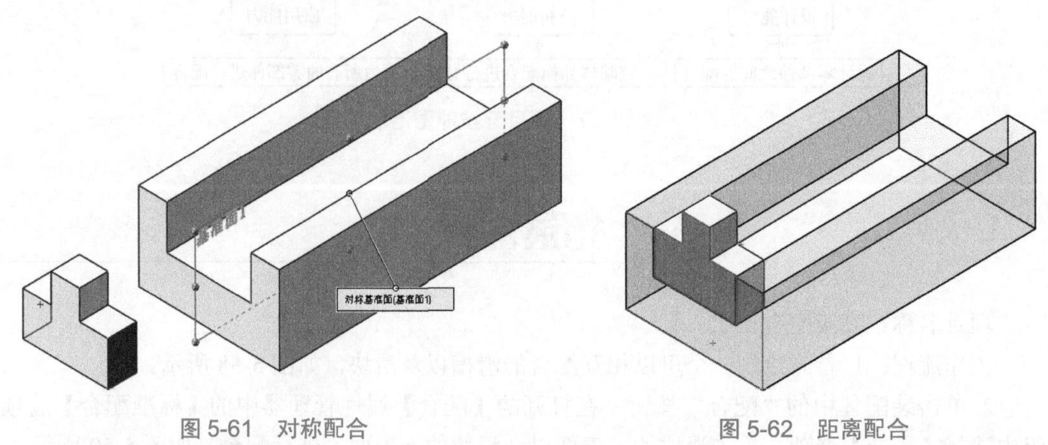

图 5-61　对称配合　　　图 5-62　距离配合

设置完成后，如图 5-64 所示，滑块只能在滑槽中移动。

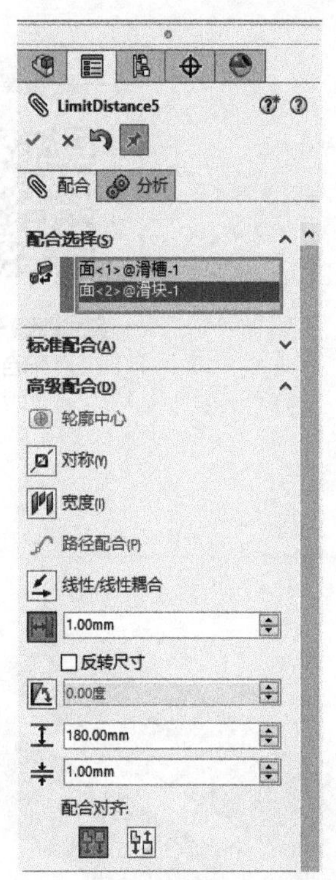

图 5-63　设置距离配合的最大值和最小值

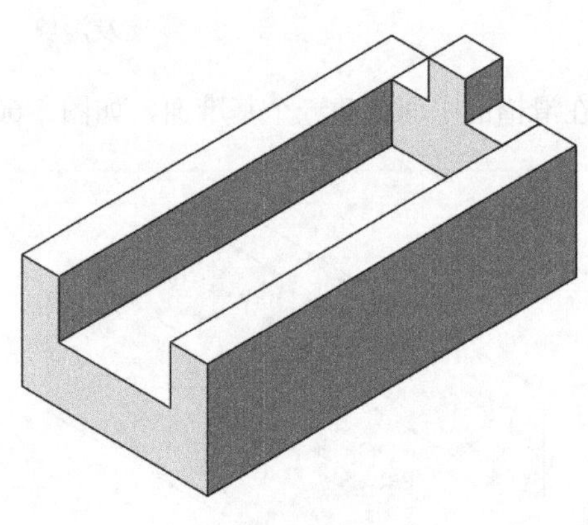

图 5-64　完成配合

考核方式：学生录制完整视频，对装配体进行保存，交予老师，老师进行打分。

评估标准：1. 学生的操作熟练程度。

2. 学生的操作步骤是否正确。

3. 学生的装配体文件中，滑块是否能够在滑槽内进行移动。

图纸输出篇

项目六
工程图纸输出

项目引入

通过上一阶段的学习，SolidWorks 学习小组学会了如何对零部件进行装配。

Herbert: Aaron，你们制作的模型我拿给客户看了，客户的反响不错。现在你们对 SolidWorks 软件全部学完了吧，要是学完了的话可以继续对模型进行创建了。

Aaron: 我们对 SolidWorks 软件还没有全部学习完，就差最后的一部分了。

Herbert: 哦，还有哪部分没有学完？

Aaron: 我们对 SolidWorks 软件的建模方面全部都进行了学习，但是关于工程图的方面还没有进行了解，我让 Taylor 和 Dwight 他们去做了解了，Taylor，Dwight，你们简单地说一下。

Dwight: Herbert，根据我们的了解，关于工程图的生成分为两个部分，一部分是对工程图的绘制，另一部分是对工程图进行标注。

Taylor: Dwight 说的没错，按照我们现在了解的，如果全部都学会，完全可以完整地对工程图进行绘制。

Herbert: 好，既然你们这么有信心，那就交给你们两个去做了。

（Dwight 和 Taylor 高兴地点了点头。）

SolidWorks 的学习马上要完成了，Aaron 和 Taylor、Dwight 都非常高兴，下面就让我们来看看他们是怎么对工程图进行学习的。

知识图谱

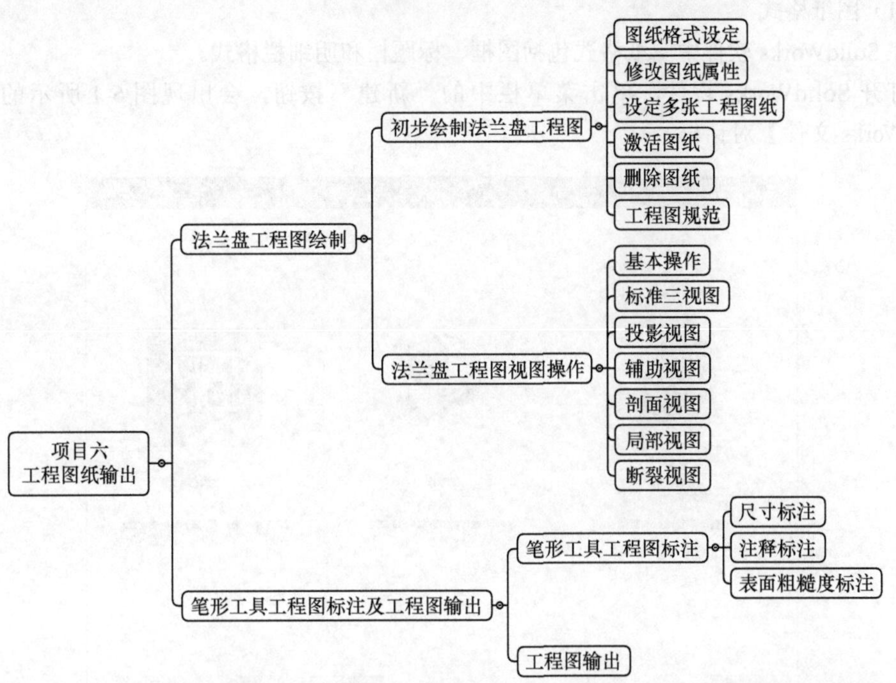

任务一　法兰盘工程图绘制

【任务描述】

Taylor：Dwight，我现在初步地了解了 SolidWorks 工程图模块，在工程图中可以进行图形的绘制，可以把已经创建的零件或是装配体导入进去，这样就可以很快地进行工作了。你那边怎么样了？

（Dwight 想了想）

Dwight：我这边进度快一些，已经了解了一些功能。

Taylor：是吗？都有哪些功能啊？

Dwight：有标准三视图、投影视图、局部视图、辅助视图等。

Taylor：那我们快去学吧。

【知识学习】

一、初步绘制法兰盘工程图

在打开一幅工程图时，首先要选择一种图纸格式，然后才能进行绘制，可以选择软件中的标准图纸，也可以选择其他图纸格式或自定义图纸的格式。

1. 图纸格式设定

工程图纸格式有助于生成统一的工程图，工程图纸文件格式一般为 OLE，因此能够嵌入如位图之类的对象文件中。

（1）图纸格式

在 SolidWorks 软件中图纸格式包括图框、标题栏和明细栏格式。

打开 SolidWorks 软件，单击菜单栏中的“新建”按钮，会出现图 6-1 所示的【新建 SolidWorks 文件】对话框。

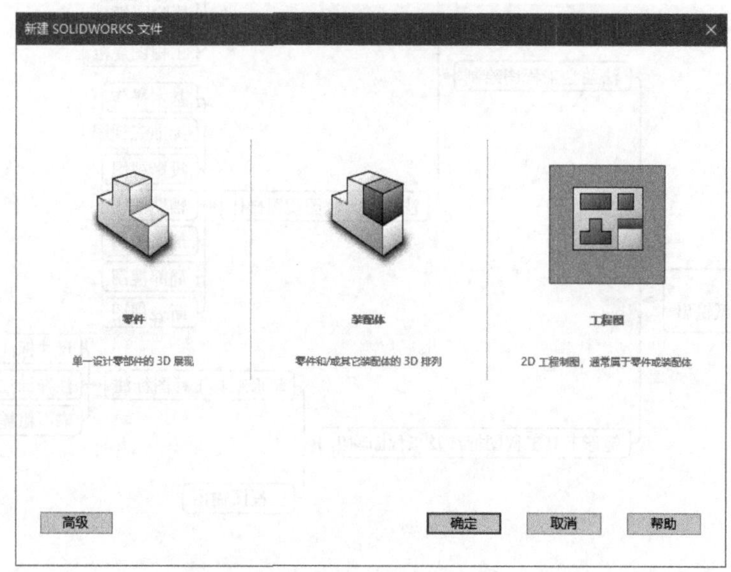

图 6-1 【新建 SolidWorks 文件】对话框

单击【新建 SolidWorks 文件】对话框左下角的“高级”按钮，可以看到图 6-2 所示的【模板】选项卡，可在【模板】选项卡中选择工程图模板。

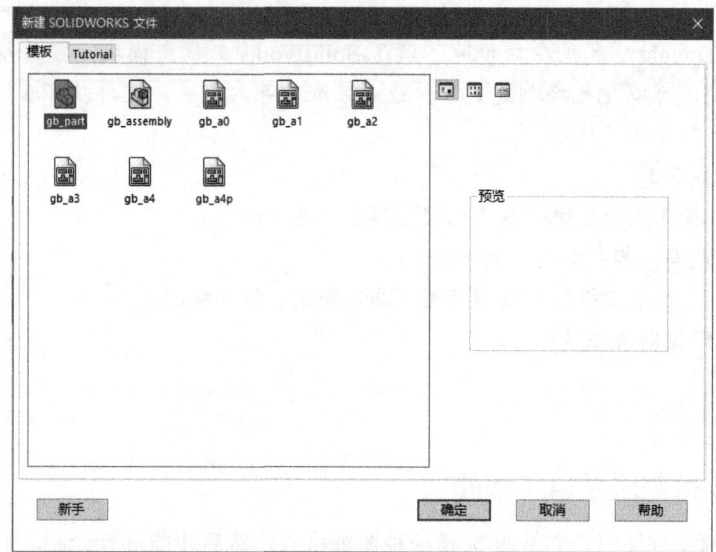

图 6-2 选择工程图模板

（2）自定义图纸格式

在项目树中右键单击当前图纸，单击“属性”按钮，打开【图纸属性】对话框，如图 6-3 所示。

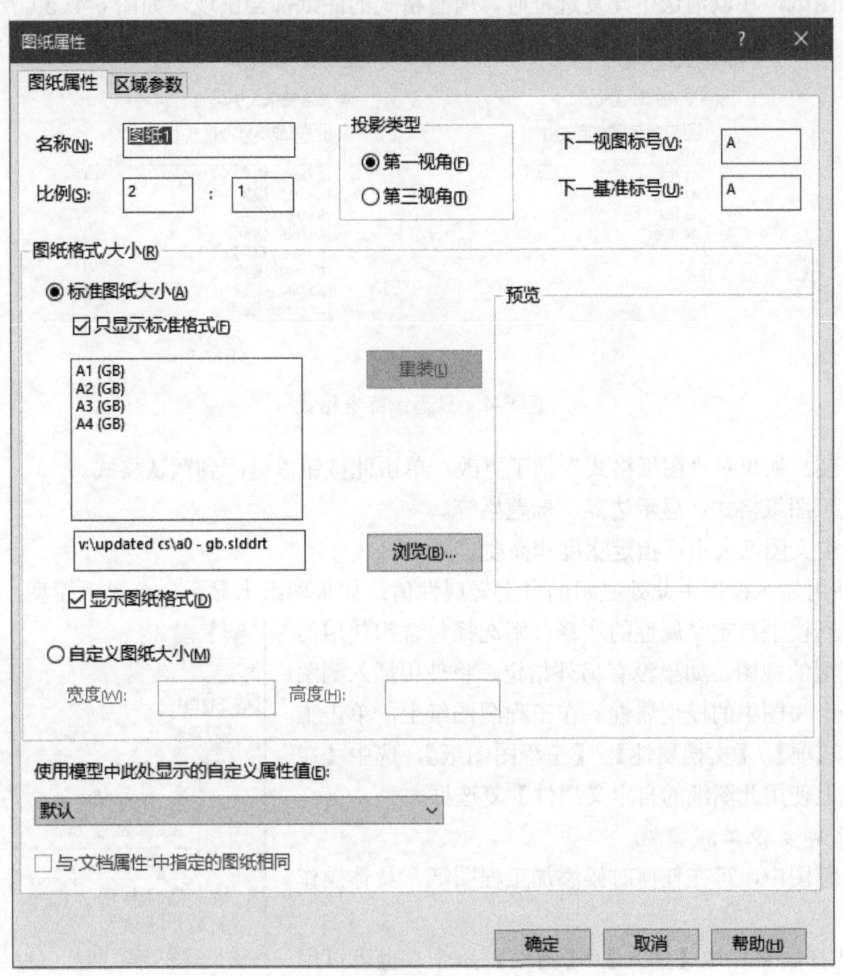

图 6-3 【图纸属性】对话框

在【图纸属性】对话框中选中【自定义图纸大小】单选按钮，可以自定义图纸的大小，可以选择无边框、无标题栏的空白图纸。

2. 修改图纸属性

在绘制工程图时，可能需要对图纸进行修改，比如工程图的纸张大小、图纸格式、绘图比例、投影类型等，这些都可以随时在【图纸属性】对话框中进行修改。

① 名称：在文本框中输入标题。可更改图纸名称，该名称出现在工程图图纸下的选项卡中。

② 比例：为图纸设定比例。

③ 投影类型：为标准三视图投影选择第一视角或第三视角。国内常用的是第三视角。

④ 下一视图标号：指定将使用在下一个剖面视图或局部视图的字母。

⑤ 下一基准标号：指定要用作下一个基准特征符号的英文字母。

⑥ 图纸格式 / 大小。

a. 标准图纸大小：选择一个标准图纸大小，或单击“浏览”按钮找出自定义图纸格式文件。

b. 只显示标准格式：选中【只显示标准格式】复选框，如图 6-4（a）所示，则只显示标准格式的图纸，在取消选中此复选框时，所有格式的图纸都会出现，如图 6-4（b）所示。

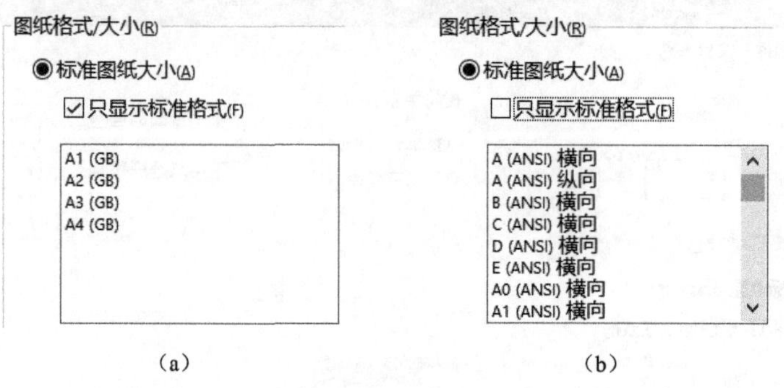

（a）（b）

图 6-4　只显示标准格式

c. 重装：如果对“图纸格式”做了更改，单击此按钮以返回到默认格式。

d. 显示图纸格式：显示边界、标题栏等。

e. 自定义图纸大小：指定宽度和高度。

⑦ 使用显示模型中此处显示的自定义属性值：如果图纸上显示一个以上模型，且工程图包含链接到模型自定义属性的注释，则选择包含想使用的属性的模型的视图。如果没有另外指定，将使用插入到图纸的第一个视图中的模型属性。在工程图图纸上，单击工具栏中【选项】/【文档属性】/【工程图图纸】，选中【在所有图纸上使用此图纸的自定义属性】复选框。

3. 设定多张工程图纸

在工程图中，可在任何时候添加工程图纸，具体操作如下。

① 选择菜单栏中【插入】/【图纸】命令，也可以用右键单击设计树中的任何图纸标签或图纸按钮，在打开的快捷菜单中选择【添加图纸】命令，如图 6-5 所示。

② 选择【添加图纸】命令后会出现图 6-6 所示的【图纸格式 / 大小】对话框，其设置方法与【图纸属性】对话框相同。设置完成后单击“确定”按钮。

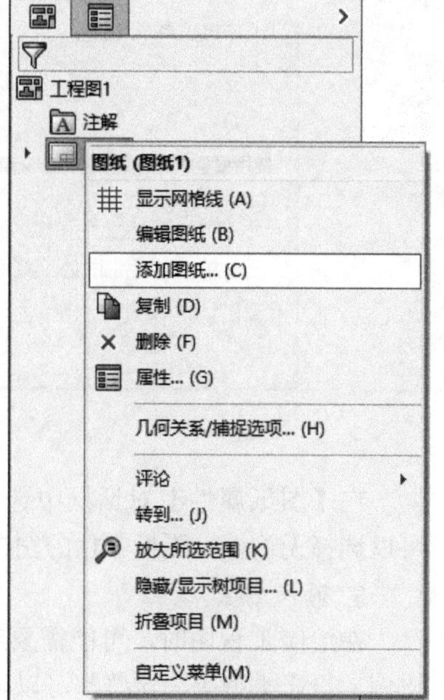

图 6-5　添加图纸

4. 激活图纸

如果想要激活图纸，有以下几种方法。

① 在图纸下方单击要激活图纸的图标。

② 右击图纸下方要激活图纸的图标，在弹出的快捷菜单中选择【激活图纸】命令。

③ 右击设计树中的图纸标签或图纸按钮，在弹出的快捷菜单中，选择【激活图纸】命令。

5. 删除图纸

右击设计树中的任何图纸标签或图纸按钮，然后选择【删除】命令，或者右击图纸（工程视图中的图纸除外）的任意位置，然后在弹出的快捷菜单中选择【删除】命令。

在出现的【确认删除】对话框中单击“是”按钮，如图 6-7 所示，即可删除图纸。

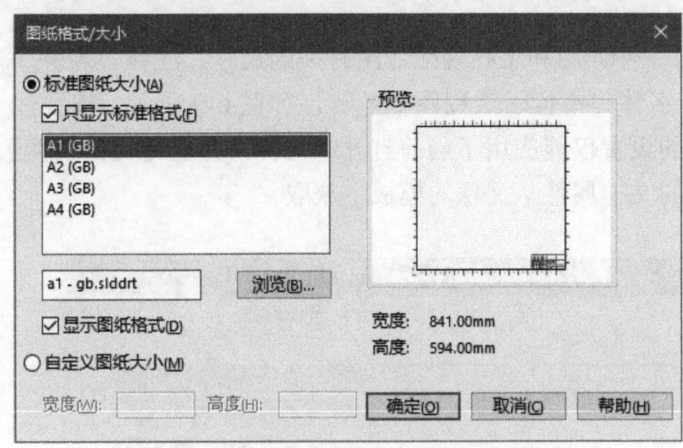

图 6-6 【图纸格式 / 大小】对话框

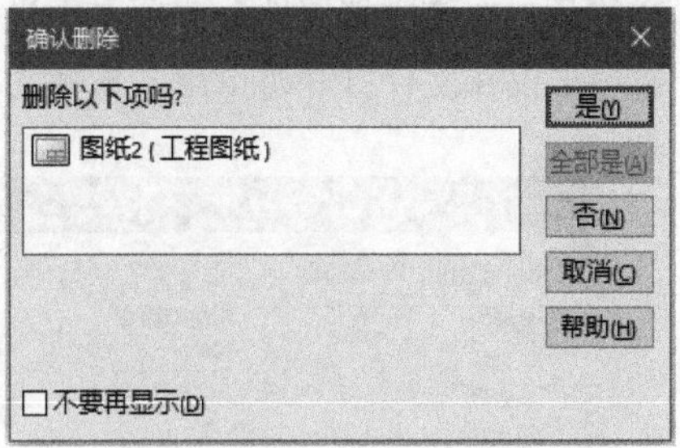

图 6-7 【确认删除】对话框

6. 工程图规范

在制作工程图时，虽然可以根据实际情况进行一些改变，但是改变也需要符合工程制图的标准，现在的标准大都采用国际标准，也就是 ISO 标准。下面就来介绍一下在 SolidWorks 中如何对工程图进行规范化设置。

首先选择菜单栏中的【工具】/【选项】命令，会出现【系统选项】对话框，在【系统选项】选项卡中单击【工程图】选项，将会出现图 6-8 所示的【系统选项 - 工程图】对话框。

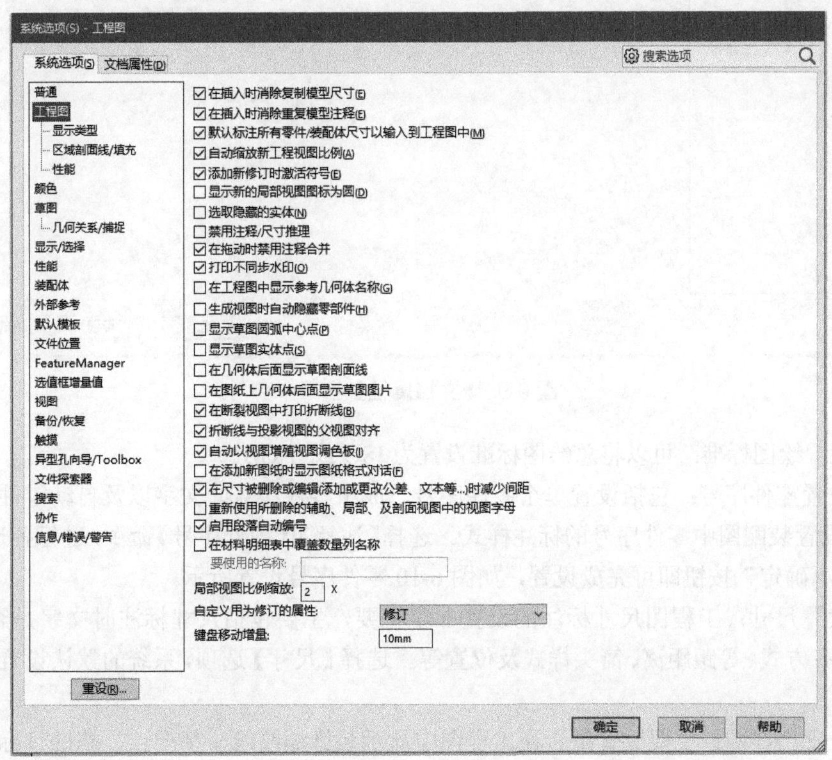

图 6-8 【系统选项 - 工程图】对话框

（1）【系统选项】选项卡设置

参见项目一相关内容。

（2）【文档属性】选项卡设置

【文档属性】选项卡主要用来设置与零件详图和工程装配详图有关的尺寸、注释、零件序号、箭头、虚拟交点、注释显示、注释字体、单位、工程图颜色等，如图 6-9 所示，需要注意的是，在【文档属性】选项卡中进行的设置仅能应用于当前打开的文件，并且【文档属性】选项卡仅在文件打开时可用，新建文件的文档属性从文件的模板中获取。

图 6-9 【文档属性】选项卡

① 设置绘图标准：可以将总绘图标准设置为 ISO 或者 GB。

② 设置零件序号：包括设置单个零件序号、成组零件序号、文字以及自动零件序号布局等，可以设置装配图中零件序号的标注样式。选择【注解】/【零件序号】命令，进行各选项设置，然后单击“确定”按钮即可完成设置，如图 6-10 零件序号设置所示。

③ 设置尺寸：工程图尺寸标注的设置非常重要，主要包括尺寸标注时文字是否加括号、位置的对齐方式、等距距离、箭头样式及位置等。选择【尺寸】选项，系统的默认设置如图 6-11 所示。

④ 设置出详图：主要设置是否在工程图中显示装饰螺纹线、基准点、基准目标等。选择【出详图】选项，如图 6-12 所示，选中对应的选项即可进行相应的设置。

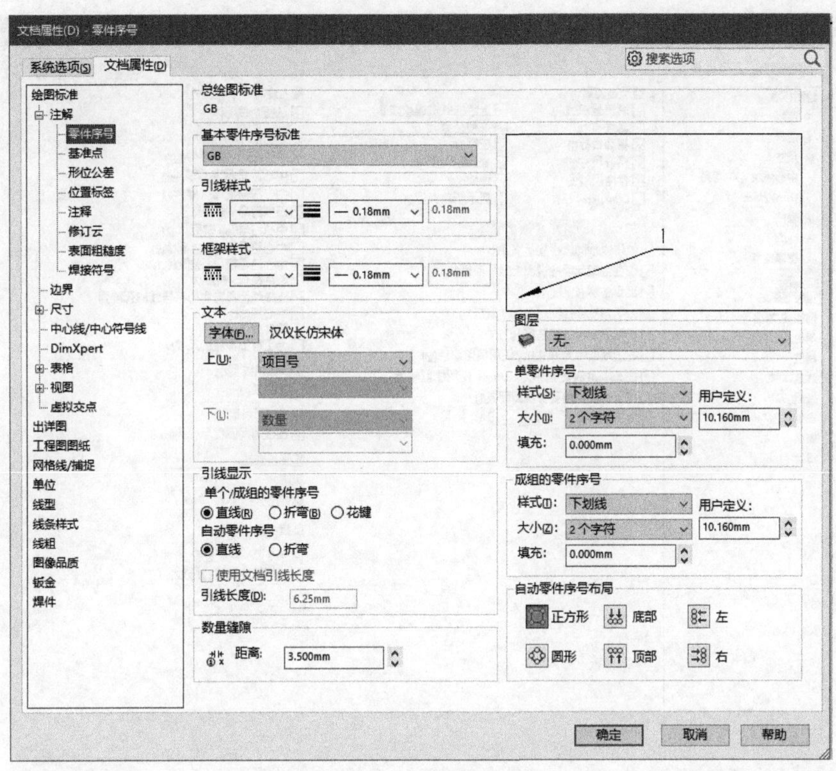

图 6-10　零件序号设置

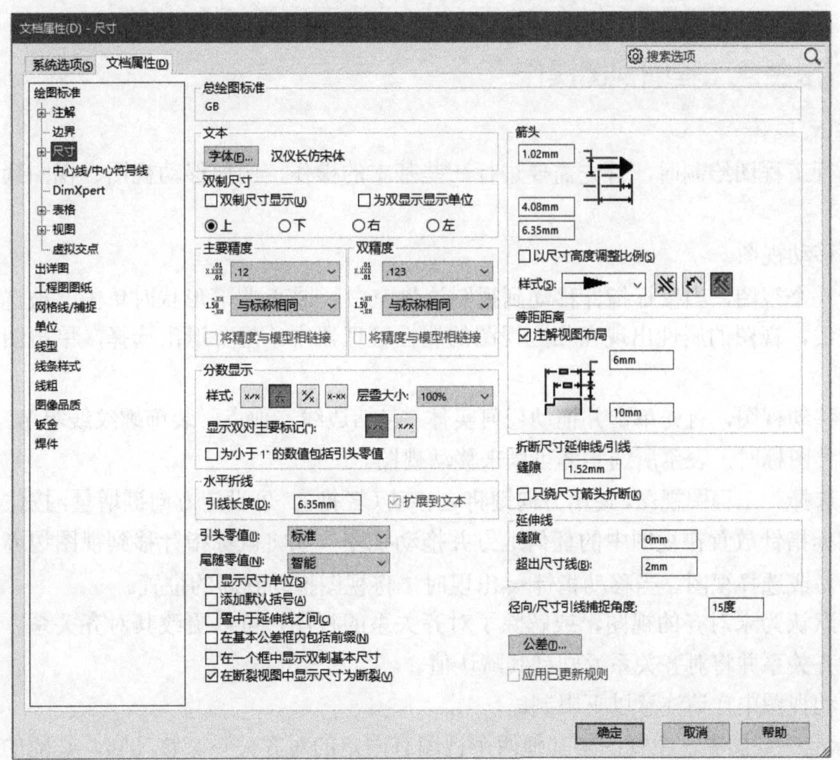

图 6-11　尺寸设置

图 6-12　出详图设置

二、法兰盘工程图视图操作

1. 基本操作

在进行工程图绘制时，首先需要进行一些基本的操作，例如移动视图、视图锁焦和更新视图。

（1）移动视图

选择一个视图，当鼠标指针移动到视图边界空白区域变成形状时单击。被选择的视图边框呈虚线，视图的属性出现在相应视图的属性管理器中。想要退出选择，单击图外的区域即可。

想要移动视图，首先单击并拖动任何实体 (包括边线、顶点、装饰螺纹线等)，鼠标指针中包括平移图标时，表示所选实体可以来移动视图。

然后选择一工程图视图，使用方向键将之移动（轻推）。可设定方向键增量，按住【Alt】键，然后将鼠标指针放置在视图中的任何地方并拖动视图，或将鼠标指针移到视图边界上以高亮显示边界，或选择视图。当移动指针出现时，将视图拖动到新的位置。

对于默认为未对齐的视图，或解除了对齐关系的视图，可以更改其对齐关系。还可解除视图的对齐关系并将对齐关系返回到其默认值。

在移动视图中，请注意以下限制。

① 标准三视图中，主视图与其他两个视图有固定的对齐关系。移动它，其他的视图也会跟着移动。其他两个视图可以独立移动，但是只能水平或垂直于主视图移动。

② 辅助视图、剖面视图和旋转剖视图与生成它们的母视图对齐，并只能沿投影的方向移动。

③ 断裂视图遵循断裂之前的视图对齐状态，剪裁视图和交替位置视图保留原视图的对齐状态。

④ 子视图相对于父视图而移动，若想保留视图之间的确切位置，在拖动时按【Shift】键。

（2）视图锁焦

如果想要在固定状态激活，使其不随鼠标移动而变化，就需要对视图进行锁定，将视图锁定时，可右击视图边界的空白区，在弹出的快捷菜单中选择【视图锁焦】命令，如图 6-13 所示，激活的视图被锁定（见图 6-14），被锁定的视图边界会显示为粉红色。

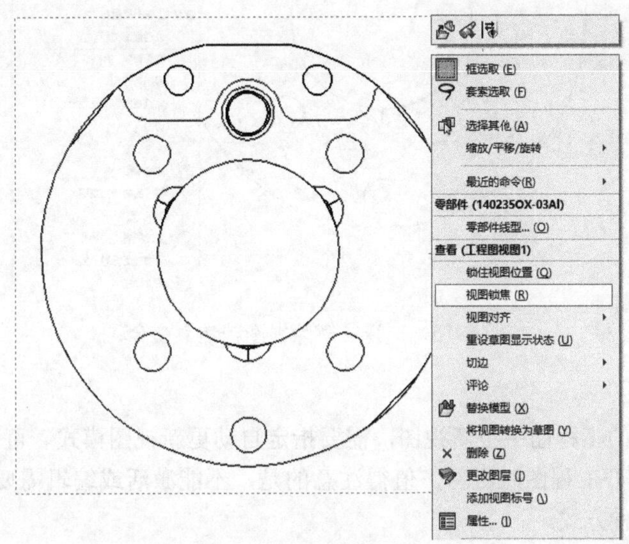

图 6-13　选择【视图锁焦】命令

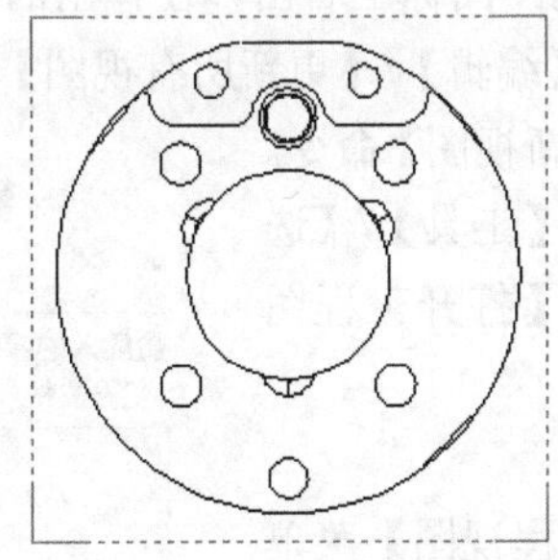

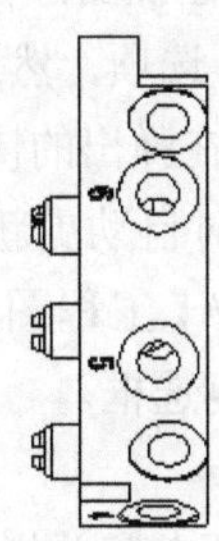

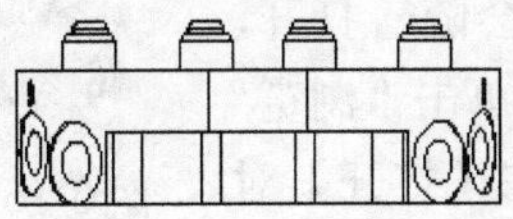

图 6-14　被锁定的视图

如要返回到动态激活模式，可右击激活视图边界内的空白区，在弹出的快捷菜单中选择【解除视图锁焦】命令，如图 6-15 所示。

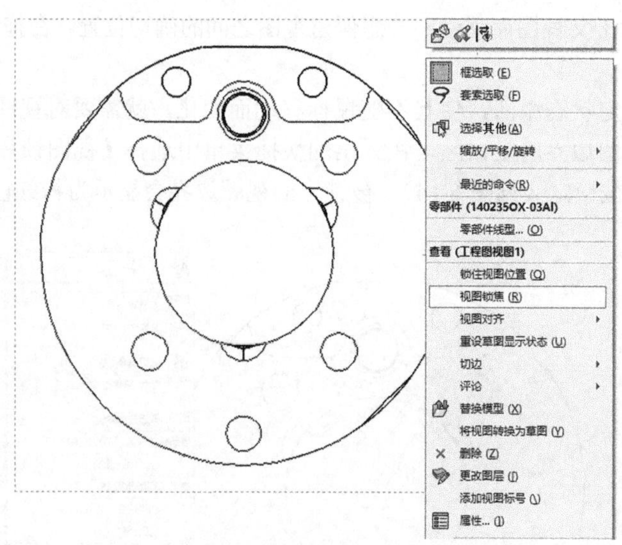

图 6-15　选择【解除视图锁焦】命令

（3）更新视图

如果想在激活的工程图中更新视图，需要指定自动更新视图模式。可以通过设定选项来指定视图是否在打开工程图时更新。值得注意的是，不能激活或编辑需要更新的工程视图。更新视图有如下 3 种方式。

① 更改当前视图中的更新模式：在设计树顶部的工程图图标上右击，在弹出的快捷菜单中选中或取消选中【自动更新视图】选项。

② 手动更新工程视图：在设计树顶部的工程图图标上右击，在弹出的快捷菜单中取消选中【自动更新视图】选项，然后选择菜单栏中的【编辑】/【更新所有视图】命令，或者在需要更新的视图上右击，在弹出的快捷菜单中选择【更新视图】命令。

③ 打开工程图时自动更新：选择菜单栏中的【工具】/【选项】/【系统选项】/【工程图】命令，然后选中【打开工程图时允许自动更新】复选框。

2. 标准三视图

标准三视图选项在菜单栏中的【插入】/【工程视图】菜单中，它能为所显示的零件或装配体同时生成 3 个相关的默认正交视图（前视图、右视图、左视图、上视图、下视图及后视图）。

单击【视图】工具栏中的“标准三视图”按钮，在打开标准三视图时，【标准三视图】属性管理器也会随着打开，如图 6-16 所示。在【标准三视图】属性管理器中单击“浏览”按钮，会出现图 6-17 所示的【打开】对话框，在【打开】对话框中，选择想要加入三视图的模型，会出现图 6-18 所示的

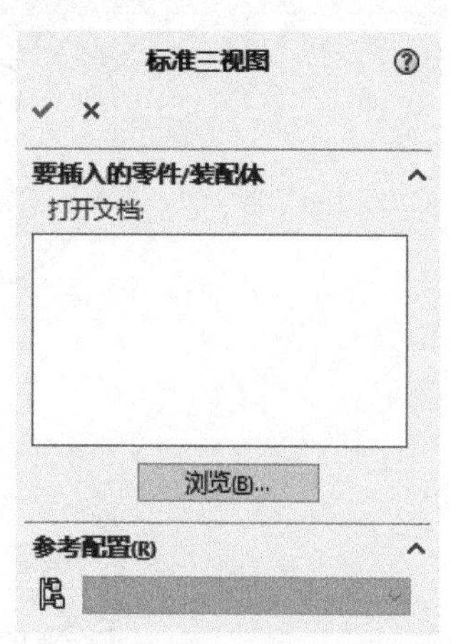

图 6-16　【标准三视图】属性管理器

标准三视图。

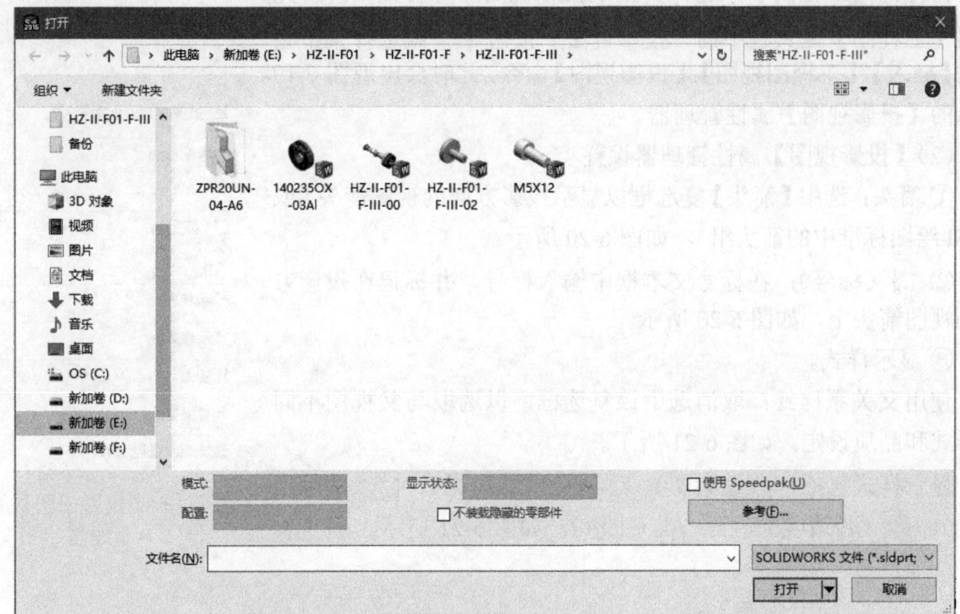

图 6-17 【打开】对话框

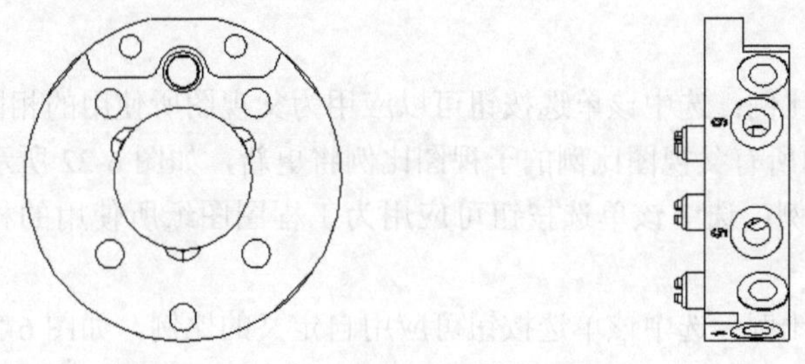

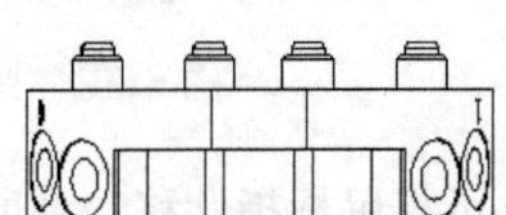

图 6-18 标准三视图

3. 投影视图

投影视图是根据现有的视图，通过正交投影生成的视图。投影视图的投影法，可在【图纸属性】对话框中指定使用第一视角或第三视角投影法。

投影视图通过以 8 种投影之一来折叠现有视图而生成。所产生的视向受工程图图纸属性中定义的“第一角”或“第三角”投影法设定的影响。

（1）打开投影视图

在打开的工程图中，选择要生成投影视图的现有视图，首先单击【工程图】工具栏中的“投影视图”按钮，或选择菜单栏中的【插入】/【工程图视图】/【投影视图】命令，此时会出现图 6-19 所示的【投影视图】属性管理器。

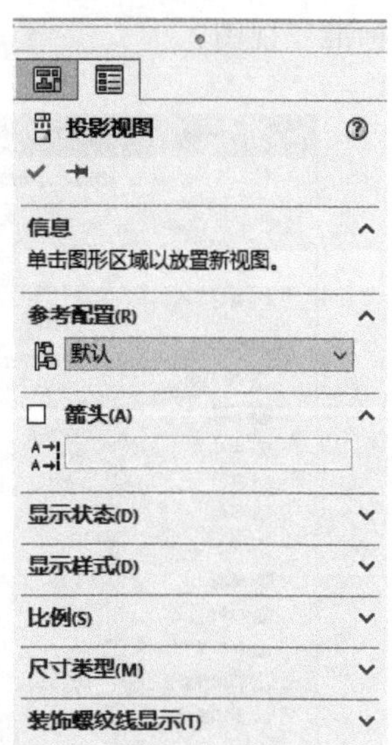

图 6-19 【投影视图】属性管理器

（2）【投影视图】属性管理器设置

① 箭头：选中【箭头】复选框以显示投影方向的视图箭头（或 ANSI 绘图标准中的箭头组），如图 6-20 所示。

② （标号）：在标号文本框中输入标号，并标记在投影方向的视图箭头上，如图 6-20 所示。

③ 显示样式。

使用父关系样式：取消选中该复选框，以选取与父视图不同的样式和品质设定，如图 6-21 所示。

显示样式包括（线架图）、（隐藏线可见）、（消除隐藏线）、（带边线上色）、（上色），如图 6-21 所示。

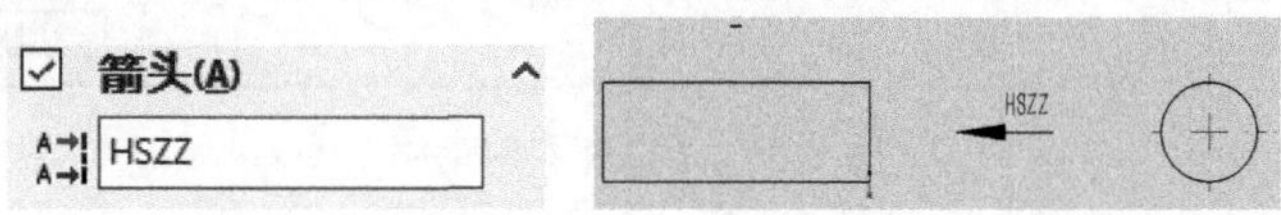

图 6-20 箭头和标号

④ 比例。

➢ 使用父关系比例：选中该单选按钮可以应用为父视图所使用的相同比例，如果更改父视图的比例，则使用所有父视图比例的子视图比例将更新，如图 6-22 所示。

➢ 使用图纸比例：选中该单选按钮可应用为工程图图纸所使用的相同比例，如图 6-22 所示。

➢ 使用自定义比例：选中该单选按钮可应用自定义的比例，如图 6-22 所示。

图 6-21 显示样式　　图 6-22 比例

⑤ 在设置完参数之后，如果要选择投影方向，可将鼠标指针移动到所选视图的相应一侧，当移动鼠标指针时，可自动控制视图的对齐。

⑥ 当指针放在被选的视图左边、右边、上面或是下面时，会得到不同的投影视图，按照所需投影方向，将指针移动到所选视图相应一侧，在合适位置处单击，生成投影视图，如图 6-23 所示。

4. 辅助视图

辅助视图的用途相当于机械制图中的斜视图，用来表达模型的倾斜视图。辅助视图类似于投影视图，是垂直于现有视图中边线的正投影视图，但参考边线不能水平或竖直，否则生成的就是投影视图。

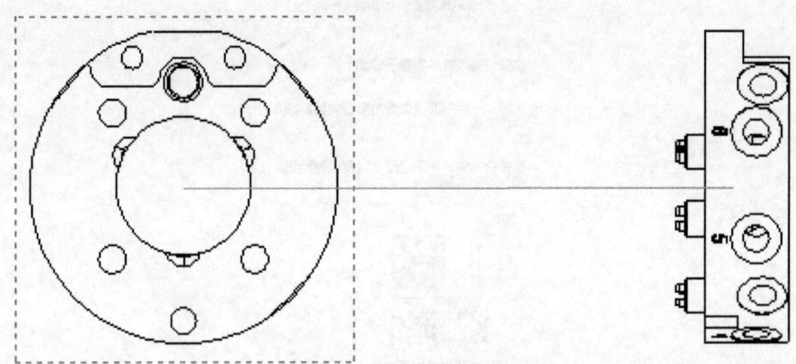

图 6-23　投影视图

（1）选择非水平或竖直的参考边线：参考边线可以是零件的边线、侧影轮廓线（转向轮廓线）、轴线。

（2）单击【工程图】工具栏的“辅助视图”按钮，或选择菜单栏中的【插入】/【工程视图】/【辅助视图】命令，此时会出现图 6-24 所示的【辅助视图】属性管理器。

（3）在该属性管理器中设置相关参数，设置方法及其内容与【投影视图】属性管理器相同。

移动鼠标指针至所需位置，单击放置辅助视图，如图 6-25 所示。

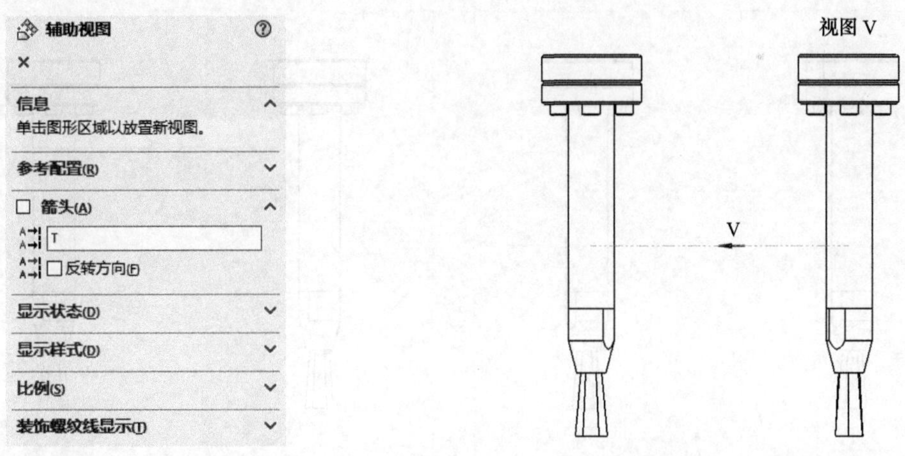

图 6-24 【辅助视图】属性管理器　　　　图 6-25　辅助视图

5. 剖面视图

剖面视图用来表达机件的内部结构。生成剖面视图时必须先在工程视图中放置适当的切割线，然后生成剖面视图。

（1）全剖视图

首先单击【工程图】工具栏中的“剖面视图”按钮，或选择菜单栏中的【插入】/【工程视图】/【剖面视图】命令，这时系统会自动弹出【剖面视图辅助】属性管理器，如图 6-26 所示。

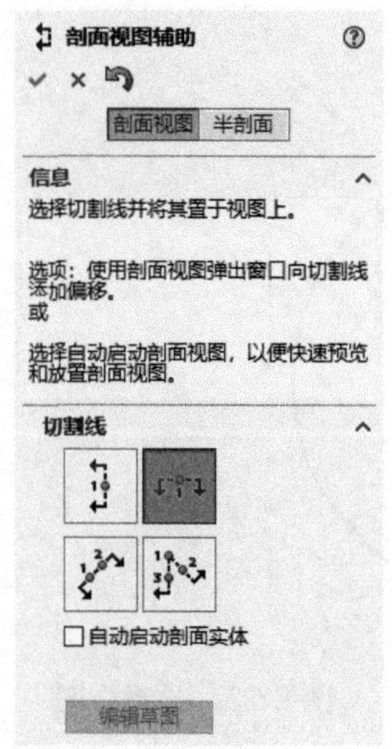

图 6-26 【剖面视图辅助】属性管理器

① 切割线。

（竖直）：竖直放置切割线，如图 6-27 所示。

（水平）：水平放置切割线，如图 6-28 所示。

（辅助视图）：斜放切割线，得到斜剖视图，如图 6-29 所示。

（对齐）：放置多条切割线，得到旋转剖视图，如图 6-30 所示。

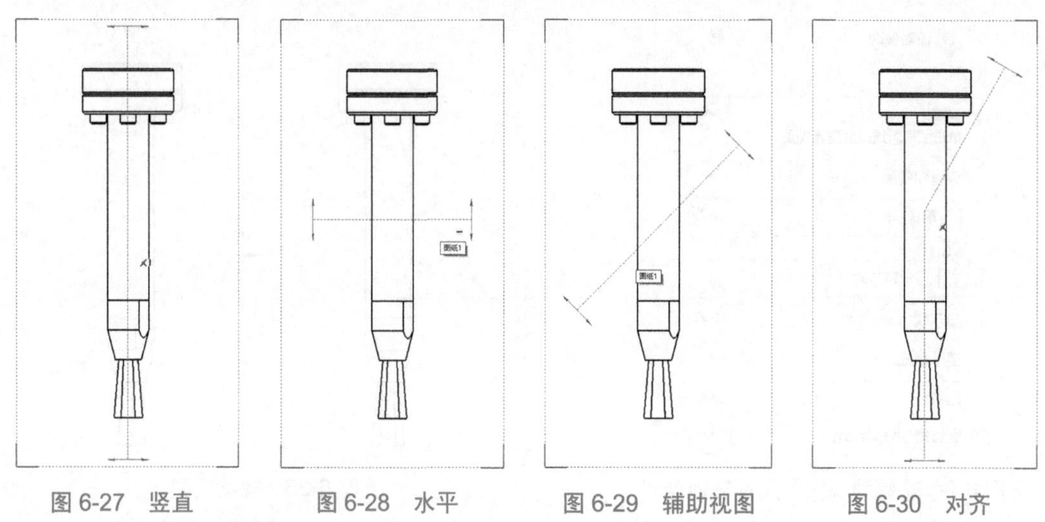

图 6-27 竖直　　图 6-28 水平　　图 6-29 辅助视图　　图 6-30 对齐

② 自动启动剖面实体：选中视图放置切割线后自动生成相应的剖视图，取消选中该复选框时，能对切割线进行调整，如图 6-31 所示。

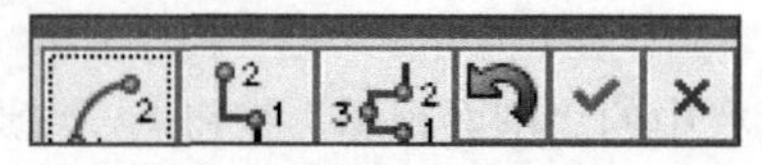

图 6-31 【切割线偏移】属性管理器

③ 单击【切割线偏移】属性管理器中的“确认”按钮✔，完成切割线的编辑，弹出【剖面视图 K-K】属性管理器，如图 6-32 所示。

④ 设置好剖面视图的方向以及标号参数后，单击“确认”按钮，得到剖面视图，如图 6-33 所示。

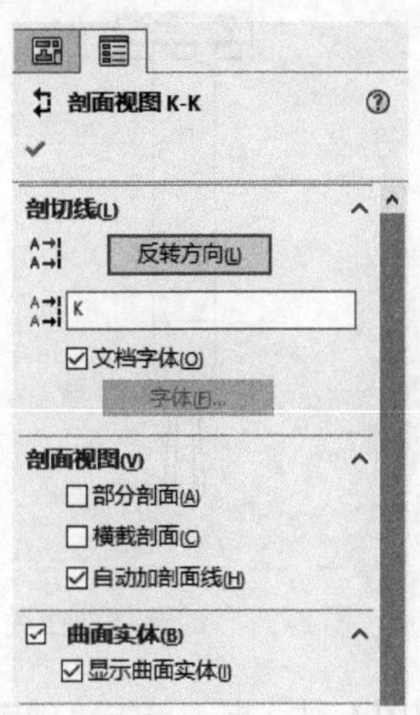

图 6-32 【剖面视图 K-K】属性管理器

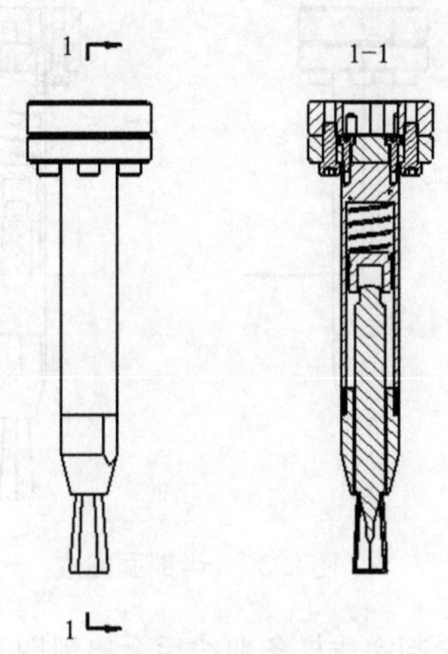

图 6-33　剖面视图

（2）半剖视图

单击【剖面视图辅助】属性管理器中的“半剖面”按钮，如图 6-34 所示。

在半剖面面板中，剖切位置选择左侧向上，在视图中放置切割线位置（见图 6-35）并进行【剖面视图辅助】属性管理器中的其他设置。

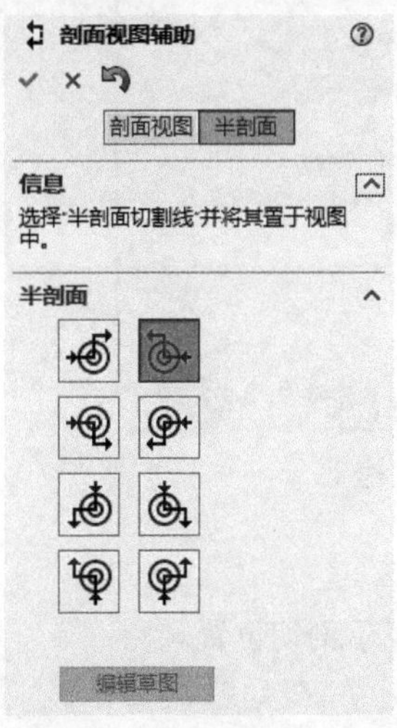

图 6-34　半剖面的【剖面视图辅助】属性管理器

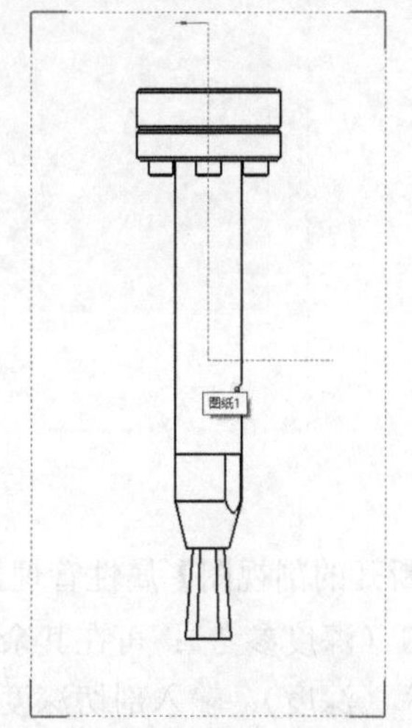

图 6-35　剖切位置

在弹出来的【剖面视图】对话框中单击“确定”按钮，完成半剖视图，如图 6-36 所示。

（3）断开的剖视图

① 首先单击【工程图】工具栏中的“断开的剖视图”按钮，或选择菜单栏中的【插入】/

【工程视图】/【断开的剖视图】命令，然后在需要剖开的位置绘制出一条封闭的样条曲线，如图 6-37 所示。

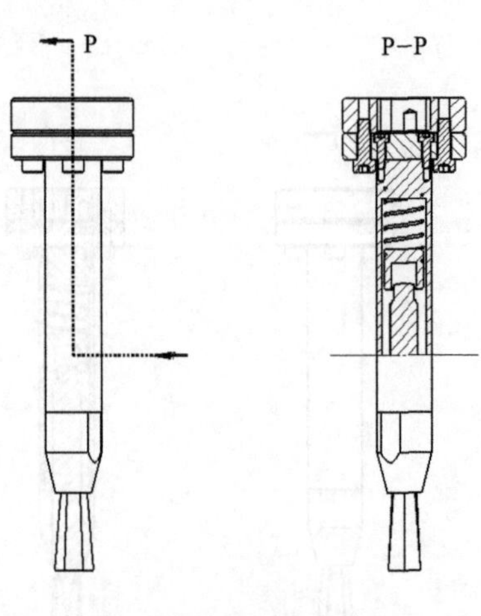

图 6-36　半剖面完成

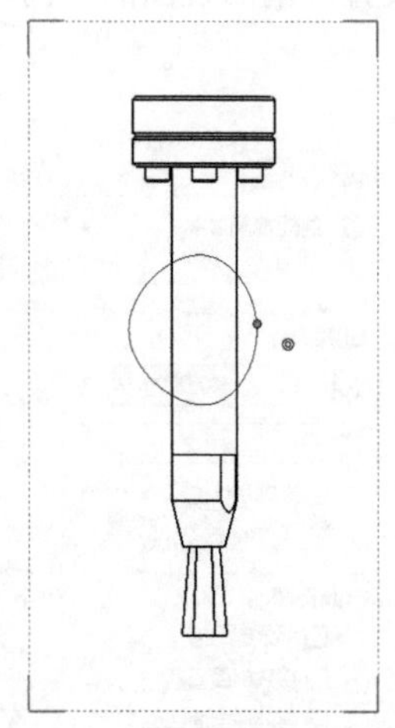

图 6-37　绘制样条曲线

② 绘制完成样条曲线后会出现图 6-38 所示的【剖面视图】对话框，单击“确定”按钮，会出现【断开的剖视图】属性管理器，如图 6-39 所示。

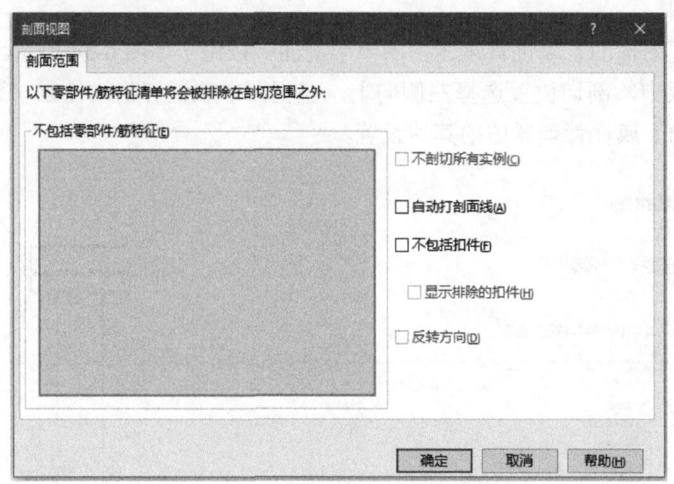

图 6-38 【剖面视图】对话框

③【断开的剖视图】属性管理器设置。

➢ （深度参考）：可在其余的视图上选择点或线表示剖切位置。

➢ （深度）：输入剖切深度。

➢ 预览：选中该复选框时会在需要断开的视图上显示剖切后的效果。

设置完【断开的剖视图】属性管理器后，单击属性管理器中的“确认”按钮✔，完成断开的剖视图，如图 6-40 所示。

6. 局部视图

在工程图中生成一个局部视图来显示一个视图的某个部分（通常是以放大比例显示），此局部视图可以是正交视图、空间（等轴测）视图、剖面视图、裁剪视图、爆炸装配体视图或另一局部视图，可设定默认局部视图比例缩放系数，来决定局部视图相对于父视图的比例。

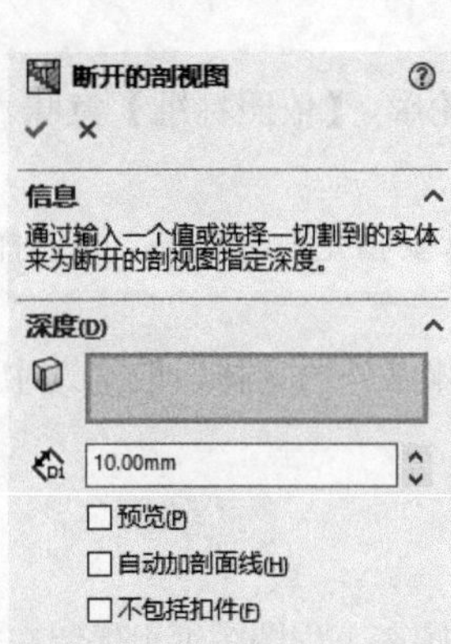
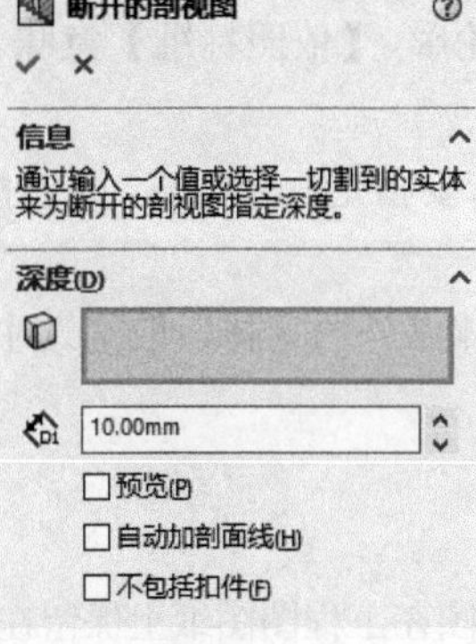

图 6-39 【断开的剖视图】属性管理器　　图 6-40　断开的剖视图

（1）打开局部视图

首先，单击【工程图】工具栏上的“局部视图”按钮，或选择菜单栏中的【插入】/【工程图视图】/【局部视图】命令，放大的部分使用草图（通常是圆或其他闭合的轮廓）进行闭合。

（2）生成局部视图

打开视图后，首先在需要进行局部视图的模型上绘制一个圆，圆内就是放大的区域，如图 6-41 所示，然后移动鼠标，到达所需位置，鼠标单击图形区域，放置放大的局部视图，此时会出现图 6-42 所示的【局部视图】属性管理器。

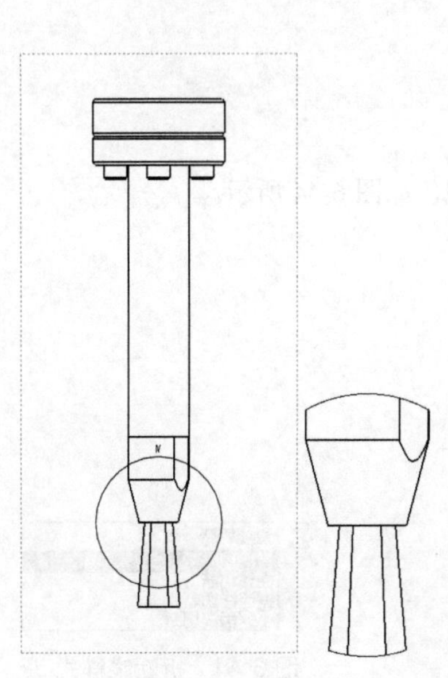

图 6-41　放大的区域

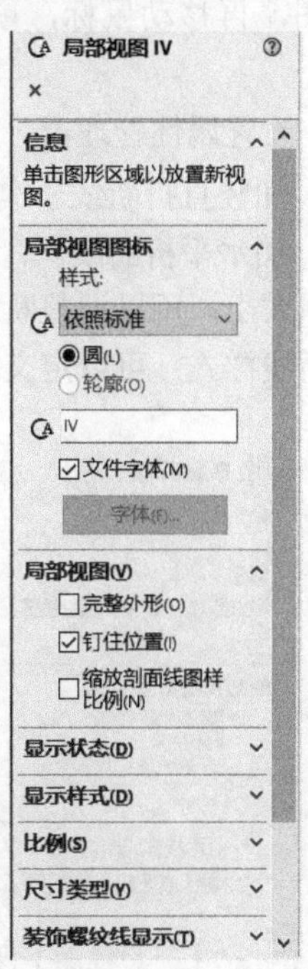

图 6-42 【局部视图】属性管理器

如果想要生成圆以外的轮廓，在单击局部视图工具之前绘制轮廓，在要放大的区域周围，用草图绘制实体工具绘制一个闭环轮廓，可以为草图绘制实体添加尺寸或几何关系，以相对于模型精确定位轮廓。

（3）属性管理器设置

① 局部视图图标。

（样式）：选择一个显示样式，然后选择圆轮廓或轮廓，【依照标准】意味着局部圆的样式由当前绘图标准所决定。

（标号）：编辑与局部圆或局部视图相关的字母。若要指定标号格式，则选择【工具】/【选项】/【文档属性】/【视图标号】/【局部视图】命令。

☑文件字体（文字字体）：要为局部圆标号选择文档字体以外的字体，取消选中此复选框，然后单击字体。

② 局部视图。

完整外形：局部视图轮廓外形会全部显示。

钉住位置：选中此复选框以在更改视图比例时将局部视图在工程图图纸上保留在相对位置。

缩放剖面线图样比例：选中此复选框以根据局部视图的比例（而非剖面视图的比例）来显示剖面线图样比例。

7. 断裂视图

断裂视图可以将工程图视图以较大比例显示在较小的工程图纸上，可以使用一组折断线在视图中生成一缝隙或折断，与断裂区域相关的参考尺寸和模型尺寸反映实际的模型数值。

（1）打开断裂视图

单击【工程图】工具栏上的“断裂视图”按钮，或选择菜单栏中的【插入】/【工程图视图】/【断裂视图】命令，系统会自动弹出【断裂视图】属性管理器，如图 6-43 所示，单击需要断裂的视图，再移动鼠标，鼠标指针会变成折断线，折断线有两条，先放置一条，再放置另一条。

（2）设置属性管理器

：加竖直折断线。

：加水平折断线。

缝隙大小：可以调整断裂视图的缝隙大小。

折断线样式：可以定义断裂视图的折断线类型，如图 6-44 所示。

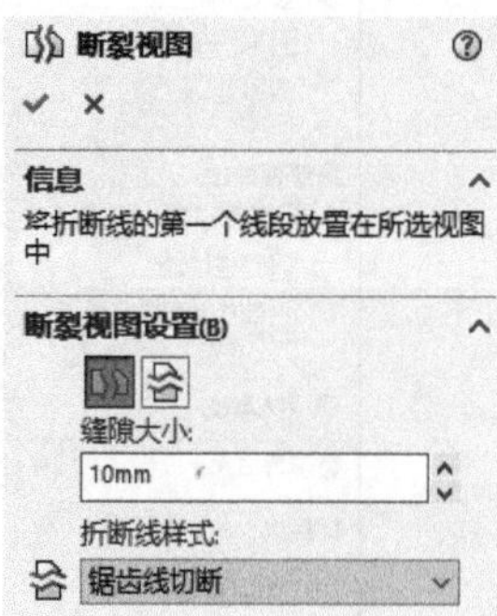

图 6-43 【断裂视图】属性管理器

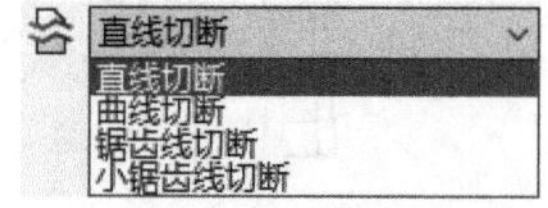

图 6-44 折断线样式

（3）生成断裂视图

设置好【断裂视图】属性管理器后，在视图中单击两次以放置两条折断线，从而生成折断。如图 6-45 所示，视图在几何体上显示一条缝隙。除模型几何体外，断裂视图还支持装饰螺纹线和轴线，根据需要添加其他折断线，要在同一个视图中生成水平折断线和竖直折断线，使用水平和竖直方向添加多个折弯。

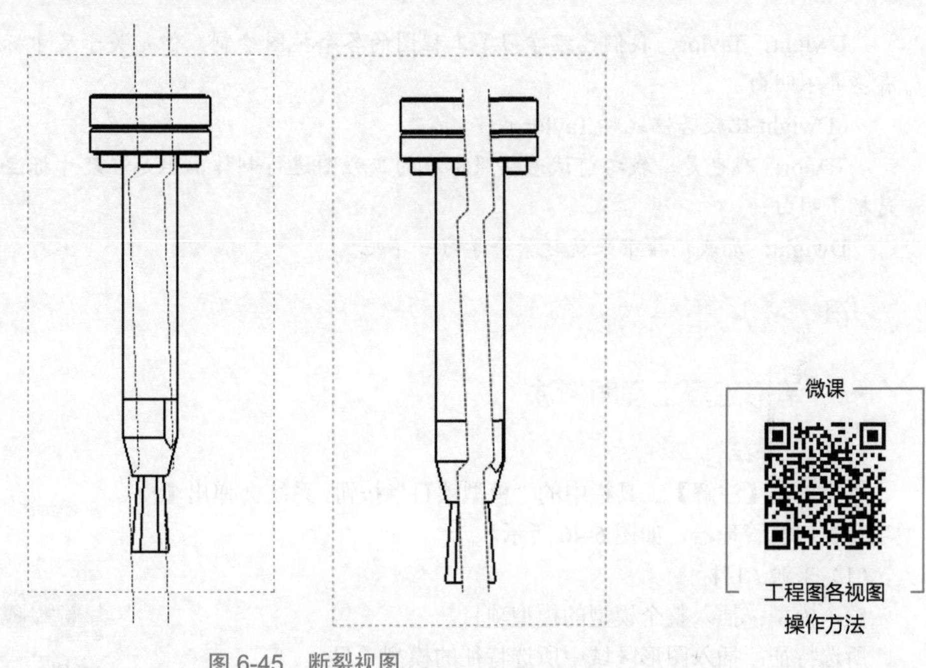

图 6-45　断裂视图

【任务回顾】

一、知识点总结

1. 工程图纸格式有助于生成统一的工程图，工程视图文件一般为 OLE 格式，因此能够嵌入如位图之类的对象文件中。

2. 在绘制工程图纸时，可能需要对图纸进行修改，比如工程图的纸张大小、图纸格式、绘图比例、投影类型等，这些都可以随时在【图纸属性】对话框中进行修改。

3. 在制作工程图时，虽然可以根据实际情况进行一些改变，但是改变也需要符合工程制图的标准。现在的标准大都采用国际标准，也就是 ISO 标准。

二、思考与练习

1. 根据现有的视图，通过正交生成的视图是（　　）。

A. 辅助视图　　B. 投影视图　　C. 剖面视图　　D. 断裂视图

2. 在工程图中生成一个（　　）来显示一个视图的某个部分。

A. 局部视图　　B. 辅助视图　　C. 投影视图　　D. 剖面视图

3. 剖面视图分为________、________、________。

任务二　笔形工具工程图标注及工程图输出

【任务描述】

Dwight：Taylor，我们已经学习了工程图的各个视图绘制，但是关于尺寸标注方面我有些弄不明白。

（Dwight 比较苦恼地对 Taylor 说）

Taylor：我也是，我之前试着按照标准的工程图进行制作，但是在尺寸标注的时候总是标不明白。

Dwight：那我们接下来就赶紧去学习一下吧。

【知识学习】

一、笔形工具工程图标注

1. 尺寸标注

首先单击【注解】工具栏中的“模型项目”按钮，系统会弹出【模型项目】属性管理器，如图 6-46 所示。

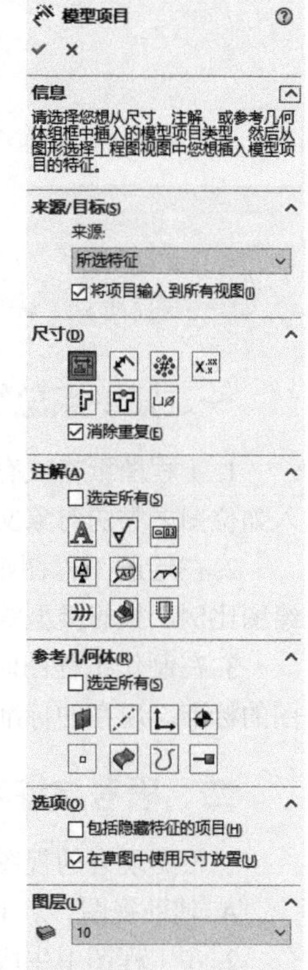

图 6-46 【模型项目】属性管理器

（1）来源 / 目标

整个模型：插入整个模型的模型项目。

所选特征：插入图形区域中所选特征的模型项目。

所选零部件：插入图形区域中所选零部件的模型项目。

仅对于装配体：只插入装配体特征的模型项目，例如，可插入只位于装配体中的尺寸，如距离和角度配合。

（2）尺寸

(公差尺寸)：仅插入那些具有公差的尺寸。

（异形孔向导轮廓）：为以异形孔向导生成的孔插入横断面草图轮廓的尺寸。

（异形孔向导位置）：为以异形孔向导生成的孔插入横断面草图位置的坐标。

（孔标注）：给异形孔向导特征插入孔标注。

（3）选项

包括隐藏特征的项目：插入隐藏特征的模型项目，取消选中此复选框以防止插入属于隐藏模型项目的注解，过滤隐藏模型项目时将会降低系统性能。

在草图中使用尺寸放置：将模型尺寸从零件中插入到工程图的相同位置。

（4）操纵模型项目

删除：使用删除键来删除模型项目。

拖动：使用【Shift】键将模型项目拖动到另一工程图视图中。

复制：使用【Ctrl】键将模型项目复制到另一工程图视图中。

（5）生成标注

设置完【模型项目】属性管理器后，选择需要自动标注的视图，生成图 6-47 所示的工程图标注。

（6）尺寸修改

完成尺寸标注后，在单击任意标注时系统会自动弹出图 6-48 所示的【尺寸】属性管理器。

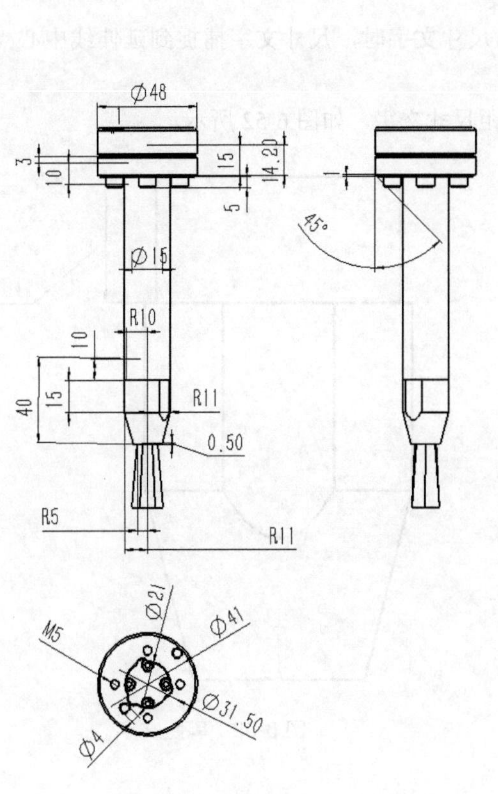

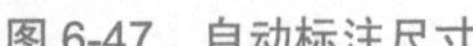

图 6-47 自动标注尺寸

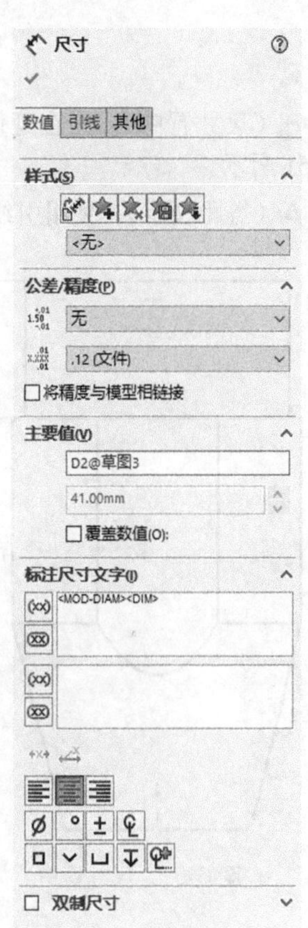

图 6-48 【尺寸】属性管理器

在【公差 / 精度】选项组中对尺寸进行公差标注，如图 6-49 所示。

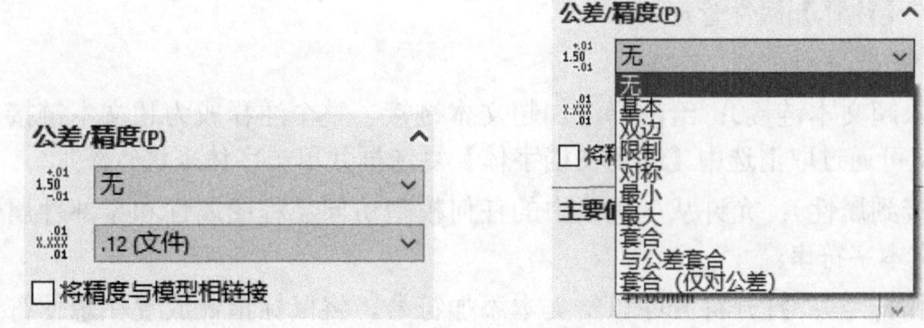

图 6-49 【公差 / 精度】选项组

在【标注尺寸文字】选项组中对尺寸和文字进行修改，如图 6-50 所示。

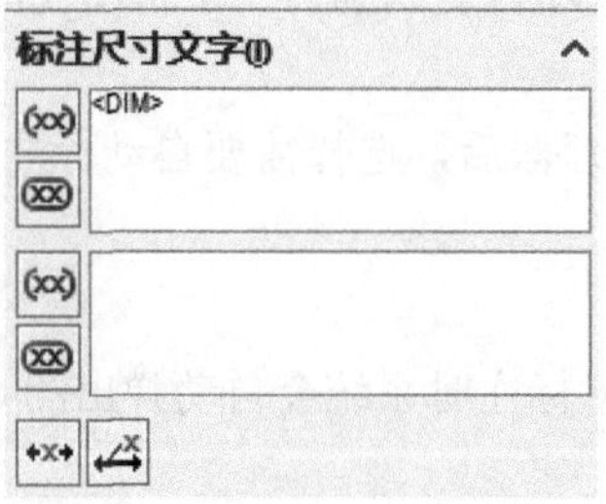

图 6-50 【标注尺寸文字】选项组

（尺寸置中）：当在延伸线之间拖动尺寸文字时，尺寸文字捕捉到延伸线中心点，如图 6-51 所示。

（等距文字）：使用引线从尺寸线等距尺寸文字，如图 6-52 所示。

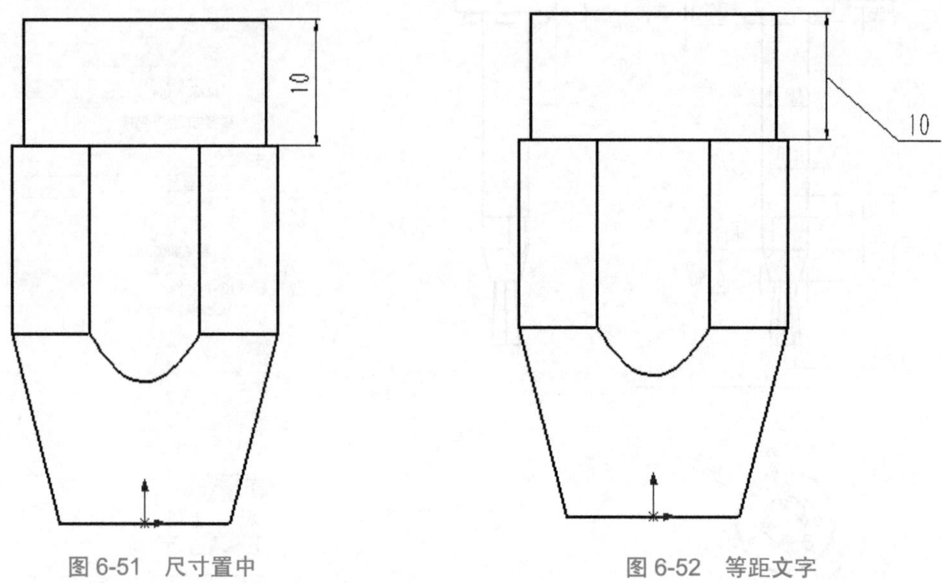

图 6-51 尺寸置中　　图 6-52 等距文字

2. 注释标注

（1）打开【注释】属性管理器

单击【注解】工具栏中的“注释”按钮，或选择菜单栏中的【插入】/【注释】/【注解】命令，系统自动弹出图 6-53 所示的【注释】属性管理器。

（2）设置【注释】属性管理器

① 文字格式。

（插入超文本链接）：给注释添加超文本链接。整个注释成为超文本链接。下划线不自动添加，但可通过取消选中【使用文档字体】复选框并单击字体来进行添加。

（链接到属性）：允许从工程图中的任何模型访问工程图属性和零部件属性，以便可将其添加到文本字符串。

（添加符号）：打开符号库以给文本添加符号。将鼠标指针放置在想使符号出现的注释文本框中，然后单击“添加符号”按钮。

（锁定 / 解除锁定注释）：将注释固定到位，当编辑注释时，可调整边界框，但不能移动注释本身。

（插入形位公差）：在注释中插入形位公差符号。【形位公差】属性管理器和【属性】对话框打开，这样可定义形位公差符号。

（插入表面粗糙度符号）：在注释中插入表面粗糙度符号。【表面粗糙度】属性管理器打开，这样可定义表面粗糙度符号。

（插入基准特征）：在注释中插入基准特征符号。【基准特征】属性管理器打开，这样可定义基准特征符号。

（添加区域）：将区域信息插入到文字中。在【添加区域】对话框中，选择一项。

② 引线。

（自动引线）：如果选取诸如模型或草图边线之类的实体则自动插入引线。

（引线靠左）：从注释的左侧开始。

（引线向右）：从注释的右侧开始。

（引线最近）：选择从注释的左侧或右侧开始，取决于哪一侧最近。

设置完参数后，如果注释有引线，单击为引线放置附加点，再次单击放置注释，或单击并拖动边界框。

③ 边界。

样式：给文字周围指定一几何形状（或无），可以对整个注释和部分注释应用边界，对于部分注释，选取注释的任何部分并选择边界，如图 6-53 所示。

大小：指定文字是否紧密配合、固定的字符数或用户定义可以在此设置大小，如图 6-54 所示。

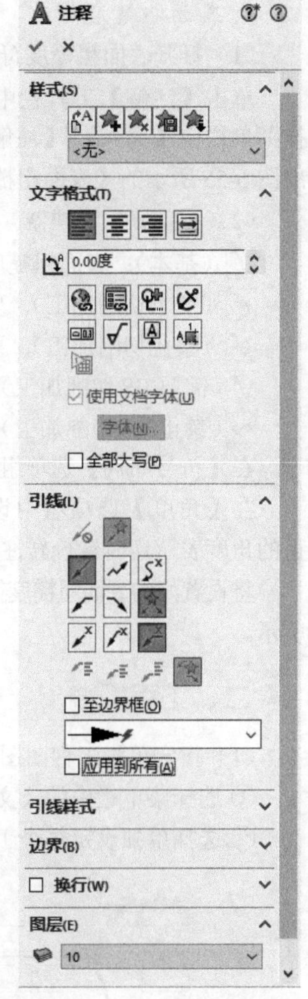

图 6-53 【注释】属性管理器

添加到标识注解库：可用于数字格式的注释。单击标识注解编号，然后选中【添加到标识注解库】复选框以将注释添加到标识注解库，如图 6-54 所示。

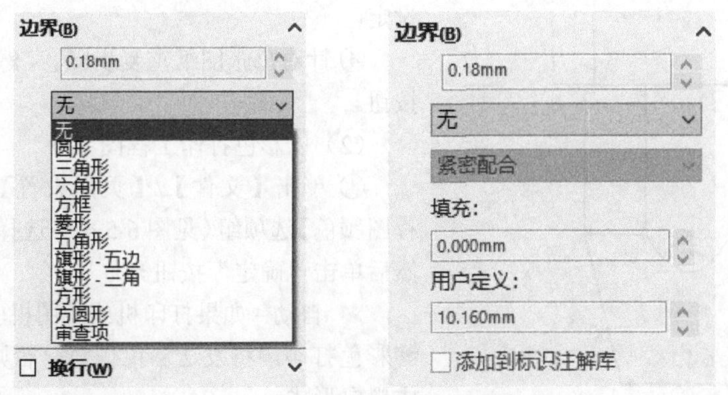

图 6-54 【边界】属性管理器

3. 表面粗糙度标注

（1）打开表面粗糙度符号

单击【注解】工具栏中的“表面粗糙度符号”按钮√，或选择菜单栏中【插入】/【注解】/【表面粗糙度符号】命令，系统弹出图 6-55 所示的【表面粗糙度】符号属性管理器。

（2）设定属性管理器

√（基本）：表面粗糙度的基本符号。

（要求切削加工）：要求零件表面进行必须切削加工。

（禁止切削加工）：要求零件表面禁止切削加工。

（需要 JIS 切削加工）：要求零件表面必须进行 JIS 切削加工。

（禁止 JIS 切削加工）：要求零件表面禁止进行 JIS 切削加工。

在【符号布局】选项组中设置表面粗糙度，如图 6-56 所示。

在【角度】选项组中设置符号的旋转角度，如图 6-57 所示，正的角度表示逆时针旋转注释。

将设置好的表面粗糙度符号放置在工程图的所需位置，如图 6-58 所示。

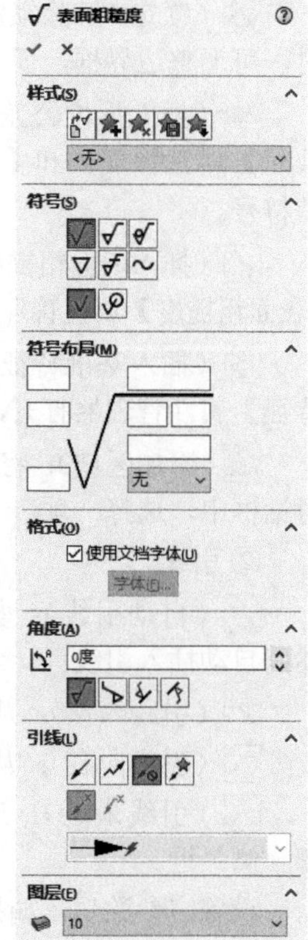

图 6-55 【表面粗糙度】符号属性管理器

二、工程图输出

（1）指定单张工程图图纸的设定

① 选择菜单栏中的【文件】/【页面设置】命令。

② 选择单独设定每个工程图纸。

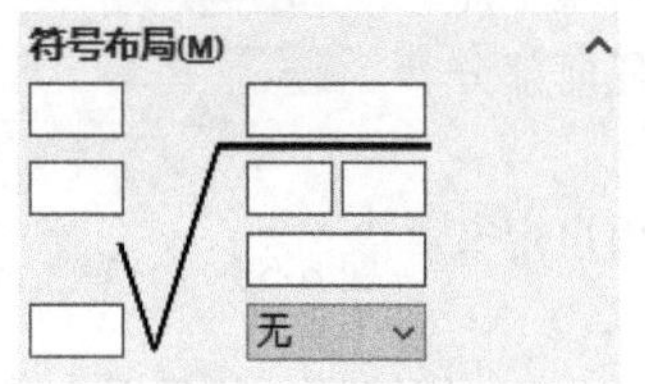

图 6-56 符号布局

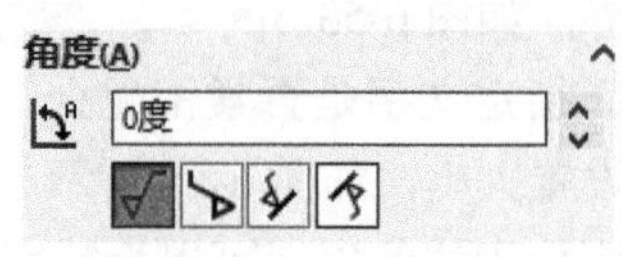

图 6-57 角度

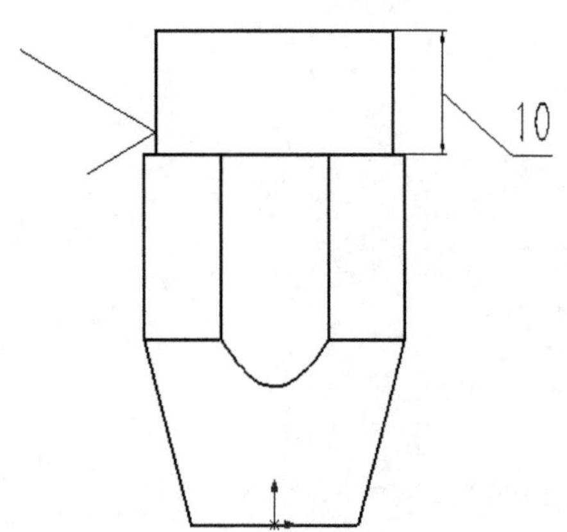

图 6-58 表面粗糙度标注

③ 在设定的对象中选择图纸，然后选择图纸的设定。

④ 针对每张图纸重复步骤③，然后单击“确定”按钮。

（2）以彩色打印工程图

① 单击【文件】/【页面设置】命令。在【工程图颜色】选项组（见图 6-59）中选择以下选项之一，然后单击“确定”按钮。

➢ 自动：如果打印机或绘图机驱动程序报告能够彩色打印，将发送彩色信息。否则，文档将打印成黑白形式。

➢ 颜色 / 灰度级：不论打印机或绘图机驱动程

序报告的能力如何，将发送彩色数据到打印机或绘图机。黑白打印机通常以灰度级或使用此选项抖动来打印彩色实体。当彩色打印机或绘图机使用自动设定以黑白打印时，选中此选项。

➢ 黑白：不论打印机或绘图机的能力如何，将以黑白发送所有实体到打印机或绘图机。

② 选择【文件】/【打印】命令。在【打印】对话框中的文件打印机下，从名称中选择一个打印机。

③ 单击属性，检查是否适当设定了彩色打印所需的所有选项，然后单击“确定”按钮（选项因打印机不同而有所区别）。

④ 单击“确定”按钮。

（3）打印整个工程图图纸

① 单击【文件】/【打印】命令。在【打印】对话框中的【打印范围】选项组中，选中【所有图纸】、【当前图纸】单选按钮，或选中【图纸】单选按钮，然后输入要打印的图纸，如图 6-60 所示。

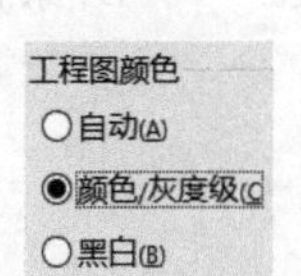

图 6-59　选择彩色打印

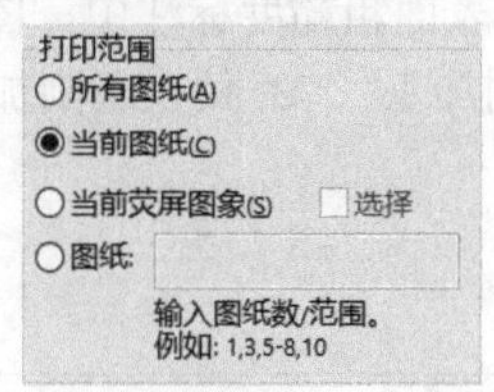

图 6- 60　打印范围

② 在【页面设置】对话框中的分辨率和比例下，选择最佳比例来打印页面上的整个图纸，或选择比例然后输入值。

③ 单击“确定”按钮。

④ 再次单击“确定”按钮来打印文档。

（4）打印放大后的局部工程图

① 选择【文件】/【打印】命令。

② 在【打印】对话框中，选择当前屏幕图像。

③ 此外，单击选择以指定比例打印选定区域。

④ 单击“确定”按钮。

（5）打印激活的工程图图纸

① 单击【文件】/【打印】命令。

② 选择当前图纸，然后单击“确定”按钮。

（6）打印选定的工程图图纸

① 单击【文件】/【打印】命令。

② 选择图纸并输入图纸编号（以逗号分隔编号）。

③ 用连字符来指定范围。例如，1，3，5-8。

④ 设置其他打印选项，然后单击“确定”按钮。

【任务回顾】

一、知识点总结

1. 在尺寸标注中，共有两大选项组，【来源 / 目标】和【尺寸】选项组，在【来源 / 目标】

选项组中有整个模型、所选特征、所选零部件和仅对于装配体4个模块，尺寸中有公差尺寸、异形孔向导轮廓、异形孔向导位置、孔标注4个模块。

2. 表面粗糙度符号通过组合符号和刀痕方向（刀痕的方向）而形成。

对于ISO和相关绘图标准，可在【文档属性】/【表面粗糙度】中选中【按2002显示符号】，以按2002标准显示表面粗糙度符号。

3. 打印或绘制整个工程图纸，或只打印图纸中所选区域，可以选择用黑白打印（默认）或用彩色打印，也可为单独的工程图纸指定不同的参数，或者使用电子邮件应用，程序将当前SolidWorks文件发送到另一个系统。

二、思考与练习

1. 使用________将模型项目拖动到另一工程图视图中。

2. 在工程图表面粗糙度标注中，图标$\sqrt{}$表示（　　）。

A. 要求切削加工　B. 禁止切削加工　C. 需要JIS切削加工　D. 禁止JIS切削加工

项目总结

本项目讲述了SolidWorks软件的工程图绘制以及工程图标注。SolidWorks工程图主要分为3个部分：①图框以及标题栏，编辑图框以及标题栏；②视图，在绘制SolidWorks工程图时，根据零件需要，选择不同的视图进行组合；③尺寸、公差和表面粗糙度的标注。项目六技能图谱如图6-61所示。

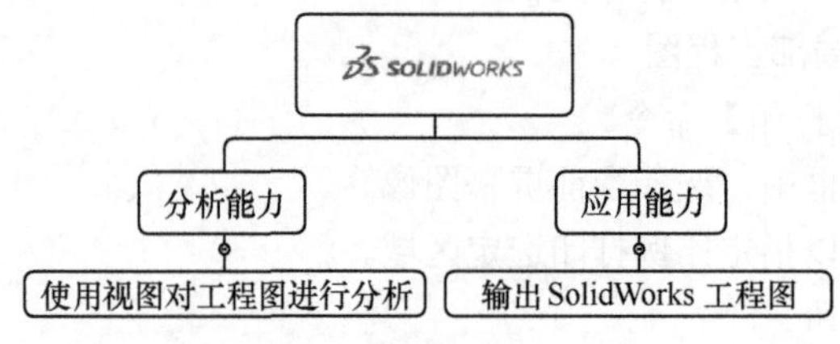

图6-61　项目六技能图谱

拓展训练

项目名称：工程图的标注。

设计要求：按照给出的5个模型（见图6-62～图6-66），绘制工程图，包括修改工程图格式，加入视图（两个），对工程图尺寸加入标注，注释标注，添加工程图表面粗糙度标注。

格式要求：打印出绘制的工程图。

考核方式：在课堂上，讲解自己绘制的工程图，时间要求5～10min。

评估标准见表6-1。

图 6-62　模型 1

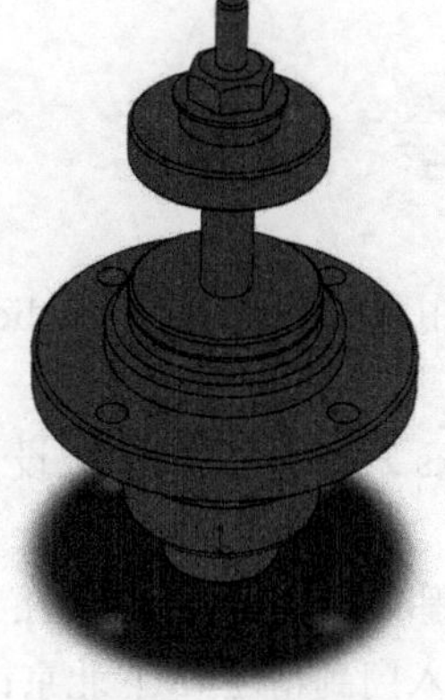

图 6-63　模型 2

图 6-64　模型 3

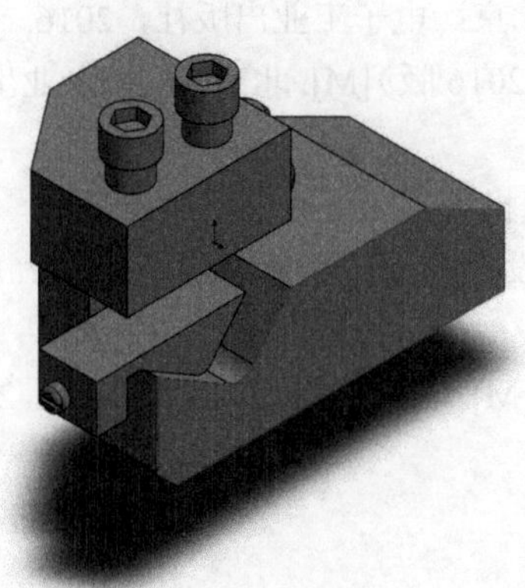

图 6-65　模型 4

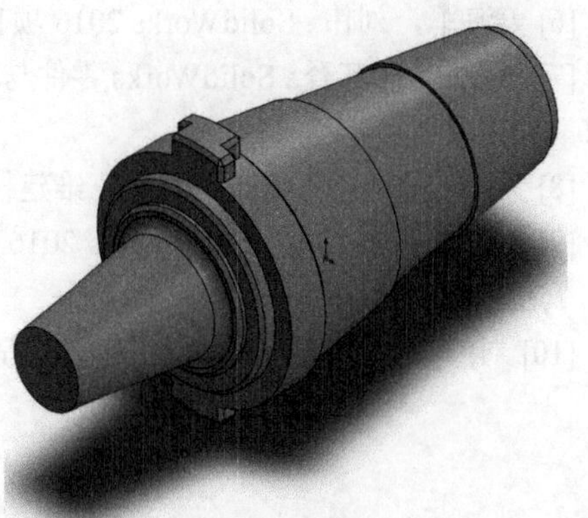

图 6-66　模型 5

表 6-1　评估标准

项目要求	分数（100分）
1. 修改工程图格式	20分
2. 加入视图（两个）	每个10分
3. 工程图尺寸加入标注	20分
4. 注释标注	20分
5. 添加工程图表面粗糙度标注	20分

参考文献

[1] 文清平，李勇兵 . 工业机器人应用系统三维建模（SolidWorks）[M]. 北京：高等教育出版社，2017.

[2] 赵罘，杨晓晋，赵楠 . SolidWorks 2016 中文版机械设计从入门到精通 [M]. 北京：人民邮电出版社，2016.

[3] 詹迪维 . SolidWorks 快速入门教程（2012 中文版）[M]. 北京：机械工业出版社，2008.

[4] 丁源 . SolidWorks 2016 中文版从入门到精通 [M]. 北京：清华大学出版社，2017.

[5] 陈超祥，胡其登 . SolidWorks 工程图教程（2016 版）[M]. 北京：机械工业出版社，2016.

[6] 姜海军，刘伟 . SolidWorks 2016 项目教程 [M]. 北京：电子工业出版社，2016.

[7] 陈超祥，胡其登 . SolidWorks 零件与装配体教程（2016 版）[M]. 北京：机械工业出版社，2016.

[8] 吴芬，张一心 . 工业机器人三维建模 [M]. 北京：机械工业出版社，2016.

[9] 胡仁喜，刘昌丽 . SolidWorks 2016 中文版模具设计从入门到精通 [M]. 北京：机械工业出版社，2018.

[10] 刘萍华 . SolidWorks 2016 基础教程与上机指导 [M]. 北京：北京大学出版社，2018.